高职交通运输与土建类专业规划教材

工程制图与识图

GONG CHENG ZHI TU YU SHI TU

主　编　牟　明
副主编　张学钢　刘慧玲　徐远平　杨小玉
主　审　郭全花

人民交通出版社
China Communications Press

内 容 提 要

本书是高职交通运输与土建类专业规划教材。除绪论外，全书共分八章。主要内容有：制图基本知识与技能；正投影基础；体的投影；轴测投影图；工程形体的表达方法；道路、桥隧与涵洞工程图；钢结构图；房屋施工图。

本教材适合于高职高专与各类成人教育土建类专业及相关专业学生使用，也可供相关专业的工程技术人员学习参考。

此外，人民交通出版社还同时出版与本书配套的《工程制图与识图习题集》供选用。

图书在版编目(CIP)数据

工程制图与识图/牟明主编. —北京：人民交通出版社，2008.9

ISBN 978-7-114-07179-9

Ⅰ.工… Ⅱ.牟… Ⅲ.工程制图—识图法 Ⅳ.TB23

中国版本图书馆 CIP 数据核字(2008)第 145376 号

书　　名：工程制图与识图
著 作 者：牟　明
责任编辑：杜　琛
出版发行：人民交通出版社
地　　址：(100011) 北京市朝阳区安定门外外馆斜街 3 号
网　　址：http://www.ccpress.com.cn
销售电话：(010) 59757973
总 经 销：人民交通出版社股份有限公司发行部
经　　销：各地新华书店
印　　刷：北京市密东印刷有限公司
开　　本：787×1092　1/16
印　　张：14
字　　数：350 千
版　　次：2008 年 9 月第 1 版
印　　次：2021 年 9 月第 17 次印刷
书　　号：ISBN 978-7-114- 07179-9
定　　价：28.00 元

高职交通运输与土建类专业规划教材编审委员会

前言 Preface

本书是按照教育部对高职交通运输与土建类专业培养目标的要求而编写的。

编者从培养应用型人才这一目标出发，本着“以应用为目的，以必需、够用为尺度”的原则，其主要特点如下。

1. 内容注重实用性与先进性

(1)根据最新高等职业教育对交通运输与土建专业教育标准、培养方案的要求，本教材在内容安排上注重实用性与实践性，所选理论内容的广度和深度以能够满足实践教学和未来学生从事岗位工作的需要为度，同时也包括学生未来可持续发展所必须深化和拓展的知识，如教材中加入目前在工程建设中普遍采用的建筑结构施工图的“平面整体表达方法”等内容。同时出于整合教学资源的需要，对不同专业的同类课程内容纳入统一教材中，体现大土木的综合性，提高教学效率。

(2)教材及配套的习题集与电子教程中各种工程图的画法和表达方法，均按照我国现行最新的国家标准、规范的要求编写。并根据课程内容的需要，将部分标准分别编排在相关的章节中，以方便学生查阅并建立其贯彻最新国家标准的意识。

2. 结构突出教学性与实践性

(1)加强了导学环节。每章前有[学习要求]模块及[要点]与[难点]提示，有利于学生在学习时明确本章的重点、难点及应达到什么样的目标。在图例及文字的处理上力求浅显易懂、简明扼要、直观通俗、图文并茂；内容由浅入深，重点难点突出，符合学生的认知规律，有利于学生学习能力的培养。

(2)体现本课程实践性强的特点，对典型图样作出绘图、识图方法与步骤的指导，可有效地提高学生绘图与识图的能力。

(3)注重立体化教材的开发，配套习题集与电子教程，可满足教学、自学和复习等多方面的需要。

本书由济南铁道职业技术学院牟明任主编，陕西铁路工程职业技术学院张学钢、哈尔滨铁道职业技术学院刘慧玲、西安铁路职业技术学院徐远平、陕西铁路工程职业技术学院杨小玉任副主编，西安铁路职业技术学院宋永兴参编。其中牟明完成绪论，第一、二、三、八章的编写；张学钢、刘慧玲完成第六章的编写；

徐远平完成第八章的编写；杨小玉完成第三、四、五章的编写；宋永兴完成第七章的编写；全书由牟明统稿。

本书由河北建筑工程学院郭全花任主审。编写中所参考的一些书籍目录列后，在此特向对本书提供支持帮助以及参考书籍的编著者们一并表示诚挚的谢意。

由于编者水平所限，时间仓促，书中难免会有不当之处，恳请广大读者批评指正。

编　者

2008 年 5 月

目录 Content

绪　论

在现代化生产中，一切工程建设都离不开图样，而《工程制图与识图》就是研究工程图样的绘制与识读规律的一门课程。

一　工程图样及其在工程建设中的作用

工程图样是一种以图形为主要内容的技术文件，用以表达工程实体的形状、大小、所用材料以及加工和施工时的技术要求等。工程图样示例如图0-1、图0-2所示。本书中尺寸单位除标注外均为毫米（mm），标高单位为米（m）。

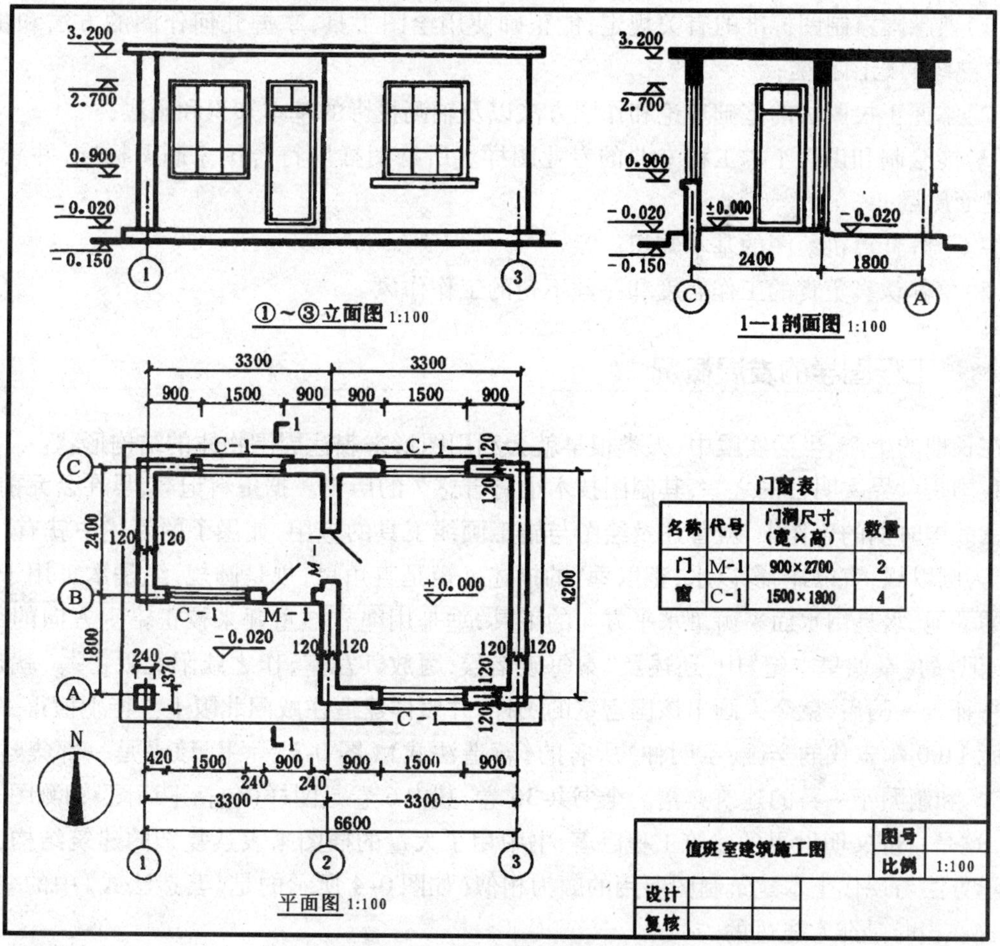

图0-1　工程图样示例——某值班室的建筑施工图

土木工程建筑，包括道路与桥梁、房屋、给水排水等各专业的工程建设，都是先由设计人员用图样表达出设计意图，施工建造部门再依据图样进行建造、施工。另外，应用维修、技术交流等也都离不开图样。所以，工程图样是工程技术部门必不可少的重要技术文件，被喻为工程界的“语言”。

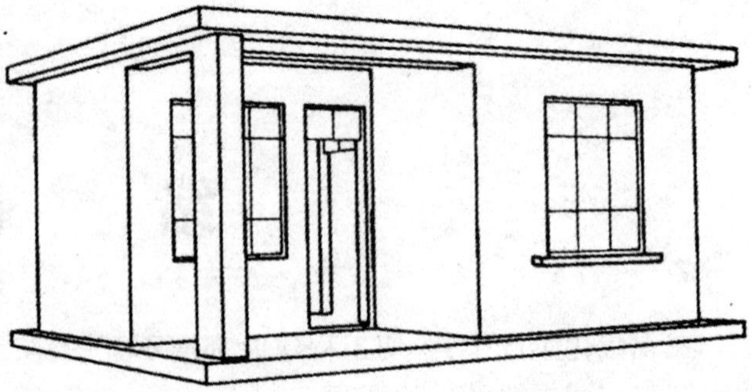

图 0-2　工程图样示例——某值班室的透视图

能正确地绘制和阅读建筑工程图样，是工程技术人员表达设计意图、交流技术思想、指导生产施工等必备的基本知识与基本技能。所以，《工程制图与识图》是土木工程专业学生必修的一门技术基础课。学习该课程的目的，一是为后续的专业课程打基础；二是为今后能胜任本职工作创造条件。

本课程的任务是使学生通过学习达到下列基本要求：

(1)熟悉国家制图标准的有关规定；能正确使用绘图工具；掌握几何作图的方法和步骤，获得较熟练的绘图技能；

(2)掌握正投影法的基础理论和作图方法以及轴测投影的基本知识和画法；

(3)能绘制和识读土木工程专业的专业图样。所绘图样应符合国家制图标准，并具有良好的图面质量；

(4)了解计算机绘图的基本知识；

(5)培养认真负责的工作态度和一丝不苟的工作作风。

二 工程图学的发展概况

在长期的生产、生活实践中，人类很早就会利用图形来表达周围物体的结构形状。

我国是世界文明古国之一，其制图技术也有着悠久的历史。据史料记载，早在公元前五世纪春秋战国时期的著作中，就曾述及绘图与施工画线工具的应用，如墨子的著述中就有“为方以矩，为圆以规，直以绳，衡以水，正以垂”的描述。矩是直角尺，规是圆规，绳是木工用于弹画直线的墨绳，水是用水面来衡量水平方向的工具，垂是用绳悬挂重锤来校正铅垂方向的工具。在《史记》的《秦始皇本纪》中，还述及“秦每破诸侯，写放其宫室，作之咸阳北阪上”。就是说，秦国每征服一国后，就令人画出该国宫室的图样，并照样建造在咸阳北阪上。特别值得一提的是公元1100年宋代的李诫(字明仲)所著的《营造法式》(图 0-3)一书，该书是一部集建筑技术、艺术和制图于一身的建筑典籍。全书共36卷，其中6卷是图样(包括平面图、轴测图、透视图)。这是一部文明世界的建筑工程巨著，书中用了大量的插图来表达复杂的建筑结构，所用的图示方法与现代土木建筑制图所用的颇为相似(如图 0-4 所示的是《营造法式》中的一些图样)，这在当时是非常先进的。

经过长期的实践和研究，人们对工程图样的绘制原理和方法有了广泛深入的认识。1775

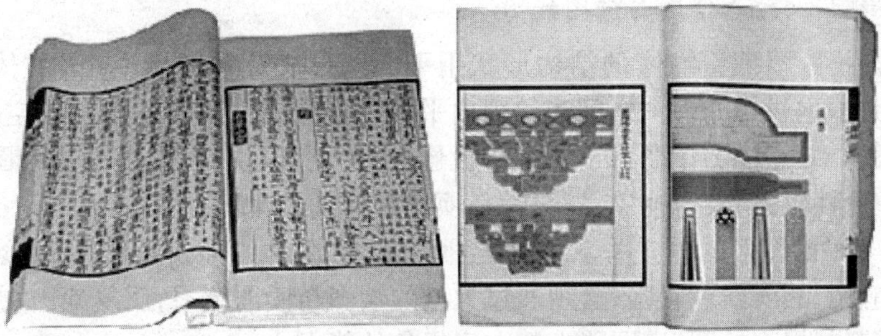

图 0-3 《营造法式》中的文字部分和图示部分

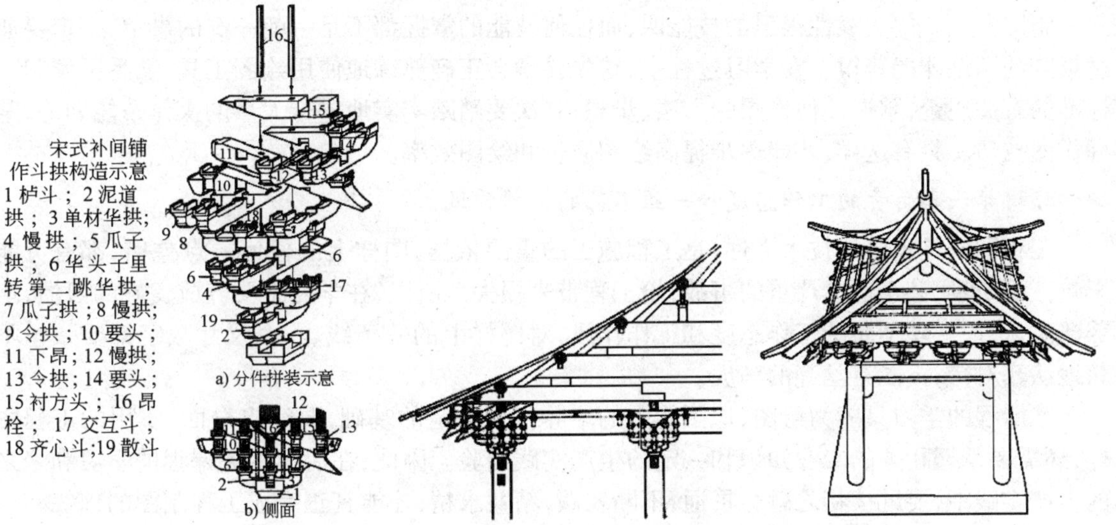

图 0-4 《营造法式》中的一些图样

年法国的数学家、教育学家蒙日创立了《画法几何》，该书系统地阐述了各种图示、图解的基本原理和作图方法，对工程图学的建立和发展起到了重要的作用。

目前，工程图样已广泛应用于各个领域。为了使这种“语言”规范化，我国分别制定了建筑、机械及其他各个专业的制图标准，并不断地修订完善，而且正在逐步与世界各国和行业组织的制图标准进行协调和统一。

随着科学技术的不断发展，制图理论、制图技术及其应用都得到了相应的发展，制图工具和手段也在不断地改革。现在，工程图学已发展成为一门理论严密、内容丰富的综合学科，包括图学理论、制图技术、制图标准等诸多方面。而计算机图形学的建立和应用，则是工程图学在近代最重要的进步和发展。与传统的手工绘图相比，计算机绘图具有速度快、精度高、图样规范等优点，因此，已在航空、机械、建筑、地质、气象、电子等众多领域得到广泛应用。

三 本课程的特点、学习方法及要求

本课程是一门既有抽象的投影理论，又有很强实践性的技术基础课。要学好该课程，必须做到以下几点。

1. 学好投影理论，培养绘图与读图能力

绘图是根据投影原理将物体的结构形状用平面图形表达在图纸上（由立体到平面的过程）；而读图则是根据投影原理和空间想象力由平面图形想象出所表达物体的空间形状（由平面到立体的过程），即绘图与读图都需要运用投影理论。所以说，投影理论是绘图与读图的理论基础，但其理论性较强，较为抽象，学习时必须将有关概念理解透彻，注意弄清空间几何要素（点、线、面等）与平面图形的对应关系，掌握空间几何要素的各种投影特性；而绘图与读图则是投影理论的应用，其实践性较强，必须通过大量的绘图与读图练习，反复地由物画图，由图想物，才能逐步培养与提高绘图、读图能力与空间想象的能力。

2. 练好绘图基本功，掌握绘图基本技能

制图课是一门实践性很强的技能课，而任何技能的掌握都不是一朝一夕的事情，一定要通过艰苦的训练才能获得。在学习过程中，首先要学会正确熟练地使用绘图工具，熟悉国家制图标准的有关规定，掌握几何作图的方法、步骤；其次要踏踏实实地进行大量的操作技能训练，掌握作图技巧。只有这样，才能逐步提高绘图质量和绘图效率。

3. 培养认真负责的工作态度和一丝不苟的工作作风

工程图样是重要的技术文件，是工程施工的重要依据，图样上的任何一点差错，都有可能影响工程质量，甚至造成严重的事故，给工程带来损失。所以，在学习中要养成良好的习惯，培养严肃认真、一丝不苟的工作态度和工作作风，对图样上的一条线、一个尺寸数字都要一丝不苟地认真对待，不能有丝毫的马虎。

本课程的学习只能为绘图、识图能力的培养打下一定的基础，要绘出全面、实用的工程图样，还需要掌握相关的专业知识和一定的生产实践经验。因此，在后续相关课程的学习和未来的生产实践中，要继续将之融会贯通，不断实践，精益求精，才能真正完成工程制图的训练。

第一章　制图基本知识与技能

[学习要求]

掌握制图工具和用品的正确使用方法；熟悉国家制图标准的基本规定；掌握常用几何图形的作图方法及平面图形的分析与画法。培养良好的绘图习惯，为后续内容的学习打下坚实的基础。

[重点]

平面图形的分析、绘制与尺寸标注。

[难点]

圆弧连接的原理与作图方法。

工程图样是现代工业生产中必不可少的技术资料，每个工程技术人员均应熟悉和掌握有关制图的基本知识和技能。本章将着重介绍绘图工具和用品的使用、国家制图标准的有关规定、几何图形的作图方法以及平面图形的基本画法等。

第一节　绘图工具及用法

“工欲善其事，必先利其器”，正确地使用与维护绘图工具和仪器，是提高绘图质量和速度的前提，因此，必须熟练掌握绘图工具和仪器的使用方法。手工绘图所用绘图工具的种类很多，本节仅介绍常用的绘图工具和仪器。

一　图板、丁字尺、三角板

图板用于铺放图纸，其表面要求平整、光洁。图板的左右侧为导边，必须平直。

丁字尺用于绘制水平线。使用时将尺头内侧紧靠图板左侧导边上下移动，自左至右画水平线，如图 1-1 所示。

三角板用于绘制各种方向的直线。其与丁字尺配合使用，可画垂直线以及与水平线成 30°、45°、60°夹角的倾斜线，如图 1-2 所示。用两块三角板可以画与水平线成 15°、75°夹角的倾斜线，还可以画任意已知直线的平行线和垂直线，如图 1-3 所示。

二　圆规和分规

圆规用来画圆和圆弧。圆规的一腿装有带台阶的钢针，用来固定圆心，另一腿上装铅芯插

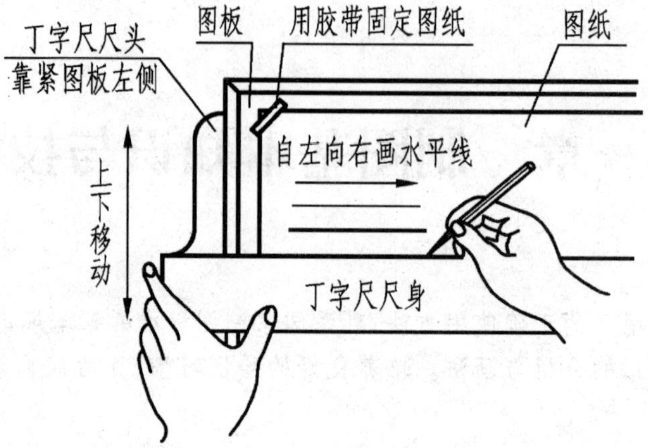

图 1-1　用丁字尺画线

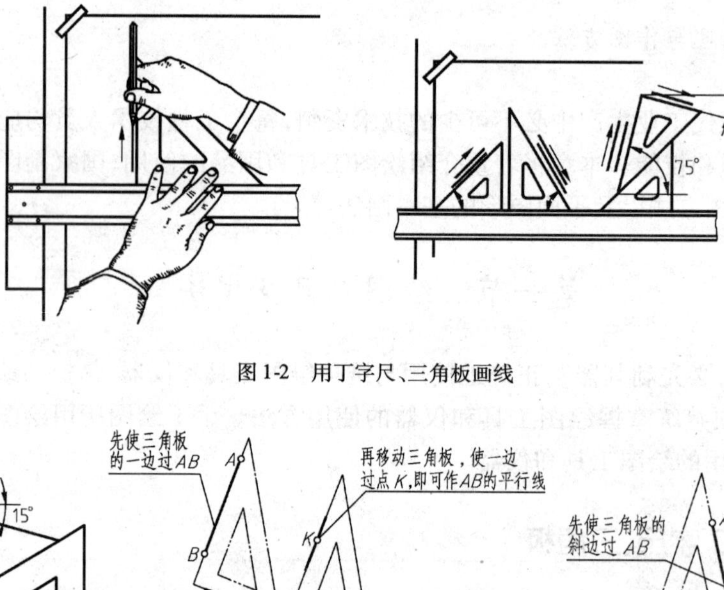

图 1-2　用丁字尺、三角板画线

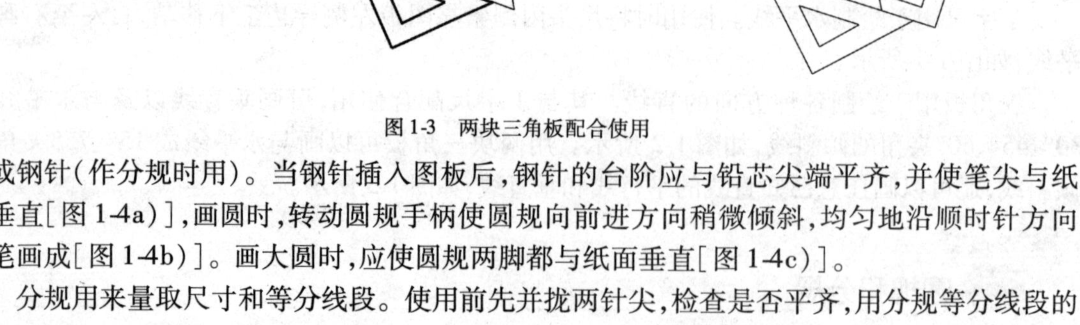

图 1-3　两块三角板配合使用

脚或钢针（作分规时用）。当钢针插入图板后，钢针的台阶应与铅芯尖端平齐，并使笔尖与纸面垂直［图 1-4a)］，画圆时，转动圆规手柄使圆规向前进方向稍微倾斜，均匀地沿顺时针方向一笔画成［图 1-4b)］。画大圆时，应使圆规两脚都与纸面垂直［图 1-4c)］。

分规用来量取尺寸和等分线段。使用前先并拢两针尖，检查是否平齐，用分规等分线段的方法，如图 1-5 所示。

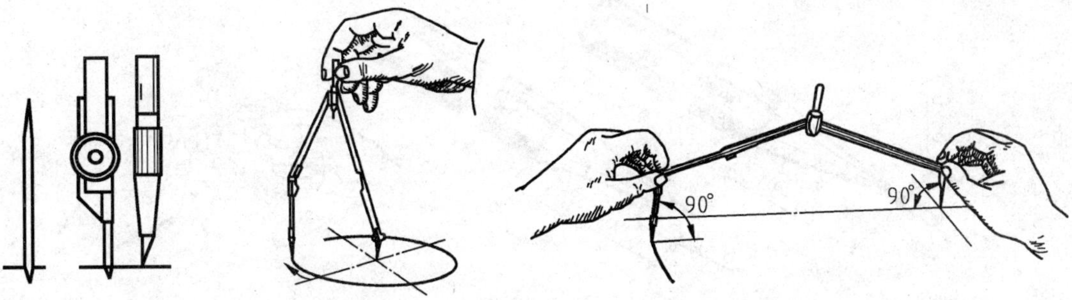

a) 钢针与铅芯的放置　　b) 圆的画法　　c) 大圆的画法

图 1-4　圆规的用法

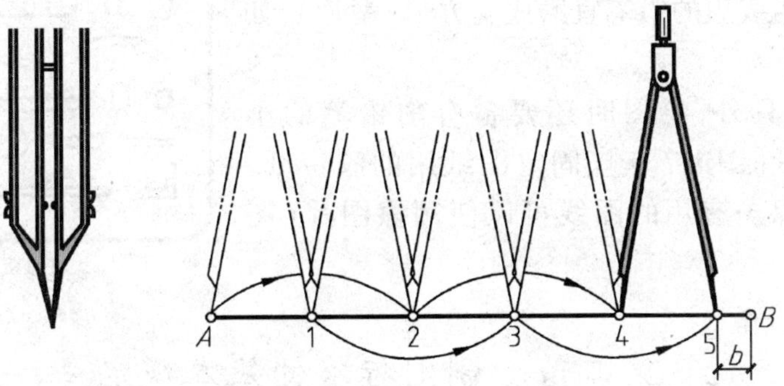

图 1-5　分规的用法

三 曲线板

曲线板是画非圆曲线的工具(图 1-6)。使用曲线板时,应根据曲线的弯曲趋势,从曲线板上选取与所画曲线相吻合的一段进行描绘。每个描绘段应不少于 3 ~4 个吻合点,吻合点越多,画出的曲线越光滑。每段曲线描绘时应与前段曲线重复一小段(吻合前段曲线后部约两点),这样才能使曲线连接得光滑流畅。

图 1-6　曲线板

四 铅笔

绘图铅笔用来画底稿和描深图线。铅笔用 B 和 H 代表铅芯的软硬程度。H 表示硬性铅笔,色浅淡,H 前面的数字越大,表示铅芯越硬(淡);B 表示软性铅笔,色浓黑,B 前面的数字越大,表示铅芯越软(黑)。HB 是中性铅,表示铅芯软硬适当。一般情况下,用 2H 或 H 的铅笔画底稿,用 HB、B 或 2B 的铅笔描深图线,而用 HB 的铅笔写字。

铅笔应从硬度符号的另一端开始使用,以便辨识其铅芯的软硬度。绘图铅笔的削法如图 1-7

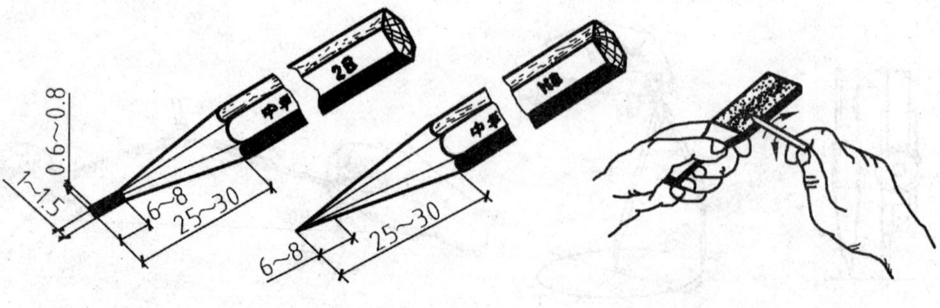

a) 凿形铅芯　　b) 锥形铅芯　　c) 磨铅芯

图 1-7　绘图铅笔的削法

所示。画底稿线、注写文字用的铅笔磨成锥形，如图 1-7b)所示；描深粗线用的铅笔宜磨成扁方形（凿形），如图 1-7a)所示。

除了上述工具外，绘图时还要备有削铅笔的小刀、磨铅笔的砂纸[图 1-7c)]、固定图纸用的胶带纸、橡皮，另外为了保护有用的图线可以使用擦图片（图 1-8）等。

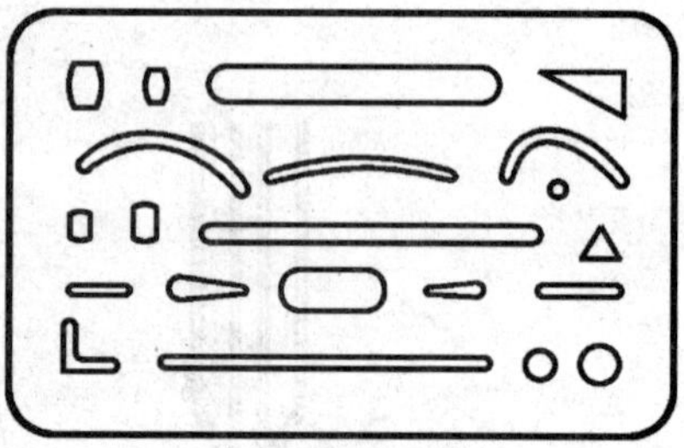

图 1-8　擦图片

第二节　制图标准的基本规定

工程图样是工程界的技术语言，是施工建造的重要依据。为了便于技术交流以及符合设计、施工、存档等要求，必须对图样的格式和表达方法等作出统一的规定，这个规定就是制图标准。

国家标准《技术制图》和《房屋建筑制图统一标准》是工程界重要的技术基础标准，是绘制和阅读工程图样的依据。需要指出的是：《房屋建筑制图统一标准》适用于建筑工程图样，而《技术制图》标准则普遍适用于工程界各种专业技术图样。

我国国家标准（简称国标）的代号是“GB”，例如《GB/T 17451—1998 技术制图 图样画法 视图》，表示制图标准中图样画法的视图部分，“GB/T”表示推荐性国标，“17451”为编号，“1998”是发布年。

本节主要介绍国家标准《技术制图》、《房屋建筑制图统一标准》（GB/T 50001—2001）中有关图幅、比例、字体、图线、尺寸等的规定。

一　图纸幅面和格式（GB/T 14689—1993）

图纸的幅面是指图纸的大小规格，图框是图纸上限定绘图区域的线框。为了合理利用图纸，并便于管理，国标中规定了五种基本图纸幅面，绘制图样时，应优先选用如表 1-1 所规定的图纸基本幅面。

图纸基本幅面尺寸(mm) 表 1-1

幅面代号		A_0	A_1	A_2	A_3	A_4
$B \times L$		841×1189	594×841	420×594	297×420	210×297
周边宽度	e	20		10		
	c	10			5	
	a	25				

各号幅面的尺寸关系是：沿上一号幅面的长边对裁，即为次一号幅面的大小，如图 1-9 所示。

在图纸上必须用粗实线画出图框，其格式分为留装订边和不留装订边两种。但应注意，同一产品的图样只能采用一种图框格式。两种格式的图框周边尺寸 a、c、e 见表 1-1。如图 1-10 所示为需要装订的图纸图框格式，不需要装订的图纸可以不留装订边，其图框周边尺寸只需把 a、c 尺寸均换成表 1-1 中的 e 尺寸即可。

图纸以短边作为竖直边的称为横式幅面，如图 1-10a)所示；以短边作为水平边的称为立式幅面，如图 1-10b)所示，装订时通常多采用 $A_0 \sim A_3$ 横装、A_4 竖装。

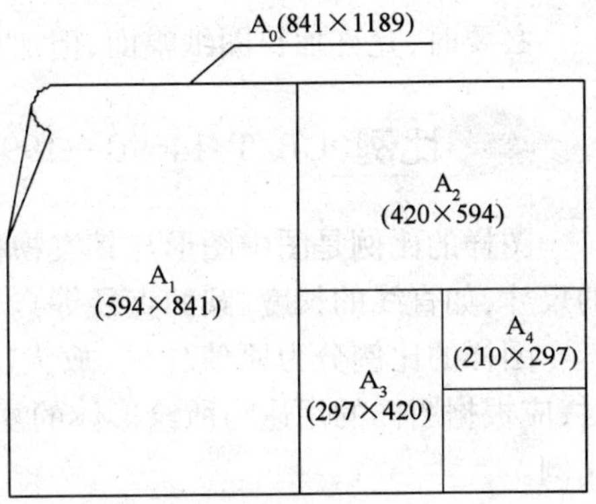

图 1-9 各种图纸基本幅面的尺寸关系

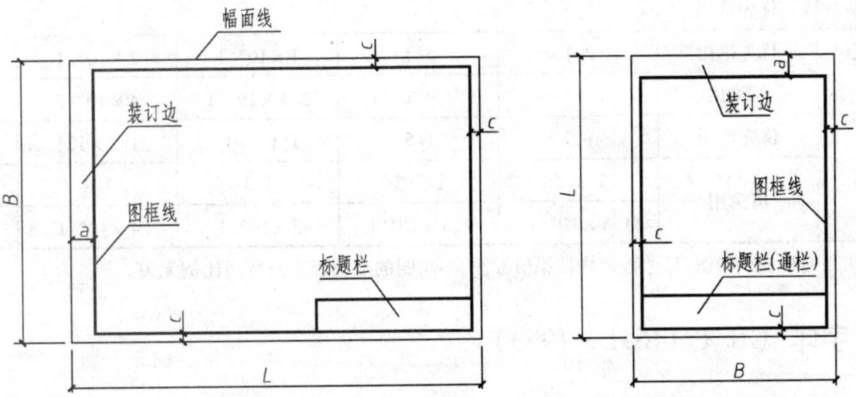

a)$A_0 \sim A_3$ 横式幅面 b)A_4 立式幅面

图 1-10 图框格式

图框右下角必须画出标题栏，用来填写图名、制图人名、设计单位、图纸编号、比例等内容。标题栏中的文字方向为看图方向。标题栏的内容、格式和尺寸在国家技术制图标准(GB/T 10609.1—1998)中已做了规定，学生的制图作业中，建议采用如图 1-11 所示的标题栏格式。

为复制或缩微摄影时便于定位，应在图纸各边长的中点处分别用粗实线画出对中标志，其长度是从纸边开始直至伸入图框内约 5mm(若对中标志处于标题栏范围内时，深入标题栏的部分应当省略)，如图 1-10b)所示。

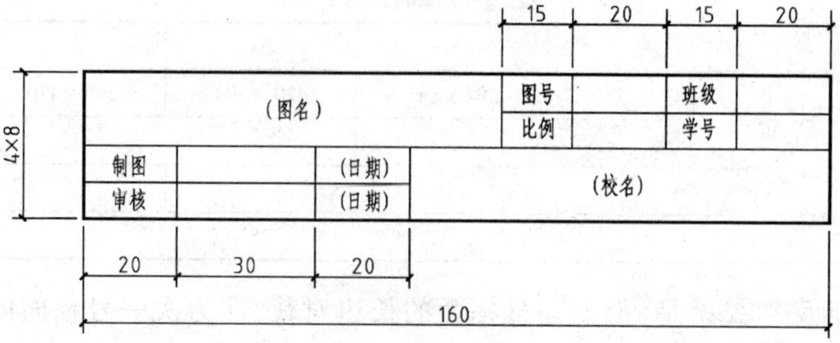

图 1-11　制图作业标题栏格式(尺寸单位:mm)

必要时,允许加长图纸幅面,但加长量必须符合国家标准(GB/T 14689—1993)中的规定。

二 比例(GB/T 14690—1993)

图样的比例是图中图形与其实物相应要素的线性尺寸之比（线性尺寸是指能用直线表达的尺寸,如直线的长度、圆的直径等)。

图样的比例分为原值比例、放大比例、缩小比例三种。用符号“:”表示。绘制技术图样时,应根据图样的用途与所绘形体的复杂程度,优先从表 1-2 所规定的系列中选取合适的图样比例。

绘图常用比例　　表 1-2

种　类		比　例				
原值比例	优先选用	1:1				
放大比例	优先选用	2:1	5:1	1×10^n:1	2×10^n:1	5×10^n:1
	可选用	2.5:1	4:1	2.5×10^n:1	4×10^n:1	—
缩小比例	优先选用	1:2	1:5	1:1×10^n	1:2×10^n	1:5×10^n
	可选用	1:1.5	1:2.5	1:3	1:4	1:6
		1.5×10^n:1	2.5×10^n:1	3×10^n:1	4×10^n:1	6×10^n:1

注:不论采用何种比例绘图,尺寸数值均按原值标注,与绘图的准确程度及所用比例无关。

三 字体(GB/T 14691—1993)

图样上除了表达物体形状的图形外,还要用数字和文字说明物体的大小、技术要求和其他内容。在图样中书写的字体必须做到:字体工整、笔画清楚、间隔均匀、排列整齐。字体的号数即字体的高度(用 h 表示,mm),分别为 1.8mm、2.5mm、3.5mm、5mm、7mm、10mm、14mm、20mm 等八种。

1.汉字

汉字应写成长仿宋体,并应采用国家正式公布的简化字。汉字的高度 h 一般不应小于 3.5mm,其字宽与字高的比例为 $h/\sqrt{2}$(约为 2:3)。

长仿宋体字的书写要领是:横平竖直、起落分明、结构匀称、填满方格。长仿宋体字的示例如图 1-12 所示。

10号字

字体工整笔画清楚

7号字

间隔均匀排列整齐

5号字

横平竖直起落分明结构匀称填满方格

3.5号字

字形方整结构严谨笔画刚劲挺拔清秀舒展

图 1-12　长仿宋体字示例

2. 数字和字母

图样上的数字有阿拉伯数字和罗马数字；字母有拉丁字母与希腊字母。

字母和数字分为 A 型和 B 型两种。A 型字体的笔画宽度(d)为字高的 1/14，B 型字体的笔画宽度(d)为字高的 1/10。在同一张图样上，只允许选用一种形式的字体。

字母和数字可写成斜体或直体，其字高不应小于 2.5mm。斜体字字头向右倾斜，与水平基准线成 75°夹角。与汉字并排书写时，宜写成直字体且其字高应比汉字的小一号（为了视觉上感觉匀称）。字母和数字的示例如图 1-13 所示。

a) 直体大、小写拉丁字母　　b) 斜体大、小写拉丁字母

c) 直、斜体阿拉伯数字　　d) 直、斜体罗马数字

图 1-13　拉丁字母和数字示例

四 图线

1. 图线的形式及应用

为使图样层次清楚、主次分明，《技术制图》（GB/T 17450—1998）国家标准中规定了 15 种基本线形及基本线形的变形。《房屋建筑制图统一标准》（GB/T 50001—2001）规定了建筑工程图样中常用的图线名称、形式、宽度及其应用，见表 1-3。图 1-14 为图线应用示例。

图　　线　　　　表1-3

名称		线形	线宽	一般用途
实线	粗		b	主要可见轮廓线
	中粗		$0.5b$	可见轮廓线
	细		$0.25b$	尺寸线、尺寸界线、图例线等
虚线	粗		b	见各有关专业制图标准
	中粗		$0.5b$	不可见轮廓线
	细		$0.25b$	不可见轮廓线、图例线等
点画线	粗		b	见各有关专业制图标准
	中粗		$0.5b$	见各有关专业制图标准
	细		$0.25b$	中心线、轴线、对称线等
双点画线	粗		b	见各有关专业制图标准
	中粗		$0.5b$	见各有关专业制图标准
	细		$0.25b$	假想轮廓线、成型前原始轮廓线等
折断线(双折线)			$0.25b$	断开界线
波浪线			$0.25b$	断开界线

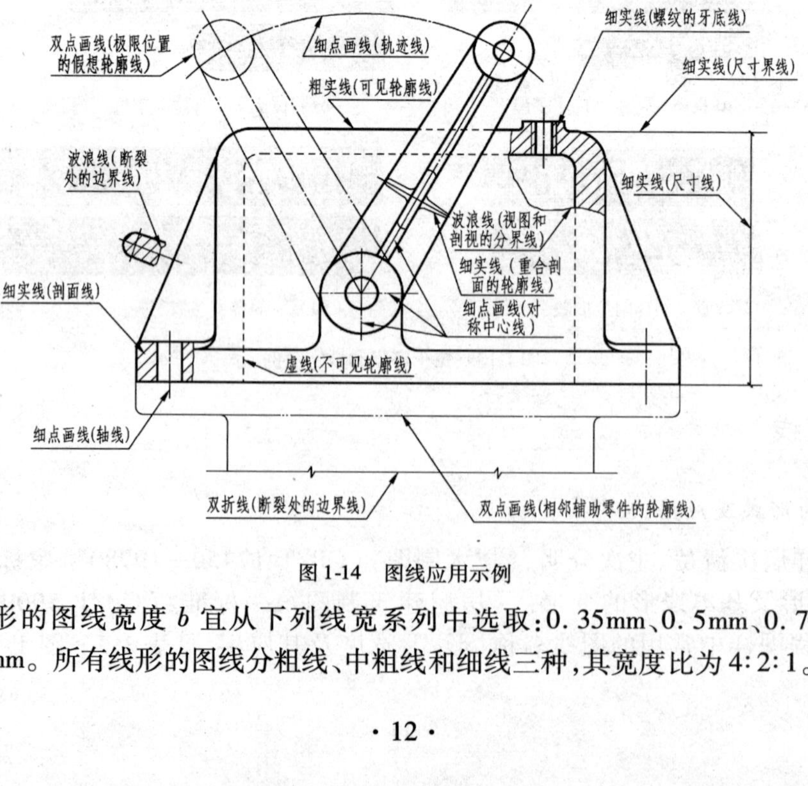

图1-14　图线应用示例

所有线形的图线宽度 b 宜从下列线宽系列中选取：0.35mm、0.5mm、0.7mm、1.0mm、1.4mm、2.0mm。所有线形的图线分粗线、中粗线和细线三种，其宽度比为4∶2∶1。

在绘制虚线和点(双点)画线时,其线素(点、画、长画和短间隔)的长度建议选取如图 1-15 所示的尺寸。

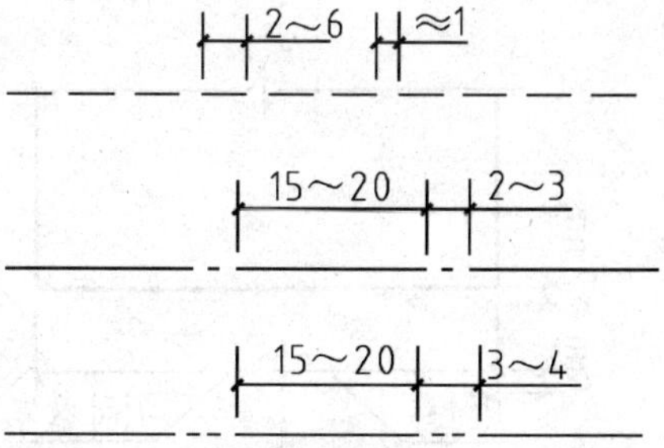

图 1-15 线素长度示例(尺寸单位:mm)

2. 图线的画法

(1)同一图样中,同类图线的宽度应基本一致。虚线、点画线及双点画线的线段长度和间隔应各自大致相等。

(2)相互平行的图线,其间隙不宜小于其中粗线的宽度,且不宜小于 0.7mm。

(3)绘制图形的对称中心线、轴线时,其点画线应超出图形轮廓线外 3 ~5mm,且点画线的首末两端不应是短画;用点画线绘制圆的对称中心线时,圆心应为线段的交点。

(4)在较小的图形上绘制点画线、双点画线有困难时,可用细实线代替。

(5)虚线、点画线、双点画线自身相交或与其他任何图线相交时,都应是线、线相交,而不应在空隙处或短画处相交,但虚线如果是实线的延长线时,则在连接虚线端处留有空隙。

(6)图线不得与文字、数字或符号重叠、相交。当不可避免时,应首先保证文字等的清晰,图线的正确画法和错误画法如图 1-16 所示。

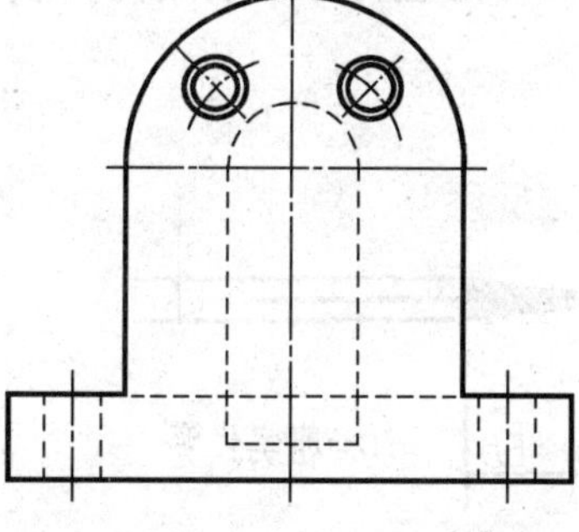

a) 正确

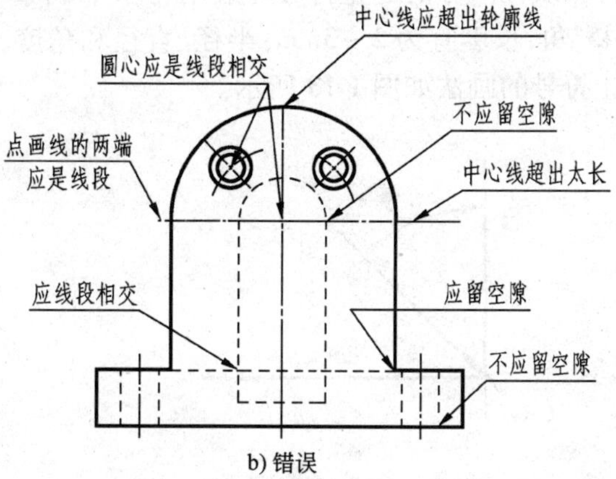

b) 错误

图 1-16 图线的画法

五 尺寸标注

图形只能表达物体的形状,而其大小则由标注的尺寸确定。标注尺寸时,应严格遵守国家标准有关尺寸注法的规定,做到正确、完整、清晰、合理。

1. 尺寸的组成

图样上的尺寸由尺寸界线、尺寸线、尺寸起止符号和尺寸数字组成,如图 1-17 所示。

(1)尺寸界线用来表示尺寸的度量范围,用细实线绘制。其一端离开图样的轮廓线不小于 2mm,另一端宜超出尺寸线 2 ~3mm。必要时可用图形的轮廓线、轴线或对称中心线代替,如图 1-17b)中所示的 240 和 3360。

(2)尺寸线表示所注尺寸的度量方向和长度,用细实线绘制。尺寸线应与被注轮廓线平

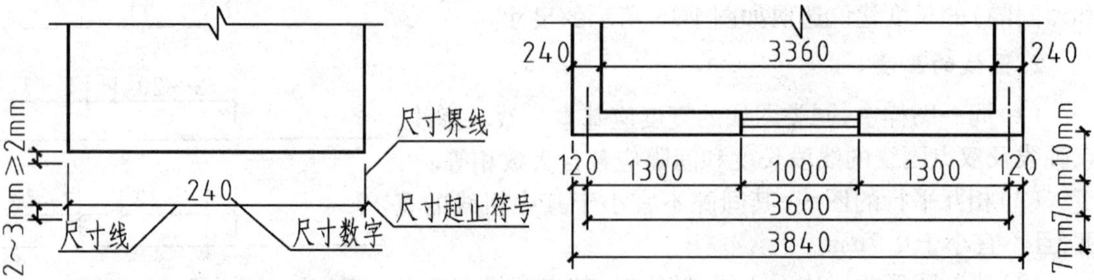

a) 尺寸的组成　　b) 尺寸标注示例

图 1-17　尺寸的组成与标注示例(尺寸单位:mm)

行,且不宜超出尺寸界线之外。尺寸线不能用其他图线代替或与其他图线重合。

如图 1-17b)所示,互相平行的尺寸线,应从轮廓线向外排列,大尺寸要标注在小尺寸的外面。尺寸线与尺寸轮廓线的距离一般不小于 10mm,平行排列的尺寸线之间的距离应一致,约为 7mm。

(3)尺寸起止符号(尺寸线终端)是尺寸的起止点,有与水平成 45°夹角的中粗斜短线和箭头两种。线性尺寸的起止符号一般用与水平成 45°夹角的短线,其倾斜方向与尺寸界线成顺时针 45°角,长度宜为 2 ~ 3mm;半径、直径和角度、弧长的尺寸起止符号一般用箭头表示。尺寸起止符号的画法如图 1-18 所示。

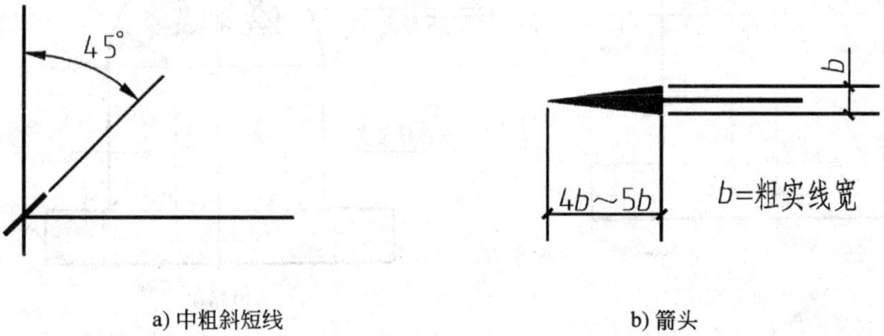

a) 中粗斜短线　　b) 箭头

图 1-18　尺寸起止符号的画法

(4)尺寸数字表示尺寸的实际大小,一般写在尺寸线的上方、左方或尺寸线的中断处。尺寸数字必须是物体的实际大小,与绘图所用的比例或绘图的精确度无关。建筑工程图上标注的尺寸,除标高和总平面图以“m”为单位外,其他一律以“mm”为单位,图上的尺寸数字不再注写单位。

尺寸数字的注写方向,应按如图 1-19a)所示的规定注写;若尺寸数字在 30°阴影区内,宜按如图 1-19b)所示的形式注写;若是小尺寸宜按如图 1-19c)所示的形式注写。

2. 半径、直径和角度尺寸的标注

标注半径、直径和角度尺寸时,尺寸起止符号一般用箭头表示,且应在半径、直径的尺寸数字前分别加注符号 R、ϕ,圆球的半径与直径数字前还应再加注符号 S;角度的尺寸界线应沿径向引出,尺寸线画成圆弧,圆心是角的顶点,尺寸数字应一律水平书写,如图 1-20 所示。

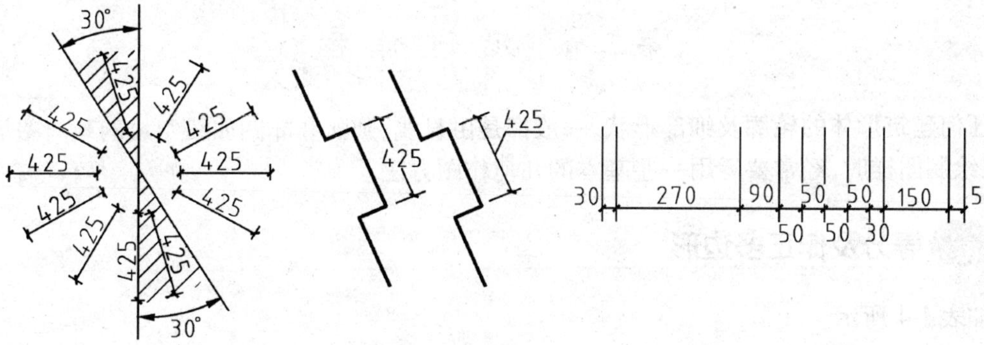

a) b) c)

图 1-19 尺寸数字的注写方向

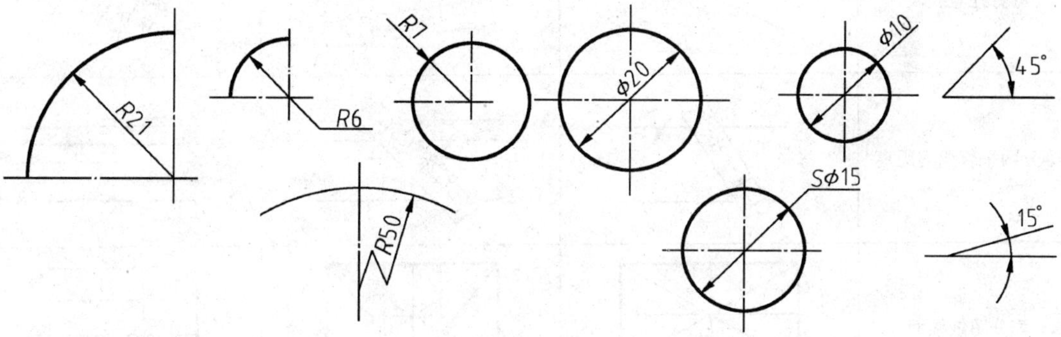

图 1-20 半径、直径和角度的尺寸注法

3. 坡度的标注

坡度表示一平面相对于水平面的倾斜程度，可采用百分数、比数的形式标注。标注坡度时，应加注坡度符号，该符号为单面箭头，箭头应指向下坡方向。2% 表示每 100 单位下降两个单位；1∶2 表示每下降一个单位，水平距离为两个单位，如图 1-21a) 所示。坡度也可以用直角三角形形式表示，如图 1-21b) 所示。

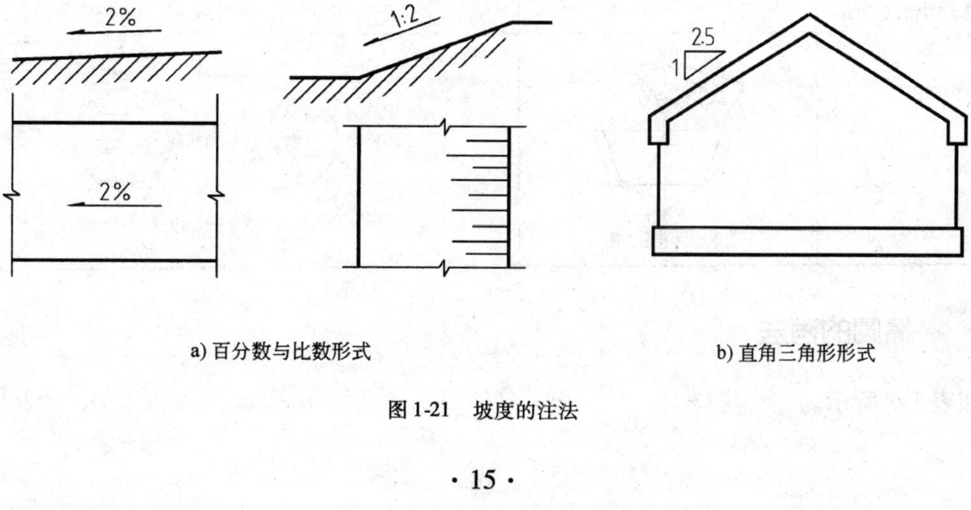

a) 百分数与比数形式 b) 直角三角形形式

图 1-21 坡度的注法

第三节　几 何 作 图

任何建筑形体的轮廓及细部形状，一般都是由直线、圆弧和非圆曲线组成的几何图形。因此，在绘制图样时，经常要运用一些基本的几何作图方法。

一　等分及作正多边形

如表1-4所示。

等分线段、图幅和圆周　　表1-4

等分任意线段		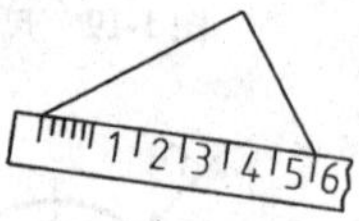	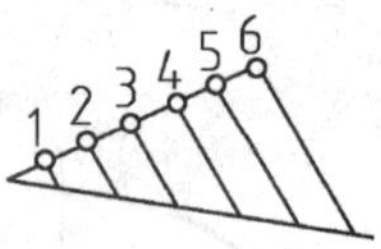
等分两平行线间距离	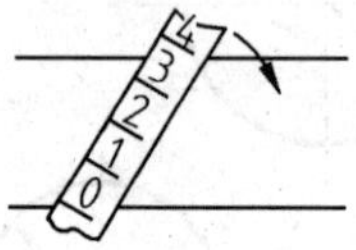	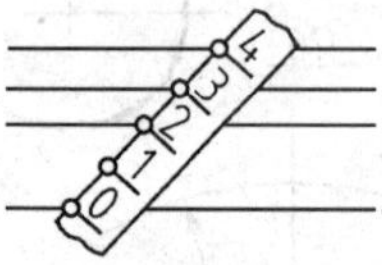	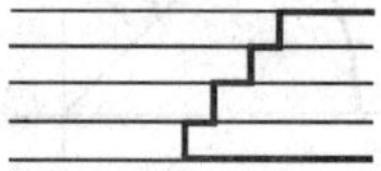
等分图纸幅面	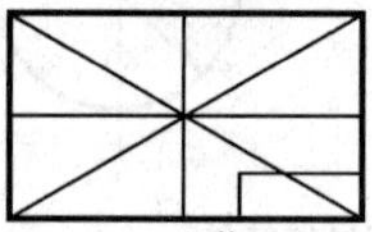 二、四等分	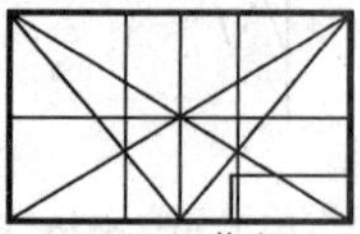 三、六等分	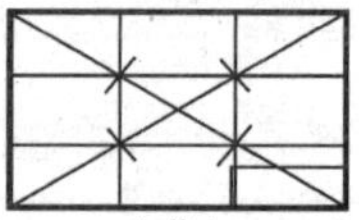 九等分
等分圆周作正多边形	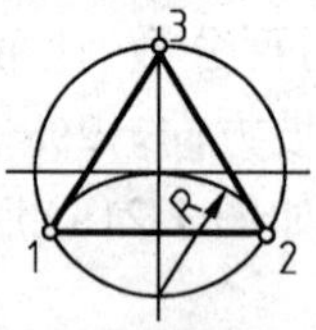 三等分	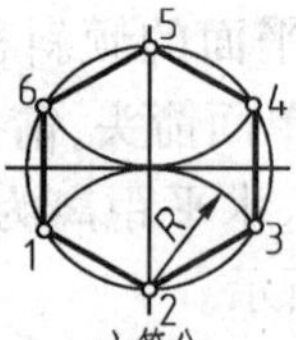 六等分	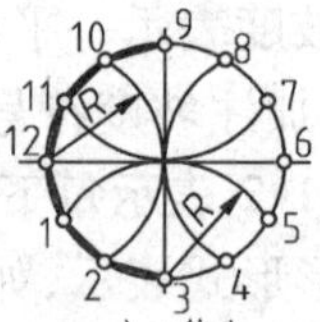 十二等分
	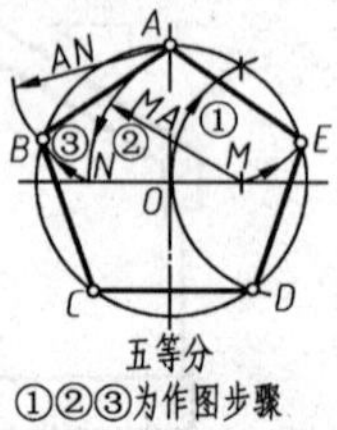 五等分 ①②③为作图步骤	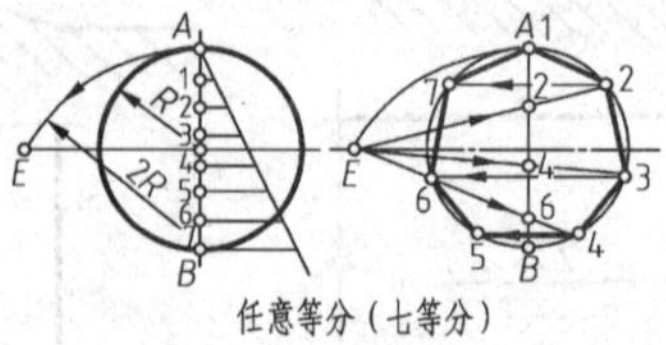 任意等分（七等分）	

二　椭圆的画法

如表1-5所示。

四心圆弧法画椭圆 表 1-5

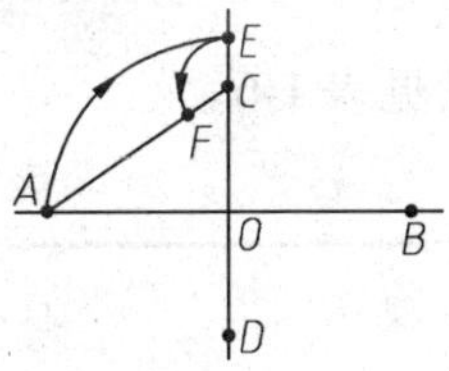	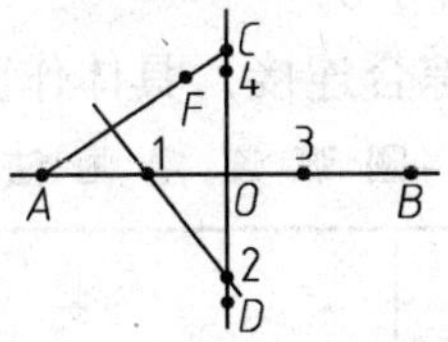	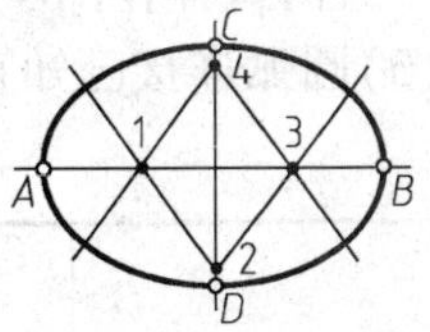
(a) 已知长轴 *AB*、短轴 *CD*，连接 *AC*，求出点 *E*、*F*，使 $OE = OA$，$CF = CE$	(b) 作 *AF* 垂直平分线，交轴线于 1、2 两点；对称求出 3、4 两点	(c) 以点 1、2、3、4 为圆心，以四条连心线为分界线，过 *A*、*B*、*C*、*D* 四点分别作四段圆弧

三 圆弧连接

画图时常遇到从一条线光滑地过渡到另一条线，即相切。用已知半径的圆弧光滑连接(相切)相邻两已知直线或圆弧的作图方法称为圆弧连接。起连接作用的圆弧称为连接弧，切点称为连接点。由于连接弧的半径和被连接的两线段为已知，所以，圆弧连接的关键是确定连接弧的圆心和连接点。

1. 圆弧连接的作图原理

由平面几何可知，圆弧连接作图有如下关系：

(1)半径为 R 的圆弧与已知直线相切，其圆心轨迹是距离直线为 R 的平行线，当圆心为 O 时，由 O 向直线作垂线，垂足 k 即为切点，如图 1-22a)所示。

(2)半径为 R 的圆弧与已知圆弧(圆心为 O_1，半径为 R_1)相切，其圆心轨迹是已知圆弧的同心圆，此同心圆半径 R_2 视相切情况(外切或内切)而定。当两圆弧外切时，$R_2 = R_1 + R$，如图 1-22b)所示；当两圆弧内切时，$R_2 = R_1 - R$，如图 1-22c)所示。当圆心为 O 时，连接圆心的直线 O_1O(或反向延长)与已知圆弧的交点 k 即为切点。

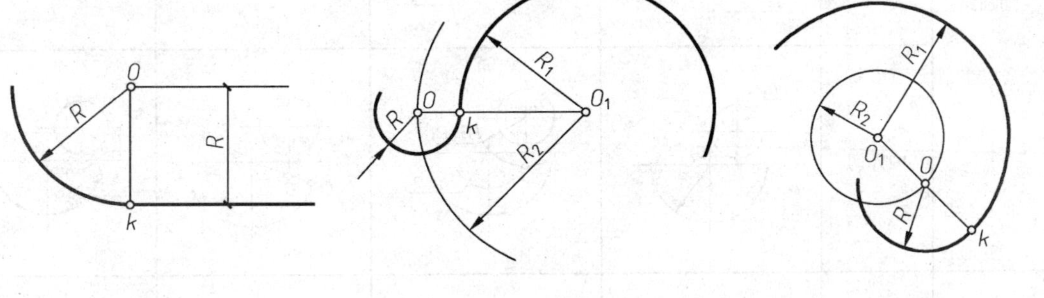

a) 圆弧与直线相切　　b) 圆弧与圆弧外切　　c) 圆弧与圆弧内切

图 1-22　圆弧连接的作图原理

2. 圆弧连接的三种形式

(1)圆弧连接两已知直线，具体作图步骤与方法见表 1-6。

(2)圆弧连接两已知圆弧，此种连接又分为外连接（外切）、内连接（内切）与混合连接（内外切）三种，具体作图步骤与方法见表 1-6。

(3)圆弧连接已知直线和圆弧（综合连接），具体作图步骤与方法见表 1-6。

圆 弧 连 接 画 法　　　　表 1-6

种类		已知条件	作图步骤		
			求连接弧的圆心 O	求切点 k	画连接弧
圆弧连接两已知直线	两直线倾斜	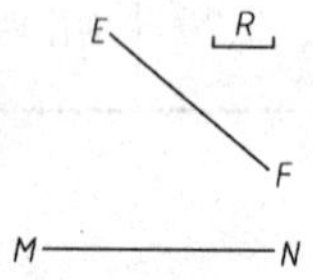	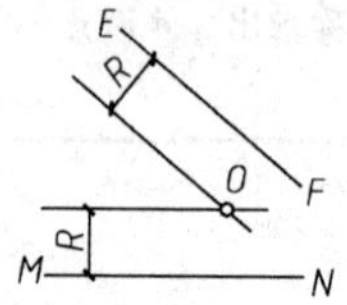	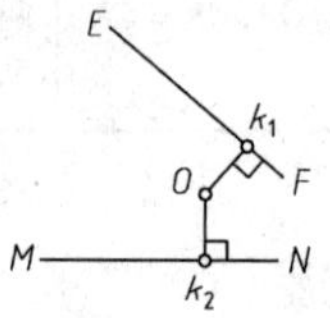	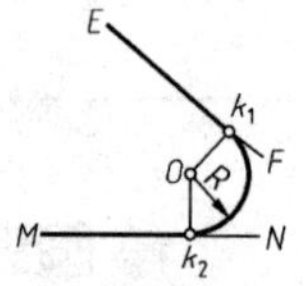
	两直线垂直	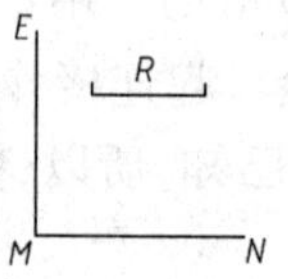	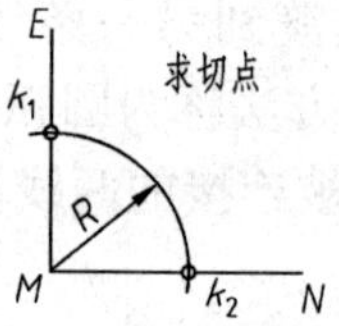	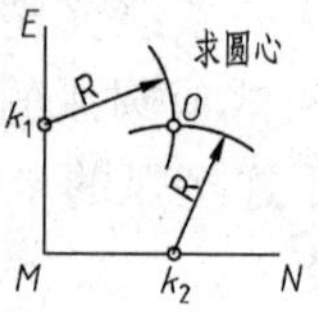	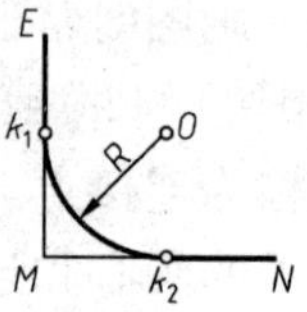
圆弧连接两已知圆弧	外切	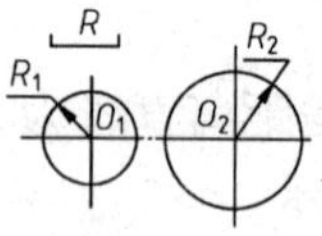	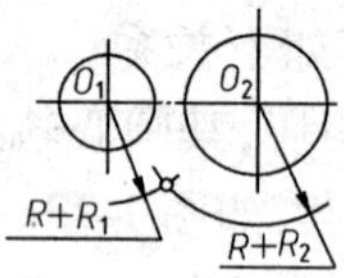	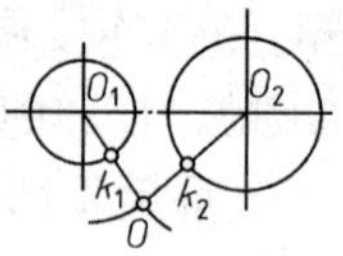	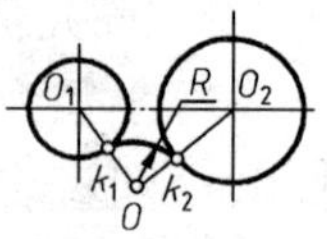
	内切	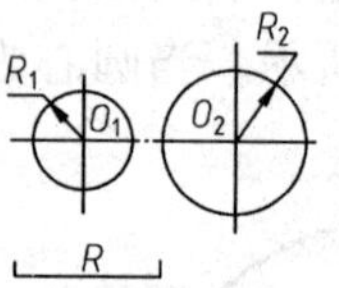	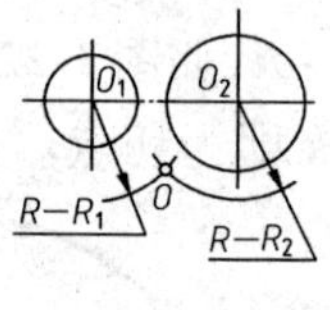	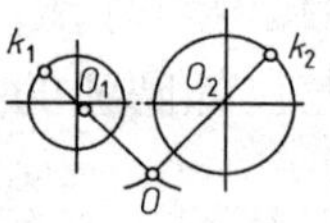	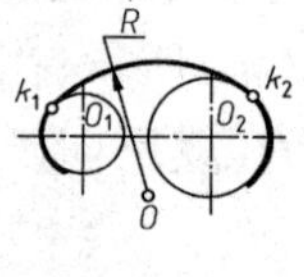
	内外切	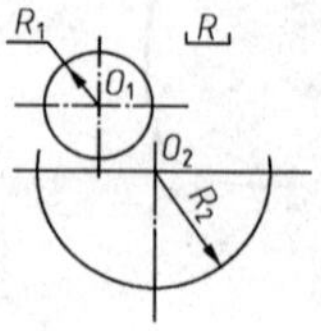	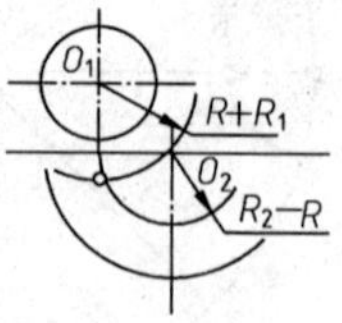	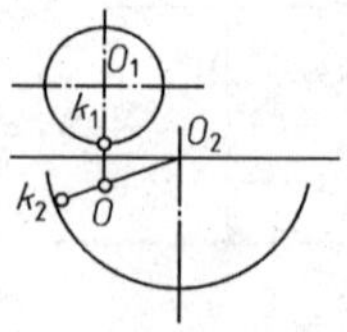	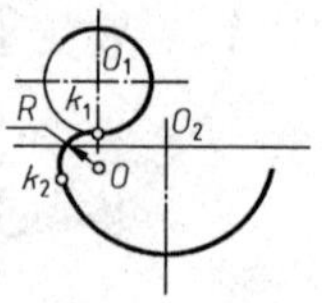
圆弧连接已知直线和圆弧	综合连接	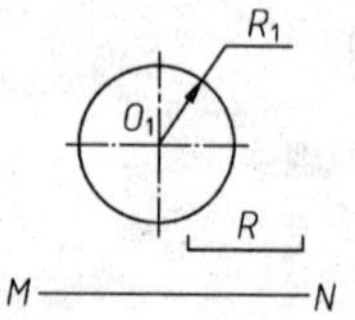	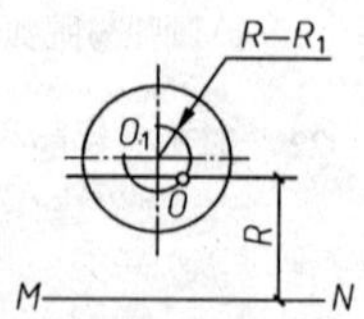	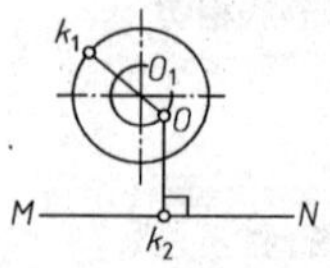	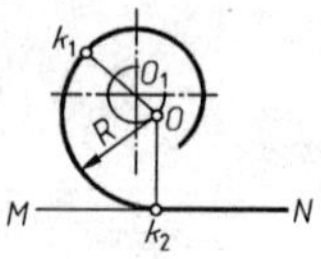

为了使图线光滑连接，必须保证两线段在切点处相连，即切点是两线段的分界点。为此，应准确作图。当因作图误差而导致两图线不能在切点处相连时，可微量调整圆心位置或连接弧半径，以使图线能在切点处相连。

第四节　平面图形的画法

绘制平面图形，一方面要求图形正确、美观；另一方面又要求作图迅速、熟练。为此，要养成先分析后作图的习惯，按照正确的作图顺序，才能绘制出高质量的图样。

一　平面图形的分析

图形分析包括尺寸分析与线段分析两方面的内容。

1. 尺寸分析

平面图形的尺寸按其作用分为两大类。

(1)定形尺寸：确定平面图形各组成部分的形状和大小尺寸。圆的直径、半径、线段的长度及角度等都属于定形尺寸。如图 1-23 所示的 $\phi30$、$R16$、$R14$ 及 52、6 等尺寸。

(2)定位尺寸：确定平面图形各组成部分之间相对位置的尺寸。如图 1-23 所示的 36、100、76 等尺寸。尺寸 80 既是定形尺寸(确定图形下部总长度)，又是定位尺寸(确定 $R14$ 的圆心位置)。

在平面图形中，应先确定水平和竖直两个方向的基准线，它们既是定位尺寸的起点，又是最先绘制的线段。通常选取图形的重要端线、对称线、中心线等作为尺寸基准。如图 1-23 所示的平面图形，分别选取对称线与重要端线作为水平和竖直方向的尺寸基准。

尺寸分析是线段分析的基础。

2. 线段分析

平面图形的线段，按所给定的尺寸可分为三种。

(1)已知线段：尺寸完整(有定形、定位尺寸)，能直接画出的线段。如图 1-23 所示的直线段、$\phi30$ 的圆以及 $R98$、$R14$ 的圆弧(线段①、④)等。

(2)中间线段：有定形尺寸，但定位尺寸不全，必须依赖与一侧相邻线段的相切条件才能画出的线段。如图 1-23 所示的 $R16$ 的圆弧(线段②)。

(3)连接线段：只有定形尺寸，而没有定位尺寸的线段，必须依赖与两侧相邻线段的相切条件才能画出的线段。如图 1-23 所示的 $R16$ 的圆弧(线段③)。

作图时，应先画已知线段，再画中间线段，最后画连接线段。

二　平面图形的绘图步骤

下面以图 1-23 所示的平面图形为例，介绍绘制平面图形的方法与步骤。

1. 绘图前的准备工作

准备好圆规、铅笔、橡皮等绘图工具和用品；所有的工具和用品都要擦拭干净，不要有污迹，要保持两手清洁。将图纸用胶带纸固定在图板的左下方(图纸下方留足放置丁字尺的位置)。

2. 选比例、定图幅,画图框及标题栏

根据平面图形的尺寸大小和复杂程度,选择比例并定出图幅的大小。按国家标准规定的幅面尺寸和标题栏位置,绘制图框和标题栏。

3. 分析图形、绘制底稿

通过尺寸分析与线段分析,确定作图的基准线和绘图顺序。对每一图形应先画基准线,再画主要轮廓线及细部,另外还需在打底稿阶段就画出尺寸界线和尺寸线。有圆弧连接时,要根据图形分析先画已知线段,找出连接圆弧的圆心和切点,再画中间线段和连接线段。

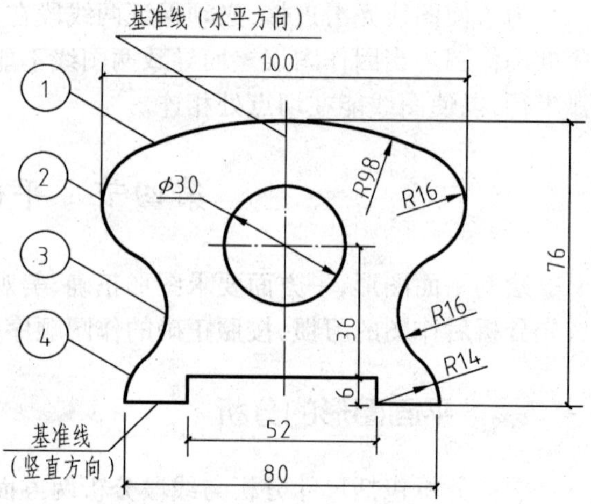

图 1-23 平面图形的分析

画底稿时要用较硬的铅笔(2H 或 H),铅芯要削得尖一些,画出的图线要细而淡,但各种图线要分明。画底图的步骤如图 1-24 中的 a)、b)、c)、d)、e)所示。

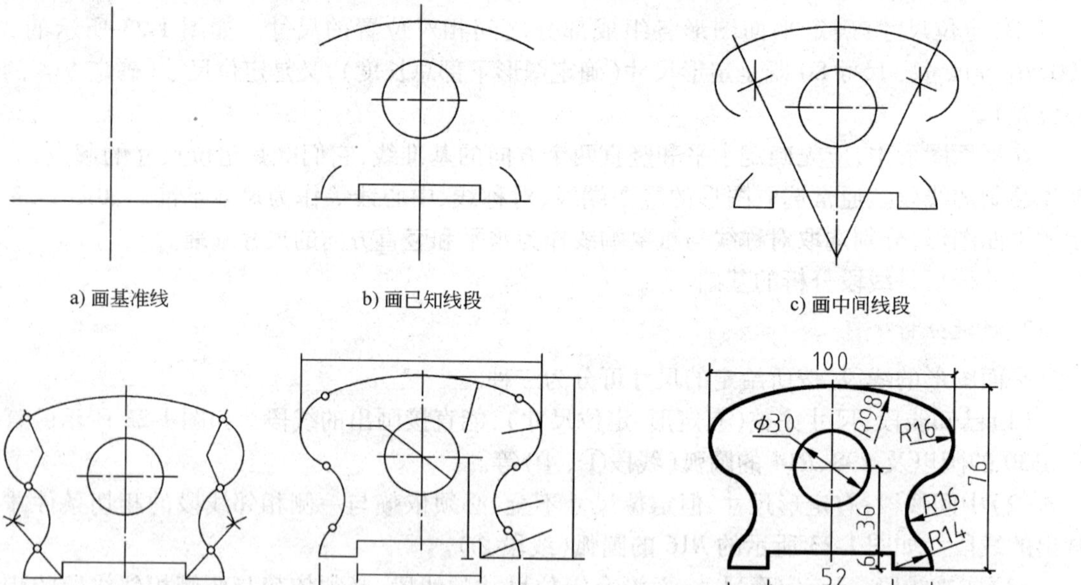

a) 画基准线 b) 画已知线段 c) 画中间线段

d) 画连接线段 e) 画尺寸界线、尺寸线 f) 描深图线;画尺寸起止符号,注尺寸数字

图 1-24 绘制平面图形的方法与步骤

4. 检查加深

在加深前必须对底稿做仔细检查、改正,直至确认无误。用铅笔加深的顺序是:自上而下、自左至右依次画出同一线宽的图线;先画曲线后画直线;对于同心圆宜先画小圆后画大圆。画圆时,圆规的铅芯应比画相应直线的铅芯软一号。

5. 标注尺寸

按制图标准的要求画尺寸起止符号、填写尺寸数字。标出所有的定形尺寸和定位尺寸,完成全图,最后如图1-24f)所示。

6. 填写标题栏

经仔细检查图纸后,填写标题栏中的各项内容,完成全部绘图工作。

第五节　徒手绘图简介

徒手绘图是不用绘图工具,凭目测按大致比例徒手画出草图。草图并非“潦草的图”,它同样要求图形正确、线形分明、比例匀称、字体工整、图面整洁。徒手绘图是工程技术人员的基本技能之一,要通过训练不断提高,常见的徒手作图方法见表1-7。

徒手作图方法　　表1-7

内　容	图　例	画　法
画水平线、垂直线	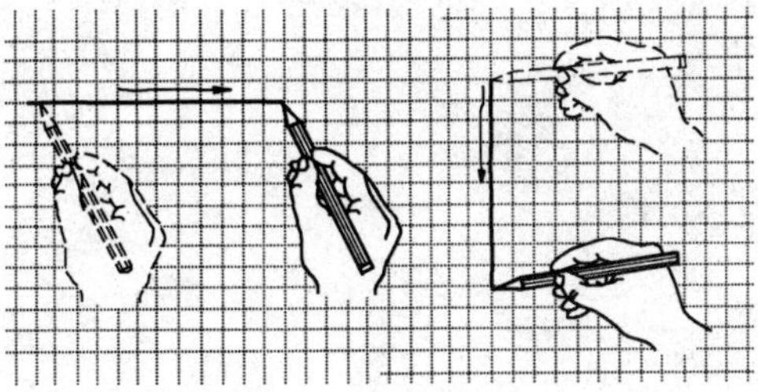	手腕不动,用手臂带动握笔的手水平移动或垂直移动
画各特殊角度斜线	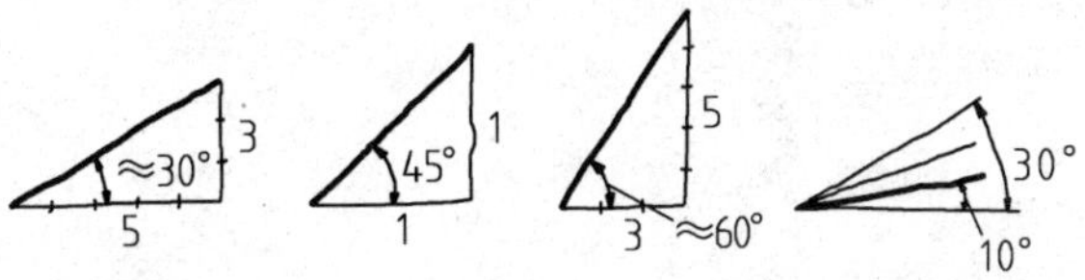	根据两直角边的比例关系,定出端点然后连接
画大圆和小圆	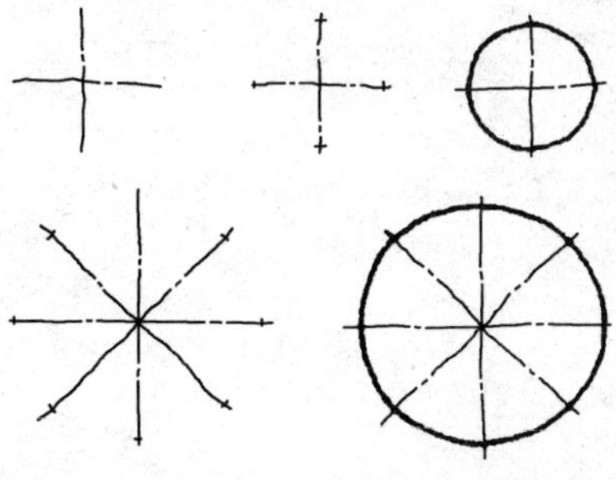	先画出中心线,目测半径,在中心线上截得四点,再将各点连接成圆。画大圆时,则可多作几条过圆心的线
画平面图形	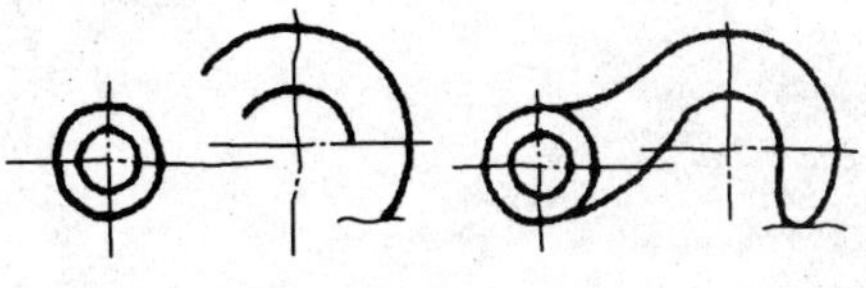	先按目测比例作出已知圆弧,再作连接圆弧与已知圆弧光滑连接

本章小结

本章主要介绍了制图工具和用品的正确使用方法;国家制图标准的基本规定;常用几何图形的作图方法及平面图形的分析与画法等。这部分内容是工程制图的基础,会直接影响到后续绘图质量的高低。因此在学习过程中要特别注意以下几点:

(1)“国标”就相当于制图过程中的“规章制度”,初次接触就要养成良好习惯,严格执行。

(2)标注尺寸是整个制图过程中的一道比较繁琐复杂、较难做好的“工序”,应该增加实践练习的时间。

(3)圆弧连接的关键在于能正确地找出连接弧的圆心 O 和切点 k,而要做到这一点,需要事先分清是圆弧连接的哪一种类型,如是内切、外切还是混合切等。

(4)画平面图形是前面所有内容的一个综合应用,难度较大。在画图过程中,首先要学会对各类尺寸、线段进行分析,分清哪些是尺寸基准、定形尺寸、定位尺寸,哪个是已知线段、中间线段和连接线段,明确画图的正确顺序,才能顺利、准确地画出平面图形。

第二章　正投影基础

[学习要求]

了解投影的概念、分类及正投影的基本性质；熟悉三面投影图的形成及投影规律；掌握点、直线、平面的投影特性及作图方法，不断提高空间分析问题的能力。

[重点]

三面投影图的形成及投影规律。

[难点]

各种位置点、直线、平面的投影特性及作图方法。

工程图样是应用投影的原理和方法绘制的。本章着重介绍正投影的基本性质，三面投影图的形成及投影规律等，逐步培养绘制和识读工程图样的能力。

第一节　投影基本知识

一　投影概念

物体在灯光或日光的照射下，在墙或地面上就会出现影子，这种现象就是投影现象，如图2-1所示。这里的灯光或日光称为投影中心，光线称为投影线，地面或墙面称为投影面，这种得到形体投影的方法，称为投影法。

因此，要在平面（纸）上画出物体的图形，就要设有投影面（一个或几个）和投影线，投影线通过物体上各顶点后与投影面相交，则在投影面上得到物体的图形，这种图形就叫投影，又称为视图（好像观察者站在远处观看物体所获得的图形），如图2-2所示。

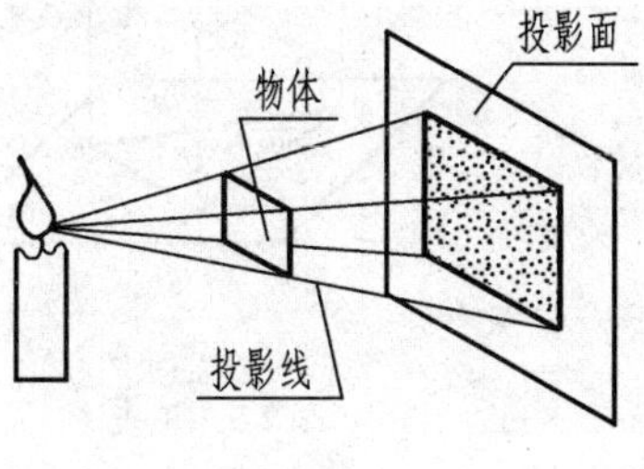

图 2-1　烛光照射的影子

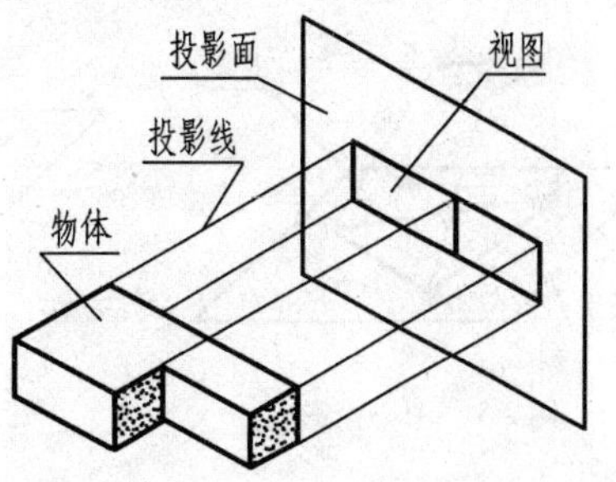

图 2-2　物体的一个视图

二 投影法的分类

从照射光线（投影线）的形式可以看出，光线的发出有两种：一种是平行光线，例如遥远的太阳光；另一种是不平行光线，如图 2-1 所示的烛光或白炽灯泡的光。前者称为平行投影，后者称为中心投影。

1. 中心投影法

投影中心距离投影面有限远处，投影线由中心投出的投影法称为中心投影法。

如图 2-3 所示，设 S 点为一光源，称为投影中心。自 S 发出的投影线有无数条，经三角板三个顶点 A、B、C 的三条投影线，延长与投影面（H）相交得到三个点 a、b、c，$\triangle abc$ 即为空间 $\triangle ABC$ 在投影面 H 上的中心投影。图 2-1 所示的投影法就属于中心投影法。

中心投影法的特点是具有高度的立体感和真实感，符合人的视觉，因此在建筑工程外形设计中常用中心投影法（建筑透视图）。但其投影图的大小会随着投影中心、物体、投影面三者相对位置的改变而改变，作图复杂，且度量性较差，故在工程图样中很少采用。

2. 平行投影法

投影中心移至无限远处，投影线都互相平行的投影法称为平行投影法。

如图 2-4 所示，设空间 $\triangle ABC$（物体），经其三个顶点 A、B、C 的三条投影线互相平行，并与投影面（H）相交得三点 a、b、c，$\triangle abc$ 就是 $\triangle ABC$ 在投影面 H 上的平行投影。

在平行投影中，按投影线与投影面的位置关系又可分为：

（1）斜投影法。投影线相互平行且与投影面 H 倾斜的投影法，如图 2-4 所示。

（2）正投影法。投影线互相平行且与投影面 H 垂直的投影法，如图 2-5 所示

正投影的特点是投影图与物体距离投影面的远近无关，能准确地表达物体的形状和大小，且作图简单，易度量，因此在工程上被广泛应用（如无特殊说明，则均为正投影）。

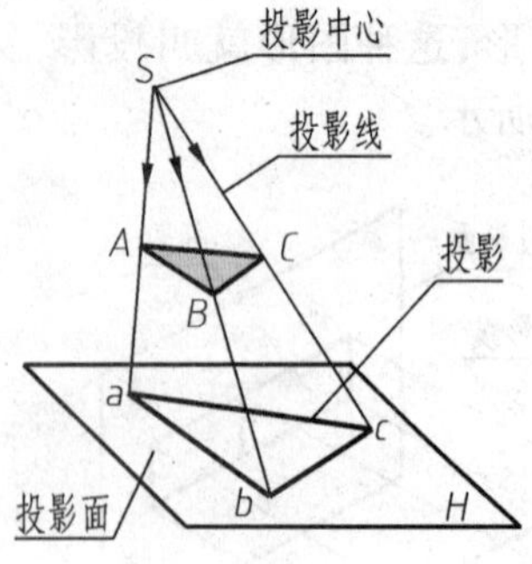

图 2-3　中心投影

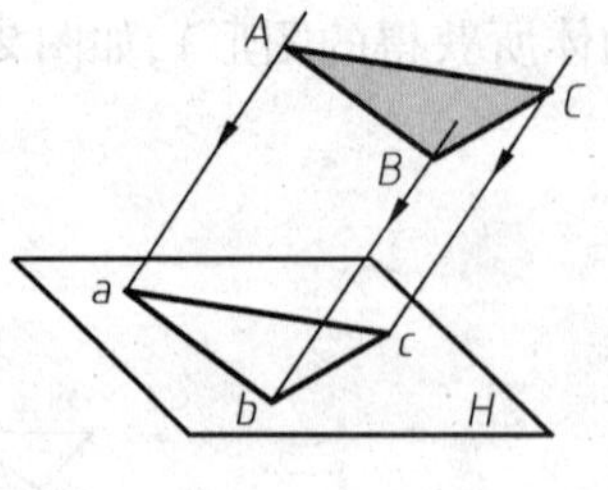

图 2-4　斜投影

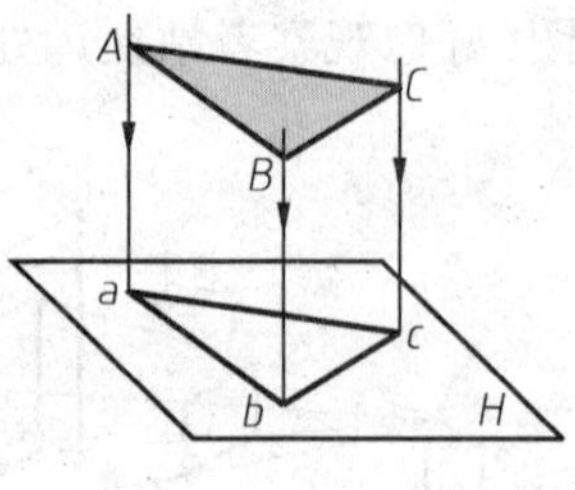

图 2-5　正投影

三 正投影的基本性质

1. 显实性(全等性)

平行于投影面的直线段或平面图形,其投影能反映实长或实形,如图 2-6a)所示。

2. 积聚性

垂直于投影面的直线段或平面图形,其投影积聚为一点或直线(直线上的点或面上的点、线、图形等,其投影分别积聚在直线或平面的投影上),如图 2-6b)所示。

3. 类似性

倾斜于投影面的直线段或平面图形,其投影短于实长或小于实形,但与空间图形类似,如图 2-6c)所示。

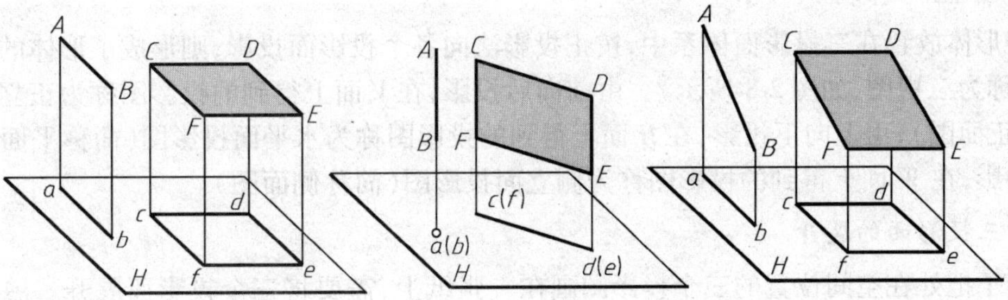

a) 显实性　　b) 积聚性　　c) 类似性

图 2-6　正投影的基本性质

第二节　形体的三面投影图

一般情况下,单面投影不能全面地表达出形体的形状和位置,如图 2-7 所示。因此,一般需要从几个方向对形体进行投影,才能确定形体唯一的空间形状和大小。通常多采用三面投影,如图 2-8 所示。

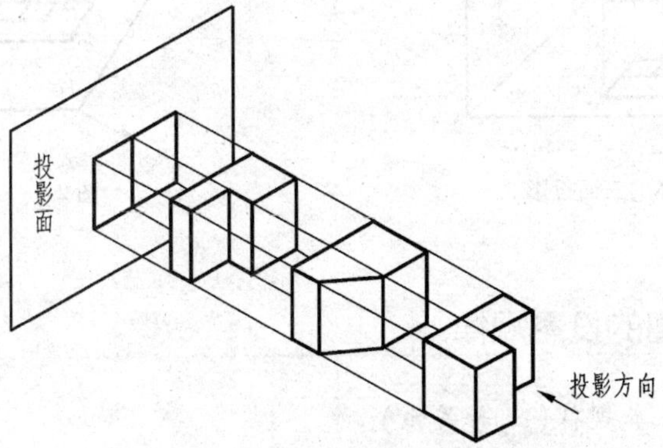

图 2-7　形体的单面投影

一 三面投影图的形成

1. 三投影面体系

形体的三投影面体系由三个互相垂直的投影面组成(如图 2-8 所示)。

在三投影面体系中有三个投影面。呈正立位置的称正立投影面(简称正面),用"*V*"表示;呈水平位置的称水平投影面(简称水平面),用"*H*"表示;呈侧立位置的称侧立投影面(简称侧面),用"*W*"表示。

三个投影面的交线称为投影轴。*OX* 轴是 *V* 面与 *H* 面的交线,代表长度方向;*OY* 轴是 *H* 面与 *W* 面的交线,代表宽度方向;*OZ* 轴是 *V* 面与 *W* 面的交线,代表高度方向。

三个投影轴的交点称为原点。

2. 形体在三投影面体系中的投影

将形体放置在三投影面体系中,按正投影法向各个投影面投影,则形成了形体的三面投影图(也称为三视图,如图 2-8 所示)。由前向后投影,在 *V* 面上得到的投影图称为正立面投影图(简称正面图);由上向下投影,在 *H* 面上得到的投影图称为水平面投影图(简称平面图);由左向右投影,在 *W* 面上得到的投影图称为侧立面投影图(简称侧面图)。

3. 三投影面的展开

为了把处在空间位置的三个投影图画在一张纸上,需要将三个投影面展开。展开时让正立面 *V* 不动,将水平面 *H* 绕 *OX* 轴向下旋转 90°,将侧立面 *W* 绕 *OZ* 轴向右旋转 90°,如图 2-9 所示。这样就把三个投影图摊在了一个平面(图纸)上。

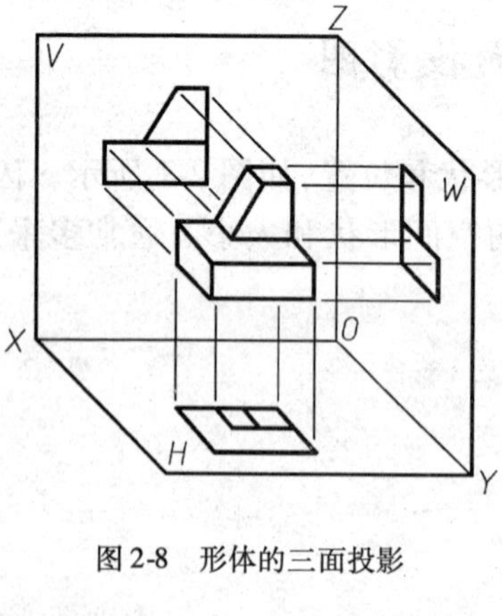

图 2-8　形体的三面投影

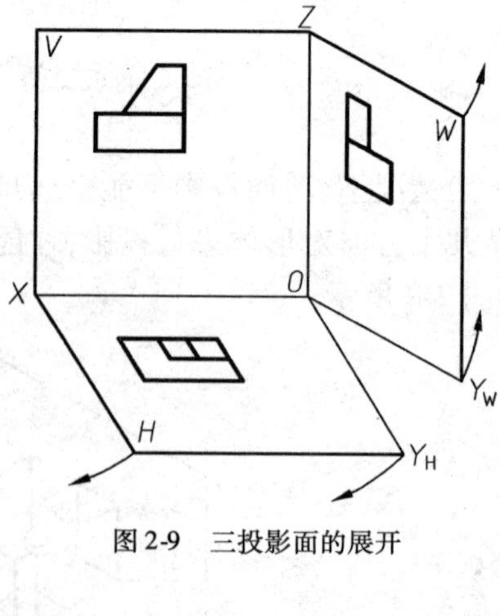

图 2-9　三投影面的展开

二 三面投影图的投影规律

1. 三面投影图的基本规律(三等关系)

分析三面投影图的形成过程,可以总结出三面投影图的基本规律(如图 2-10 所示),即:正

面图与平面图长对正;正面图与侧面图高平齐;平面图与侧面图宽相等。

以上三条规律,普遍适用于任何形体的三视图,不仅适用于形体的整体,而且也适用于形体的各组成部分(局部)。

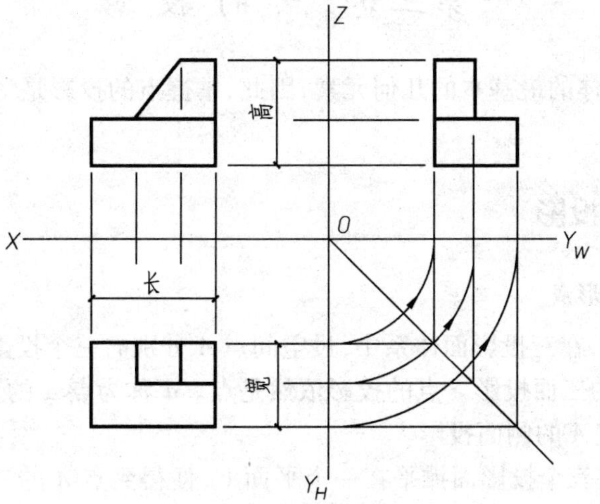

图 2-10　三面投影图的基本规律

2. 视图与形体的方位关系

空间形体有"上下、左右、前后"6 个方位,这 6 个方位在三视图中可以按如图 2-11 所示的方向确定。由图可知,正面图反映形体的上下和左右;平面图反映形体的左右和前后;侧面图反映形体的上下和前后。

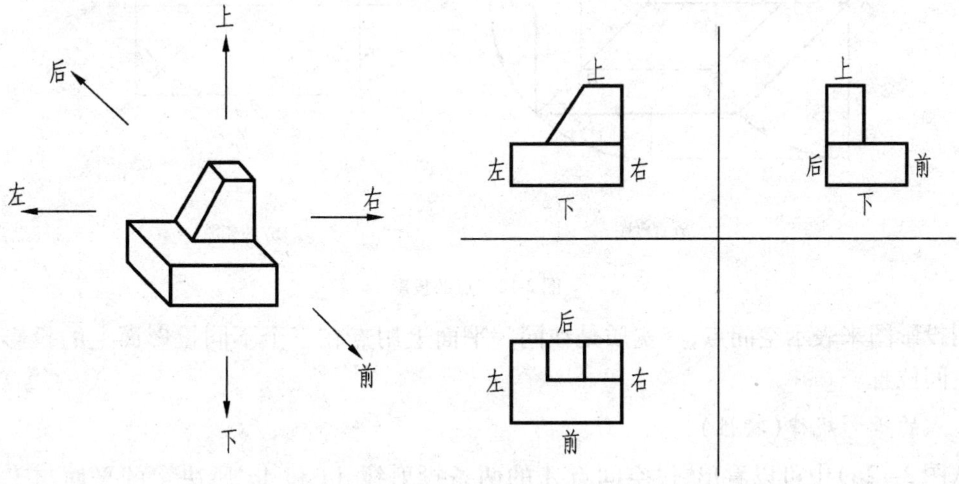

a)直观图　　b)投影图

图 2-11　视图与形体的方位关系

形体的"上下、左右"方位明显易懂,而"前后"方位则不够直观,分析水平投影和侧面投影可以看出,"远离正面投影的一侧是形体的前面"。用"**远离正面的是前面**"这一口诀,可帮助大家分辨和记忆视图与形体的方位关系。

掌握三面投影图中空间形体的“三等关系”和“方位关系”，对绘制和识读投影图是极为重要的。

第三节　点的投影

点是构成线、面、体的最基本的几何元素，因此，掌握点的投影是学习线、面、体投影图的基础。

一　点的三面投影

1. 点三面投影的形成

如图 2-12a）所示，在三投影面体系中，过空间点 A 分别向三个投影面作垂线（正投影），垂足 a'、a、a'' 即为点 A 的三面投影。点的投影依然是点。a' 称为点 A 的正面投影；a 称为点 A 的水平面投影；a'' 称为点 A 的侧面投影。

移去空间点 A，将三个投影面摊平在一个平面上，便得到点 A 的三面投影图，如图 2-12b）所示。

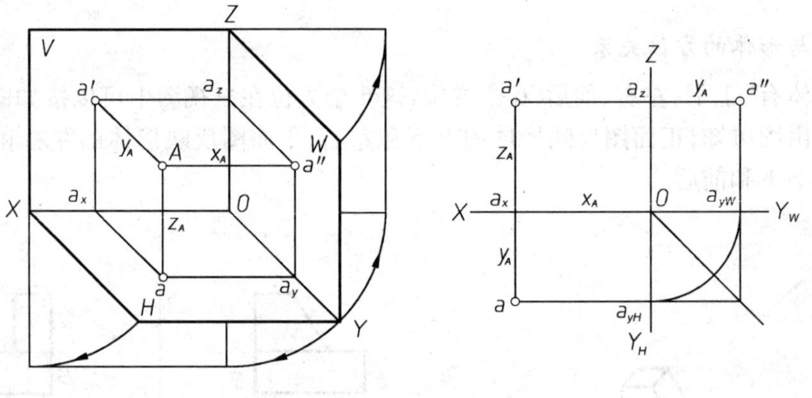

a) 直观图　　b) 投影图

图 2-12　点的投影

用投影图来表示空间点，其实质是在同一平面上用点在三个不同投影面上的投影来表示点的空间位置。

2. 点的投影规律（特性）

从图 2-12a）中可以看出，过空间点 A 的两条投射线 Aa 和 Aa' 所决定的平面与 V 面和 H 面同时垂直相交，交线分别是 aa_x 和 $a'a_x$，因此 OX 轴必然垂直于平面 $Aa a_x a'$，也就是垂直于 aa_x 和 $a'a_x$。而 aa_x 和 $a'a_x$ 是互相垂直的两条直线，当 H 面绕 X 轴向下旋转至与 V 面成为同一平面时，aa_x 和 $a'a_x$ 就成为一条垂直于 OX 轴的直线，即 $aa' \perp OX$，如图 2-12b）所示。同理，$a'a'' \perp OZ$。a_y 在投影面展平之后，被分为 a_{yH} 和 a_{yw} 两个点，所以 $aa_{yH} \perp OY_H$，$a''a\ yw \perp OY_w$，即 $aa_x = a''a_z$。

从上面的分析可以总结出点的投影规律：

(1)正面投影和水平投影的连线必定垂直于 OX 轴，即：$a'a \perp OX$；

(2)正面投影和侧面投影的连线必定垂直于 OZ 轴，即：$a'a'' \perp OZ$；

(3)水平投影到 OX 轴的距离等于侧面投影到 OZ 轴的距离，即：$aa_x = a''a_z$。

由点的投影规律可以得出如下结论：

(1)点的三面投影到各个投影轴的距离，分别代表空间点到相应的投影面的距离；

(2)只要知道点的任意两面投影，便可求出点的第三面投影。

例 2-1 已知点 B 的正面投影 b'及侧面投影 b''(图 2-13)，试求其水平投影 b。

解 分析：根据点的三面投影的性质，可以利用点 B 的正面投影 b′和侧面投影 b″求出点 B 的水平投影 b。

作图：由于 b 与 b′的连线垂直于 OX 轴，所以 b 一定在过 b′且垂直于 OX 轴的直线上。又由于 b 至 OX 轴的距离必等于 b″至 OZ 轴的距离，使 bb_x 等于 $b''b_z$，便定出了 b 的位置，如图 2-13*b*)所示。

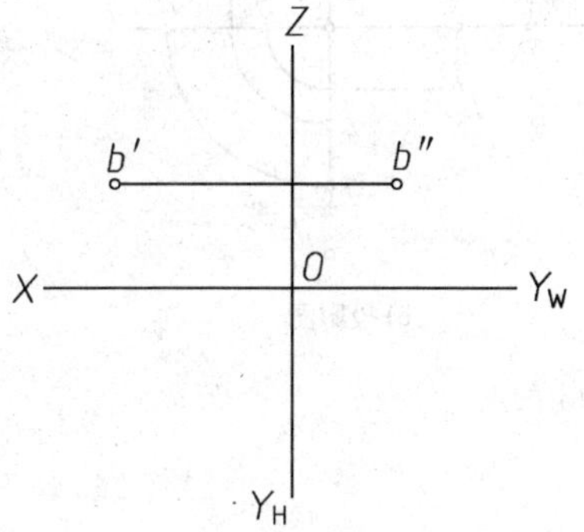

a)已知条件

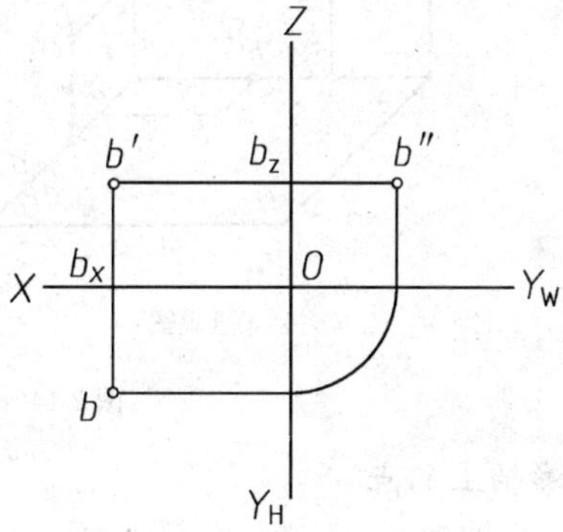

b)作图方法

图 2-13 已知点的两面投影求点的第三面投影

二 点的空间坐标

若把三个投影面当作空间直角坐标面，投影轴当作直角坐标轴，则点的空间位置可用其坐标(X,Y,Z)来确定，点的投影就反映了点的坐标值，如图 2-12 所示，其投影与坐标值之间存在着如下的对应关系：

(1)A 点到 W 面的距离 Aa''，称为 A 点的横坐标，用 X 表示，即 $X = Aa''$；

(2)A 点到 V 面的距离 Aa'，称为 A 点的纵坐标，用 Y 表示，即 $Y = Aa'$；

(3)A 点到 H 面的距离 Aa，称为 A 点的高坐标，用 Z 表示，即 $Z = Aa$。

点的一个投影反映了点的两个坐标。已知点的两个投影，则点的 X、Y、Z 三个坐标就可确定，即空间点是唯一确定的。因此，若已知一个点的任意两个投影，即可求出其第三个投影。

三 特殊位置的点

位于投影面、投影轴以及原点上的点,统称为特殊位置的点。各种位置点的投影特点如下。

1. 空间点

点的 X、Y、Z 三个坐标均不为零,其三个投影都不在投影轴或投影面上。

2. 投影面上的点

点的某一个坐标为零,其一个投影与投影面重合,另外两个投影分别在投影轴上。如图 2-14a)所示,点 A、B、C 分别处于 V 面、H 面、W 面上,它们的投影如图 2-14b)所示。

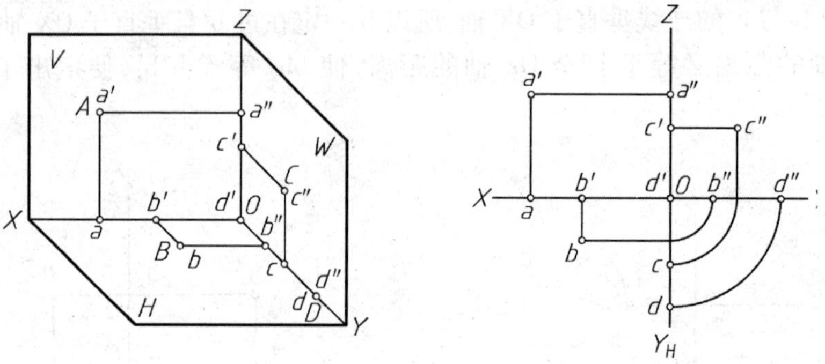

a)直观图　　b)投影图

图 2-14　投影面及投影轴上的点

3. 投影轴上的点

点的两个坐标为零,其两个投影与所在投影轴重合,另一个投影在原点上。如图 2-14 所示,当点 D 在 OY 轴上时,点 D 和它的水平投影、侧面投影重合于 OY 轴上,点 D 的正面投影位于原点。

4. 与原点重合的点

点的 3 个坐标均为零,三个投影都与原点重合。

四 两点的相对位置

1. 两点的相对位置

两点的相对位置是指空间两点的上下、左右和前后的关系。可根据两点相对于投影面的距离远近(或坐标大小)来确定。

(1)按 X 坐标判别两点的左、右关系,X 坐标值大的点在左。

(2)按 Y 坐标判别两点的前、后关系,Y 坐标值大的点在前。

(3)按 Z 坐标判别两点的上、下关系,Z 坐标值大的点在上。

根据一个点相对于另一点上下、左右、前后的坐标差,可以确定该点的空间位置并作出其三面投影。如图 2-15 所示,A、C 两点的相对位置:$Z_A > Z_C$,因此点 A 在点 C 之上;$Y_A > Y_C$,则点 A 在点 C 之前;$X_A < X_C$,点 A 在点 C 之右,结果是点 A 在点 C 的右前上方。

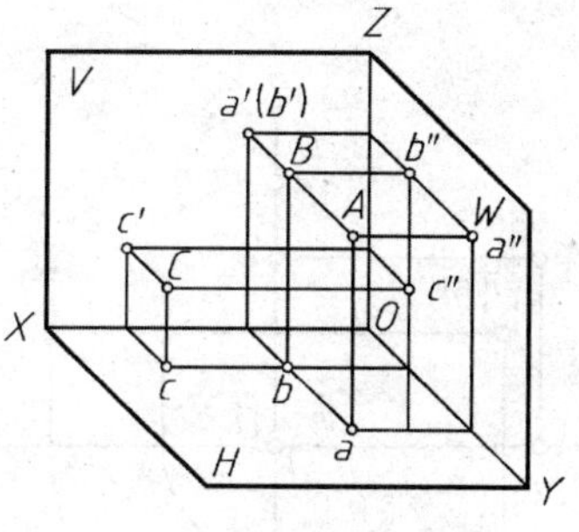

a)直观图

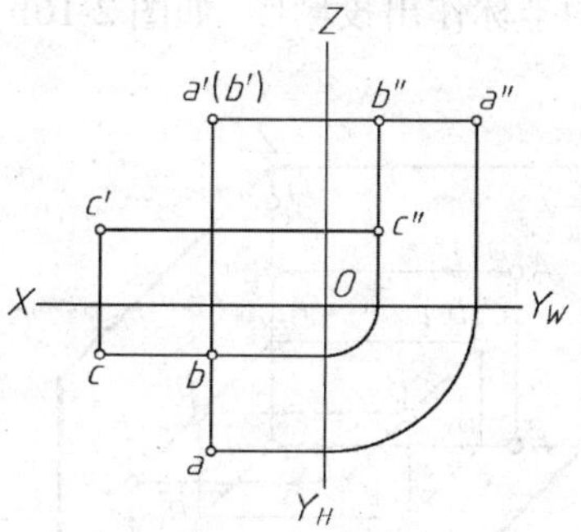

b)投影图

图 2-15 两点的相对位置及重影点

2. 重影点及可见性判别

当空间两点的某两个坐标相同,即位于同一条垂直于某投影面的投射线上时,则这两点在该投影面上的投影重合,此空间两点称为对该投影面的重影点。

从投影方向观看,重影点必有一个点的投影被另一个点的投影遮住而不可见。判断重影点的可见性时,需要看重影点在另一投影面上的投影,坐标值大的点投影可见,反之不可见,不可见点的投影加括号表示。如图 2-15 所示,A、B 两点位于垂直于 V 面的同一条投射线上($X_A = X_B, Z_A = Z_B$),正面投影 a′和 b′重合于一点。由水平投影(或侧面投影)可知 $Y_A > Y_B$,即点 A 在点 B 的前方。因此点 B 的正面投影 b′被点 A 的正面投影 a′遮挡,是不可见的,规定在 b′上加圆括号以示区别。

五 点直观图的画法

为了便于建立空间概念,加深对投影原理的理解,常常需要画出具有立体感的直观图。根据点的投影,画其直观图的方法步骤见例 2-2。

例 2-2 已知 A(28,0,20)、B(24,12,12)、C(24,24,12)、D(0,0,28)四点,试画出其直观图与投影图。

解 分析:由于我们已经把三投影面体系与空间直角坐标系联系起来了,所以已知点的 3 个坐标就可以确定空间点在三投影面体系中的位置,此时点的 3 个坐标就是该点分别到 3 个投影面的距离。

作图:作直观图,如图 2-16a)所示。以 B 点为例,在 OX 轴上量取 24,OY 轴上量取 12,OZ 轴上量取 12,在三个轴上分别得到相应的截取点 b_x、b_y 和 b_z,过各截点作对应轴的平行线,则在 V 面上得到正面投影 b′,在 H 面上得到水平投影 b,在 W 面上得到了侧面投影 b″。

同样的方法,可作出点 A、C、D 的直观图。其中 A 点在 V 面上(因为 $Y_A = 0$),其正面投影 a′与 A 重合,水平投影 a 在 OX 轴上,侧面投影 a″在 OZ 轴上。D 点在 OZ 轴上($X_D = Y_D = 0$),其正面投影 d′、侧面投影 d″与点 D 重合于 OZ 轴上,水平投影 d 在原点 O 处。

点 B 和点 C 有两个坐标相同($X_B = X_C, Z_B = Z_C$),所以它们是对 V 面的一对重影点。它们的第三个坐标 $Y_B < Y_C$,正面投影 c' 可见,b' 不可见,因此应加上圆括号。

根据各点的坐标作出投影图,如图 2-16b)所示。

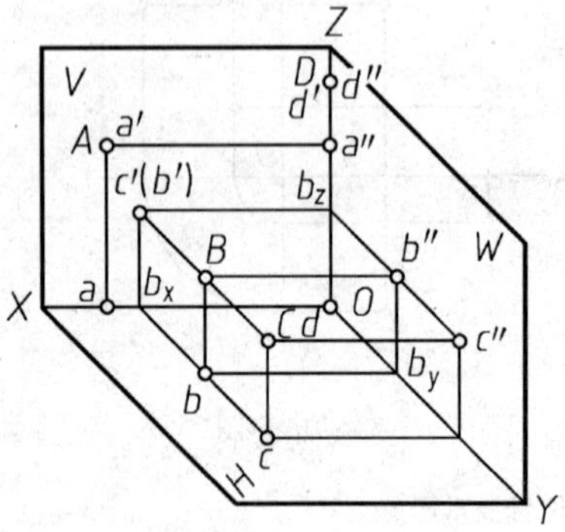

a)直观图

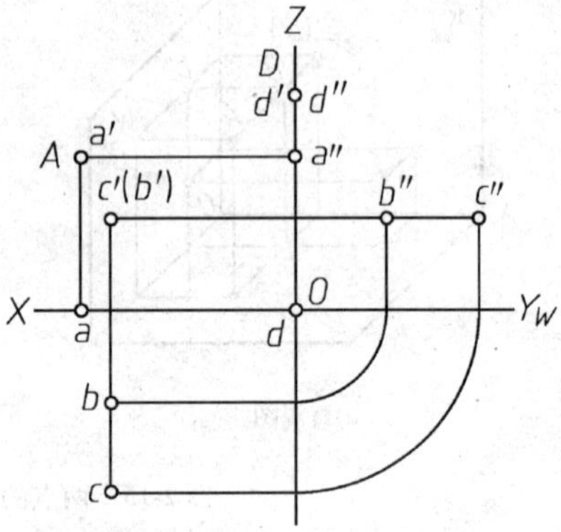

b)投影图

图 2-16 由点的坐标作直观图和投影图

第四节 直线的投影

直线的投影是直线上任意两点同面投影的连线。直线的投影仍为直线,如图 2-17a)所示,特殊情况下的投影为一点,如图 2-17b)所示。

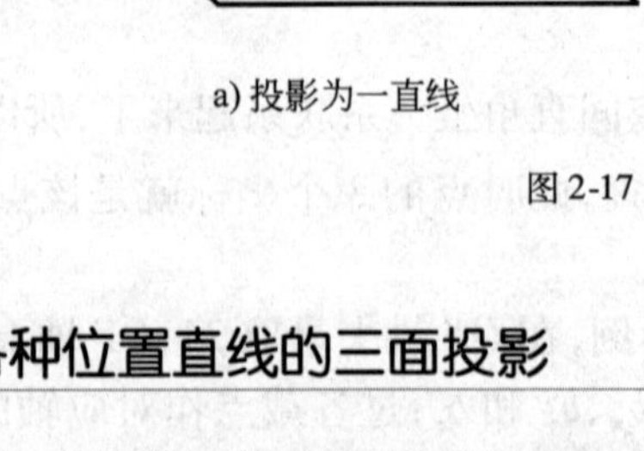

a) 投影为一直线

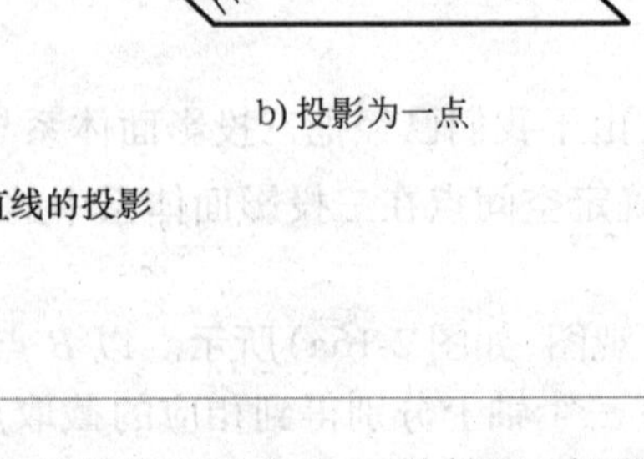

b) 投影为一点

图 2-17 直线的投影

一 各种位置直线的三面投影

在三投影面体系中,根据直线对投影面的相对位置,可分为 3 种情况:投影面平行线(图 2-18 中的 AB)、投影面垂直线(图 2-18 中的 CD、CF、CJ 等)和一般位置直线(图 2-18 中的 BC、HJ 等)。前两种情况又称为特殊位置直线。

空间直线对 H、V、W 面的倾角习惯上分别用 α、β 和 γ 表示。

1. 投影面平行线

与一个投影面平行，而与另两个投影面倾斜的直线为投影面平行线。投影面平行线可分为（表2-1）：

水平线——与 H 面平行，与 V、W 面倾斜；

正平线——与 V 面平行，与 H、W 面倾斜；

侧平线——与 W 面平行，与 V、H 面倾斜。

投影面平行线的投影特性如下：

（1）在所平行的投影面上的投影反映实长及对另两投影面的真实倾角；

（2）在另外两个投影面上的投影均小于实长，且分别平行于决定它所平行的投影面的两轴。

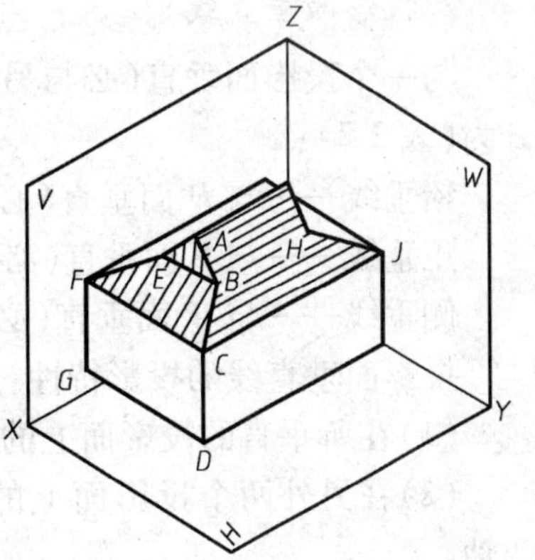

图2-18　直线的空间位置

投 影 面 平 行 线　　表2-1

名称	水　平　线	正　平　线	侧　平　线
直观图	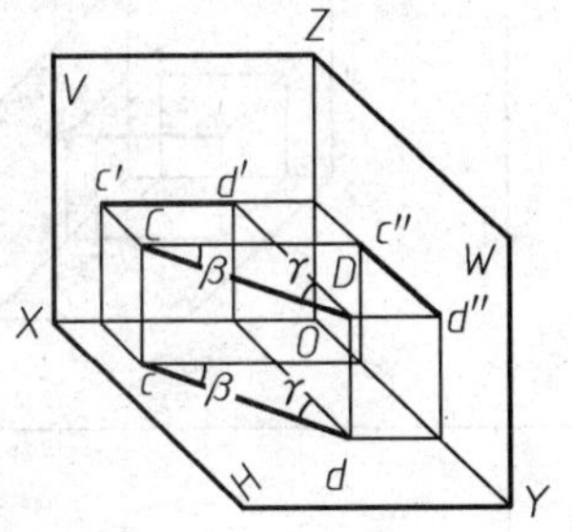	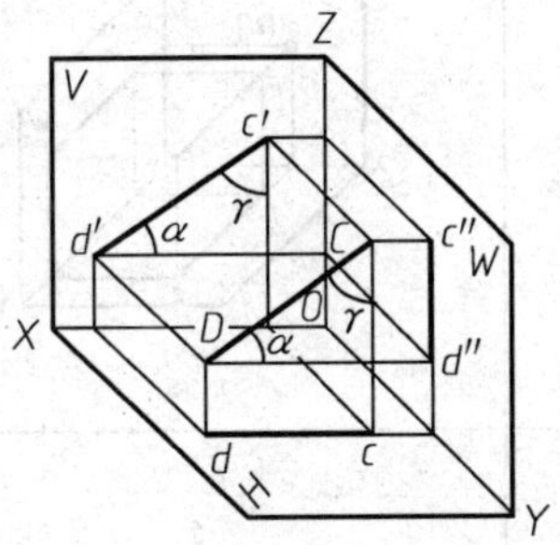	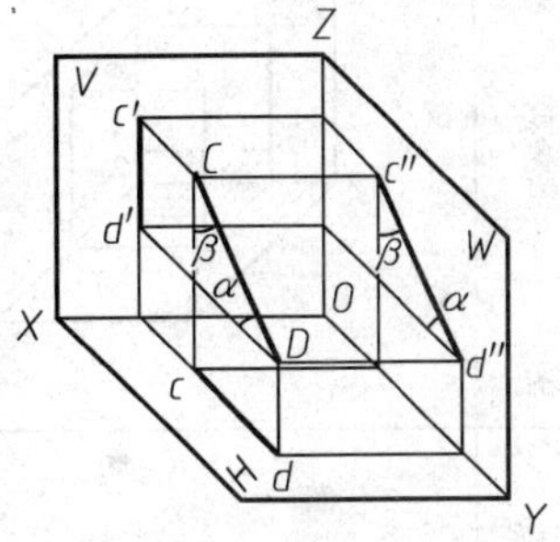
投影图	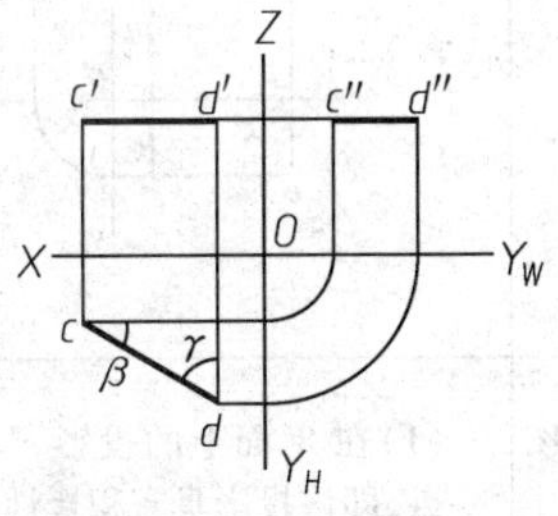	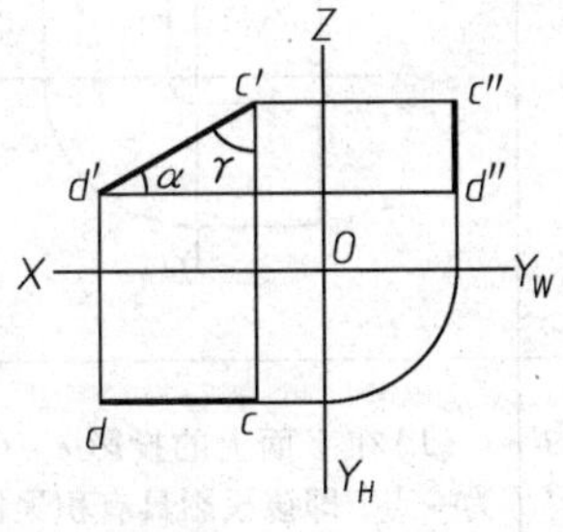	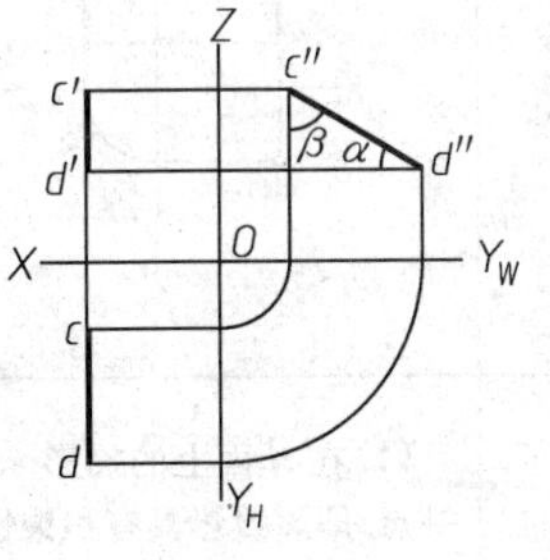
投影特性	（1）在 H 面上的投影反映实长、β 角和 γ 角，即： $cd = CD$； cd 与 OX 轴夹角等于 β； cd 与 OY_H 轴夹角等于 γ。 （2）在 V 面和 W 面上的投影分别平行投影轴，但不反映实长，即： $c'd' // OX$ 轴； $c''d'' // OY_W$ 轴； $c'd' < CD, c''d'' < CD$	（1）在 V 面上的投影反映实长、α 角和 γ 角，即： $c'd' = CD$； $c'd'$ 与 OX 轴夹角等于 α； $c'd'$ 与 OZ 轴夹角等于 γ。 （2）在 H 面和 W 面上的投影分别平行投影轴，但不反映实长，即： $cd // OX$ 轴； $c''d'' // OZ$ 轴； $cd < CD, c''d'' < CD$	（1）在 W 面上的投影反映实长、α 角和 β 角，即： $c''d'' = CD$； $c''d''$ 与 OY_W 轴夹角等于 α； $c''d''$ 与 OZ 轴夹角等于 β。 （2）在 H 面和 V 面上的投影分别平行投影轴，但不反映实长，即： $cd // OY_H$ 轴； $c'd' // OZ$ 轴； $cd < CD, c'd' < CD$

2. 投影面垂直线

与一个投影面垂直（必与另两个投影面平行）的直线为投影面垂直线。投影面垂直线可分为（表 2-2）：

铅垂线——与 H 面垂直（必与 V、W 面平行）；

正垂线——与 V 面垂直（必与 H、W 面平行）；

侧垂线——与 W 面垂直（必与 V、H 面平行）。

投影面垂直线的投影特性：

（1）在所垂直的投影面上的投影积聚为一点；

（2）在另外两个投影面上的投影均反映实长，且分别垂直于决定它所垂直的投影面的两轴。

投影面垂直线 表 2-2

名称	铅垂线	正垂线	侧垂线
直观图	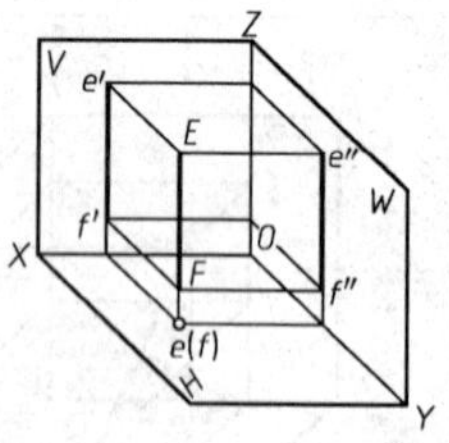	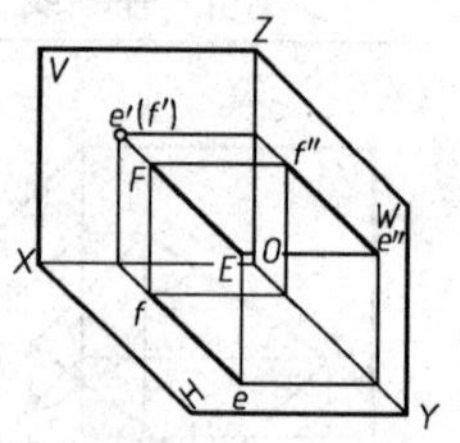	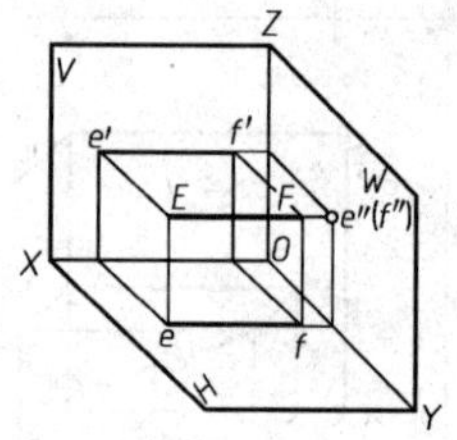
投影图	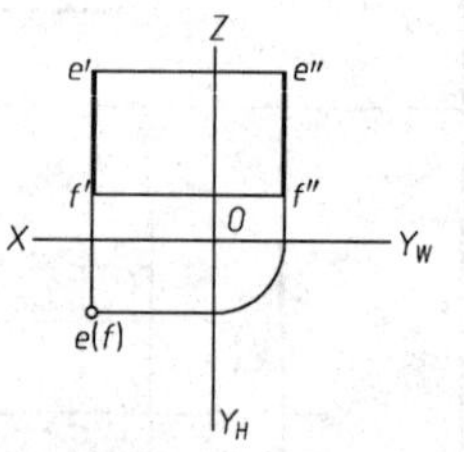	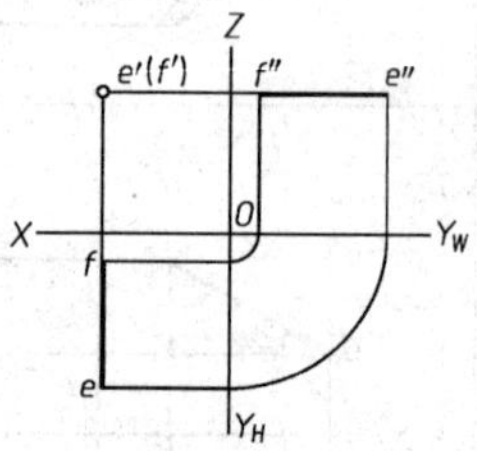	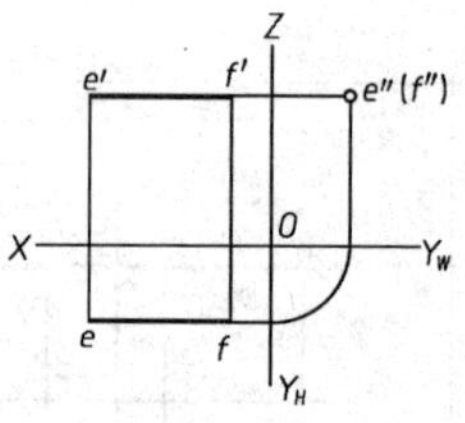
投影特性	（1）在 H 面上的投影 e、f 重影为一点，即该投影具有积聚性。 （2）在 V 面和 W 面上的投影反映实长，即： $e'f' = e''f'' = EF$， 且 $e'f' \perp OX$ 轴； $e''f'' \perp OY_W$ 轴	（1）在 V 面上的投影 e'、f' 重影为一点，即该投影具有积聚性。 （2）在 H 面和 W 面上的投影反映实长，即： $ef = e''f'' = EF$， 且 $ef \perp OX$ 轴； $e''f'' \perp OZ$ 轴	（1）在 W 面上的投影 e''、f'' 重影为一点，即该投影具有积聚性。 （2）在 H 面和 V 面上的投影反映实长，即： $ef = e'f' = EF$， 且 $ef \perp OY_H$ 轴； $e'f' \perp OZ$ 轴

3. 一般位置直线

与三个投影面都倾斜的直线（图 2-19）为一般位置直线。一般位置直线的投影特性如下：

（1）在各投影面上的投影均小于实长，且与投影轴倾斜；

（2）在各投影面上的投影均不反映对各投影面的真实倾角。

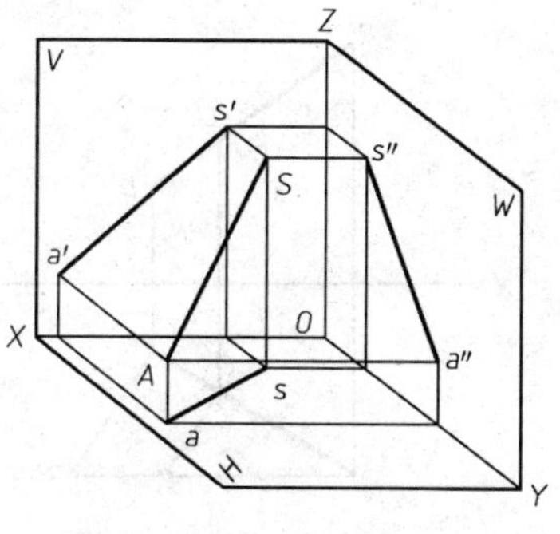

a) 直观图

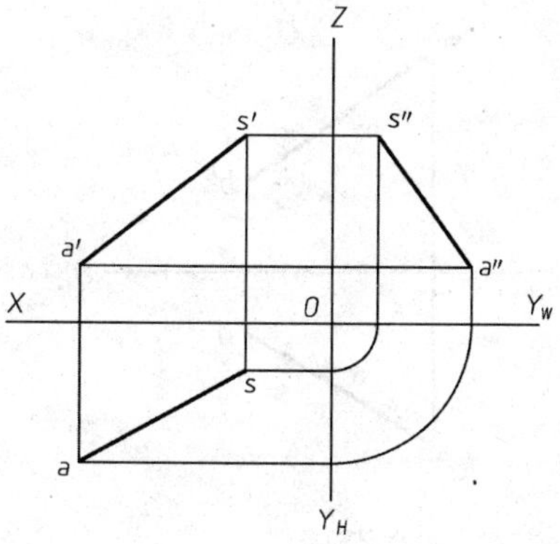

b) 投影图

图 2-19 一般位置直线的投影

二 直线上点的投影

直线上的点具有两个特性。

1. 从属性

若点在直线上，则点的各面投影必在直线的各同面投影上。利用这一特性可以在直线上找点，或判断已知点是否在直线上。

如图 2-20 所示，空间点 D 的投影 d、d'、d''都在直线 AB 的同面投影上，说明该点是直线 AB 上的一个点。再看空间点 E 的三个投影，其中 e 和 e'在直线 AB 的同面投影上，但 e''却不在直线 AB 的侧面投影 $a''b''$上，故点 E 不是直线 AB 上的点。

2. 定比性

属于线段上的点分割线段之比等于其投影之比。即：

$$AC:CB = ac:cb = a'c':c'b' = a''c'':c''b''$$

利用这一特性，在不作侧面投影的情况下，可以在侧平线上找点或判断已知点是否在侧平线上。

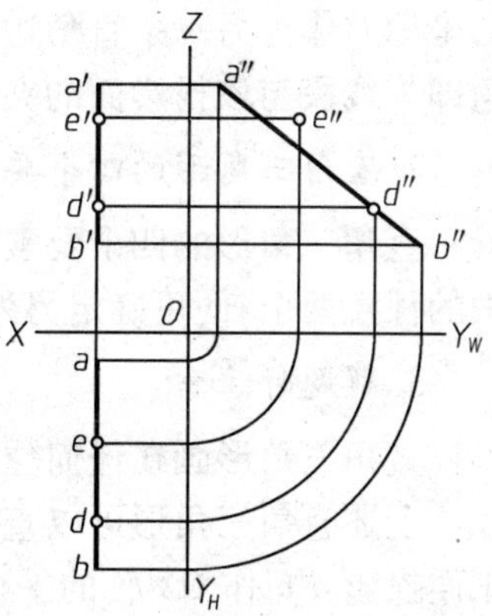

图 2-20 直线与点的相对位置

例 2-3 已知线段 AB 的正面投影 $a'b'$和水平投影 ab[图 2-21a)]，求作线段 AB 上一点 C 的投影，使 $AC:CB=2:1$。

解 分析：若点分线段成定比例，那么该点的投影分线段的同面投影为相同的比例，$AC:CB=ac:cb = a'c':c'b' = 2:1$。利用平面几何作图方法把 ab(或 $a'b'$)分段，从而求出点 c(或 c')，再根据点在直线上的投影特点，即可求出另一投影。

作图[图 2-21b)]：

①过点 a 作一直线，在其上截取任意长度的三等分的线段。

②连接 3 和 b，过点 2 作 $2c /\!/ 3b$ 与 ab 交于点 c。

③过点 c 作 OX 轴的垂线与 $a'b'$的交点即为点 C 的正面投影 c'。

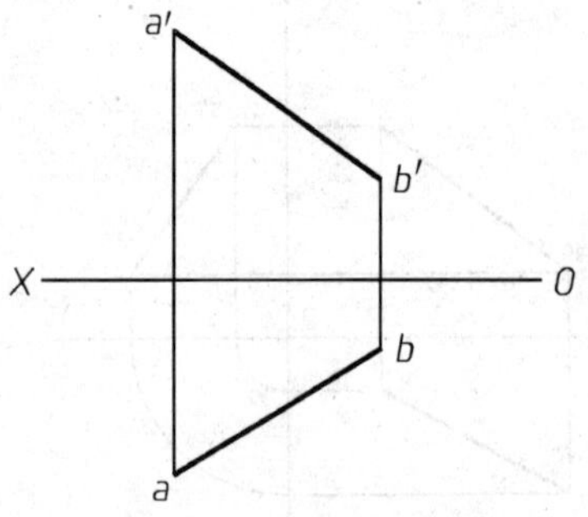

a) 已知条件

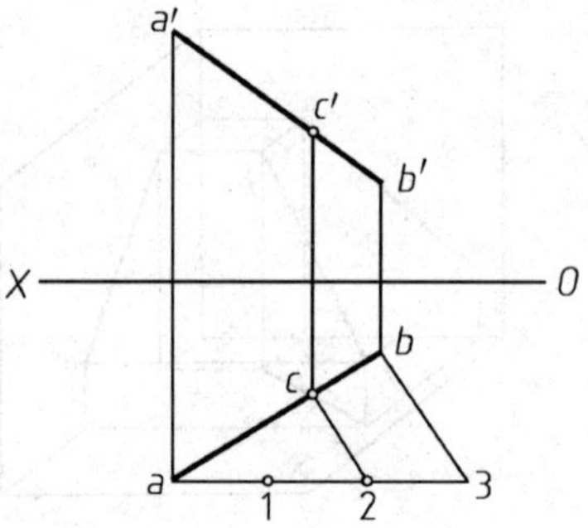

b) 作图方法

图 2-21　求作线段 AB 上一点 C 的投影

三　一般位置直线的实长及其与投影面的夹角

由于一般位置直线的各个投影都不反映直线的实长以及与投影面所成的真实倾角，因此求解一般位置线段的实长及倾角是求解画法几何综合题时经常遇到的基本问题之一，而用直角三角形法求解实长和倾角最为方便、简捷。

1. 直角三角形法的作图要领

用线段在某一投影面上的投影长作为一条直角边，再以该线段的两端点相对于该投影面的坐标差作为另一条直角边，所作直角三角形的斜边即为线段的实长，斜边与投影长之间的夹角即为线段与该投影面的夹角。

2. 直角三角形的四个要素

直角三角形的四个要素即：实长、投影长、坐标差及直线对投影面的倾角。若已知四要素中的任意两个，便可确定另外两个。

3. 解题时注意

直角三角形画在任何位置，都不影响解题结果，但用哪个长度来作直角边不能搞错。

上述直角三角形可以直接在已知的投影图上求作。如图 2-22b）所示，从图中直线 AB 的正面投影 $a'b'$ 作 OX 轴的平行线，与 $b'b$ 连线相交于 b_1'，再在 H 面上自点 b 作 ab 的垂线，并在其上截取 $bB_0 = b'b_1'$，即 $|Z_B - Z_A|$，连接 aB_0 即为 AB 直线的实长，图中 α 为直线 AB 与 H 面所成的倾角。

如图 2-22c）所示为另一种作图方法：在正面投影中以 $b'b_1'$ 为一直角边，在 $a'b_1'$ 的延长线上截取水平投影 ab 的长度，即使 $b_1'A_0 = ab$，得直角三角形 $b'b_1'A_0$。斜边 $b'A_0$ 的长度即为线段 AB 的实长。

同理，利用直线在 V 面上的投影作为直角三角形的一条直角边，以线段两端点相对于 V 面的坐标差作为另一直角边，也可以作出直角三角形而求得该直线的实长，但所反映的对投影面的倾角不是 α，而是 β。也就是说，若要求作直线的实长和与 V 面所成的倾角 β，则应利用直线的 V 面投影作直角三角形。

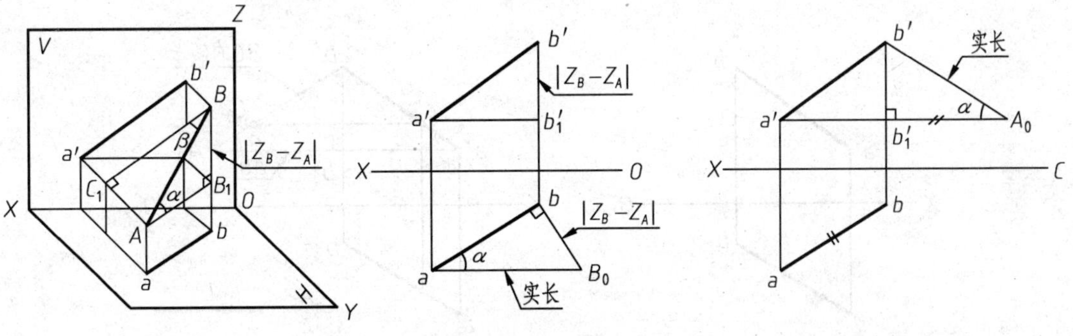

a) 直观图　　b) 利用水平投影求实长　　c) 利用正面投影求实长

图 2-22　求一般位置直线段的实长及其与投影面 H 的夹角

例 2-4 已知线段 AB 的水平投影 ab 和点 B 的正面投影 b'[图 2-23a)],线段 AB 与 H 面的夹角 $\alpha=30°$,求出线段 AB 的正面投影 $a'b'$。

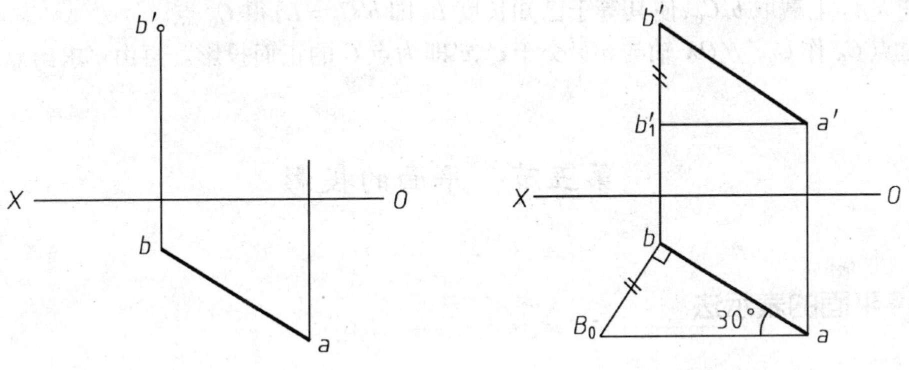

a) 已知条件　　b) 作图方法

图 2-23　用直角三角形法求直线的正面投影 $a'b'$

解 利用直角三角形法作图,如图 2-23b)所示:

①在水平投影中过点 b 作线段垂直于 ab。

②作 $\angle baB_0=30°$,得直角三角形 abB_0。

③bB_0 是线段 AB 两端点的 Z 坐标差,据此即可在正面投影中作出点 a',进而求得线段 AB 的正面投影 $a'b'$。

本题有两解,另一解读者可自行分析。

例 2-5 已知线段 AB 的投影[图 2-24a)],试定出属于线段 AB 的点 C 的投影,使 BC 的实长等于已知长度 L。

解 分析:求出线段 AB 的实长,在其上量取 $BC=L$ 得点 C,然后利用直线上点的定比性将点 C 投回到线段 AB 的投影上即得点 C 的两面投影 c'和 c。

作图[图 2-24b)]:

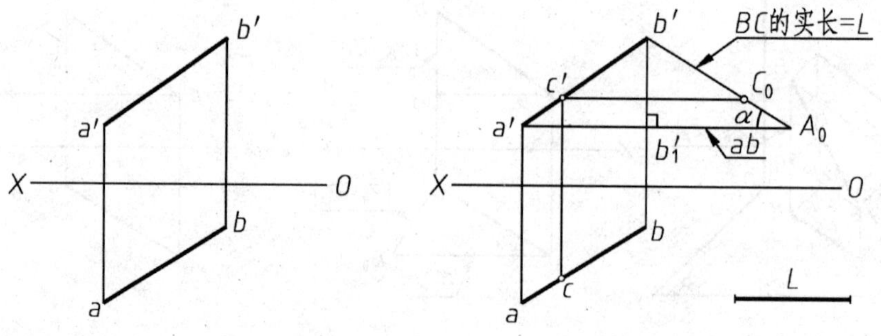

a) 已知条件　　　　b) 作图方法

图 2-24　利用线段实长求点在线上的投影

①在正面投影中以 $b'b_1'$ 为一直角边，在 $a'b_1'$ 的延长线上截取水平投影 ab 的长度，即使 $b_1'A_0=ab$，得直角三角形 $b'b_1'A_0$。斜边 $b'A_0$ 的长度即为线段 AB 的实长。

②在 $b'A_0$ 上截取 $b'C_0$，使其等于已知长度 L（即 $b'C_0=L$）得 C_0 点。

③过点 C_0 作 C_0c' // OX 轴与 $a'b'$ 交于 c'，c' 即为点 C 的正面投影。再由 c' 求出点 C 的水平投影 c。

第五节　平面的投影

一　平面的表示法

1. 用几何元素表示平面

用几何元素表示平面有以下五种形式。

(1)不在同一直线上的三点[图 2-25a)]。

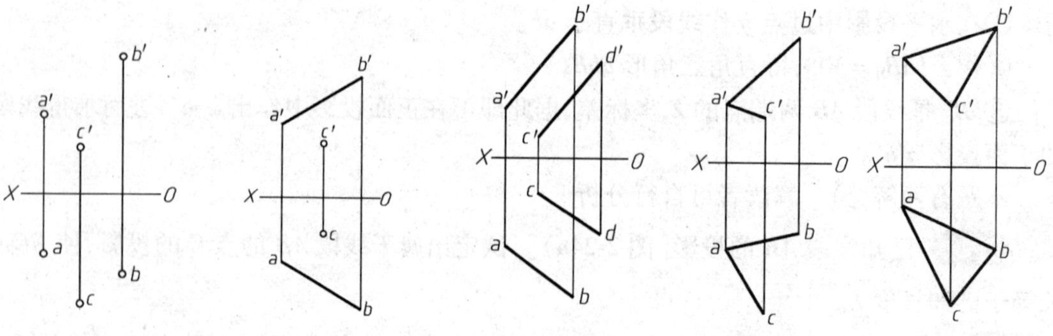

a) 不在同一直线上的三点　b) 直线和直线外一点　c) 平行两直线　d) 相交两直线　e) 平面图形

图 2-25　用几何元素表示平面

(2)直线和直线外一点[图2-25b)]。

(3)平行两直线[图2-25c)]。

(4)相交两直线[图2-25d)]。

(5)任意平面图形(如三角形、多边形、圆形等)[图2-25e)]。

在上述五种形式中,采用较多的是用平面图形来表示一个平面。而平面图形的投影就是组成该平面图形的各线段投影的集合。

2. 用迹线表示平面

平面可以理解为是无限广阔的,这样的平面必然会与投影面产生交线。平面与投影面的交线,称为迹线。

设空间一平面 P,它与 H 面的交线称为水平迹线,用 P_H 表示;与 V 面的交线称为正面迹线,用 P_V 表示;与 W 面的交线称为侧面迹线,用 P_W 表示(图2-26)。

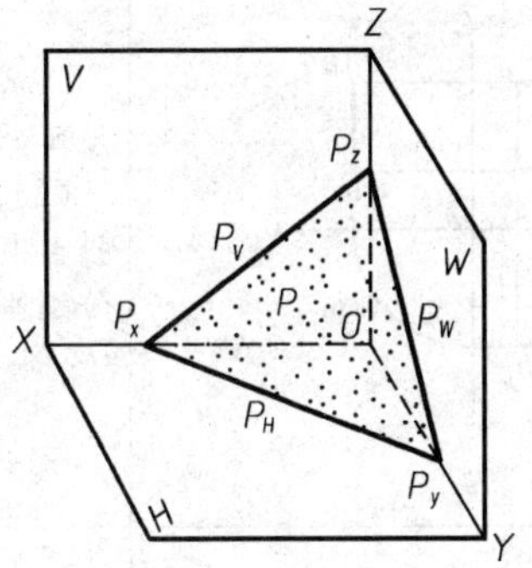

a)直观图

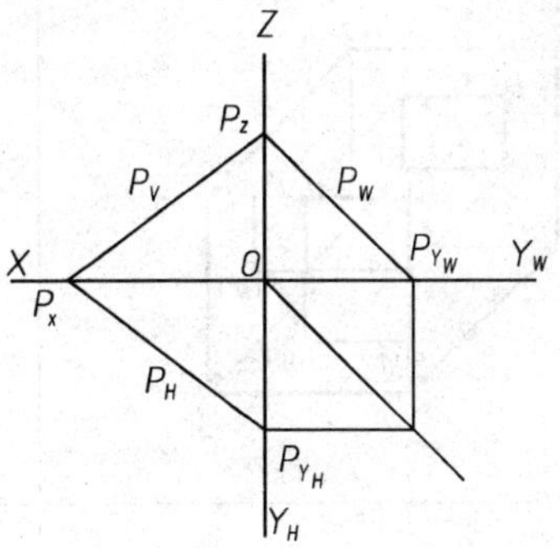

b)投影图

图2-26 用迹线表示平面

二 各种位置平面的三面投影

按在三投影面体系中所处的位置,空间平面可分为三种:投影面平行面、投影面垂直面和一般位置平面。前两种又称为特殊位置平面。

1. 投影面平行面

与一个投影面平行(必与另两个投影面垂直)的平面为投影面平行面。投影面平行面可分为(表2-3):

水平面——与 H 面平行(必与 V、W 面垂直);

正平面——与 V 面平行(必与 H、W 面垂直);

侧平面——与 W 面平行(必与 V、H 面垂直)。

投影面平行面的投影特性("一框两线"):

(1)在所平行的投影面上的投影反映实形;

(2)另两投影均积聚为一直线,且分别平行于它所平行的投影面上的两轴。

投影面平行面的投影 表 2-3

名称	直观图	投影图	投影特性
水平面	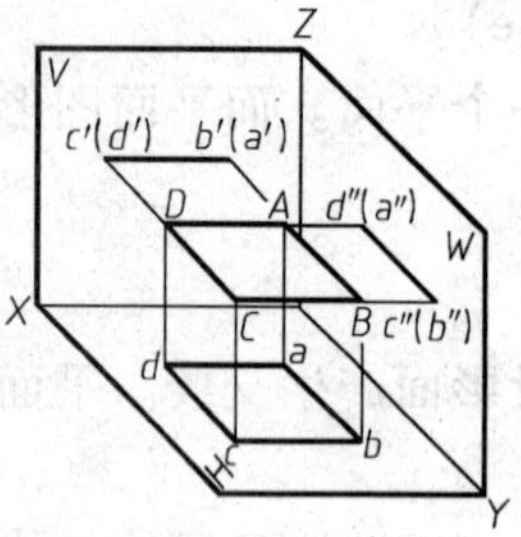	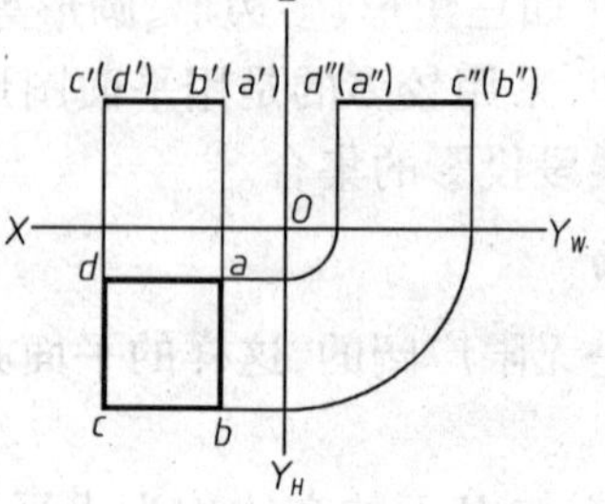	(1)在 H 面上的投影反映实形; (2)在 V、W 面上的投影积聚为一直线,且分别平行于 OX 轴和 OY_W 轴
正平面	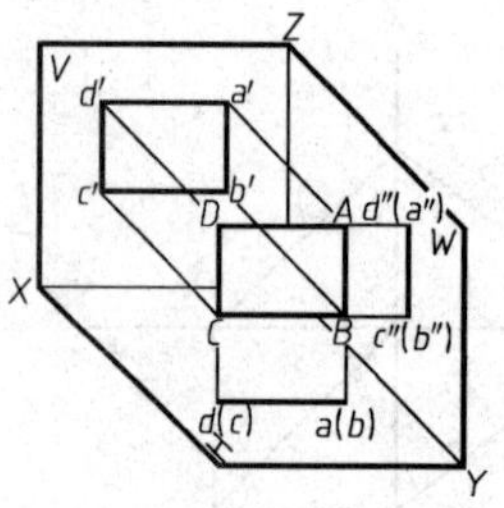	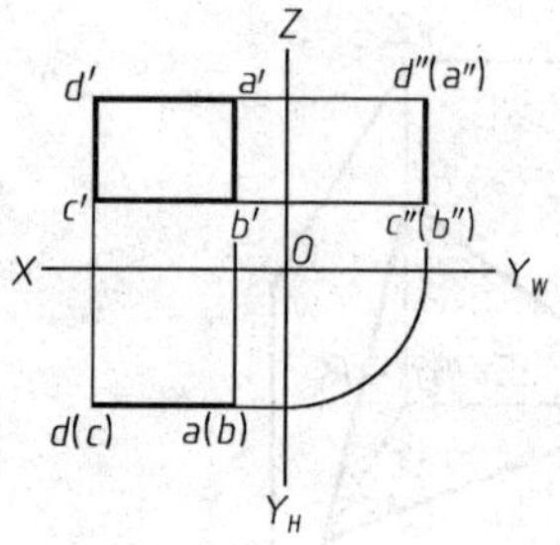	(1)在 V 面上的投影反映实形; (2)在 H、W 面上的投影积聚为一直线,且分别平行于 OX 轴和 OZ 轴
侧平面	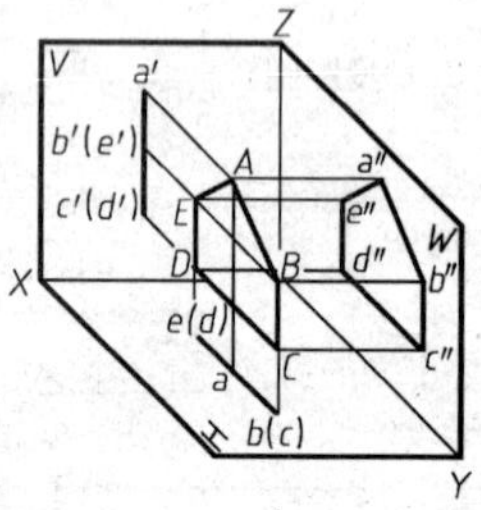	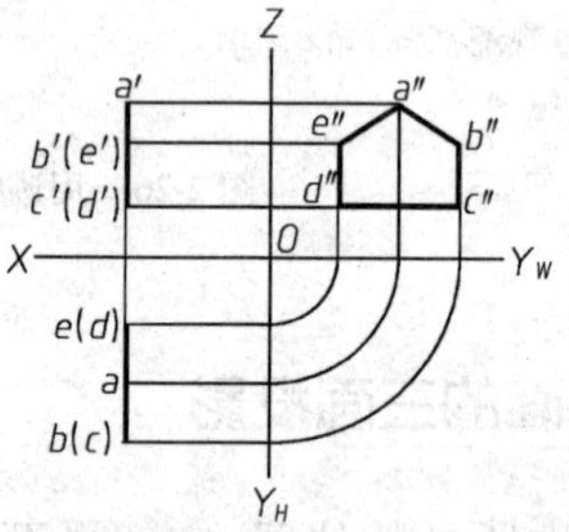	(1)在 W 面上的投影反映实形; (2)在 V、H 面上的投影积聚为一直线,且分别平行于 OZ 轴和 OY_H 轴

2. 投影面垂直面

与一个投影面垂直,而与另两个投影面倾斜的平面为投影面垂直面。投影面垂直面可分为(表 2-4):

铅垂面——与 H 面垂直(必与 V、W 面倾斜);

正垂面——与 V 面垂直(必与 H、W 面倾斜);

侧垂面——与 W 面垂直(必与 V、H 面倾斜)。

投影面垂直面的投影特性("一线两框"):

(1)在所垂直的投影面上的投影积聚为一直线;

(2)另两投影均为小于实形的类似图形。

投 影 面 垂 直 面 表2-4

名称	直 观 图	投 影 图	投影特性
铅垂面	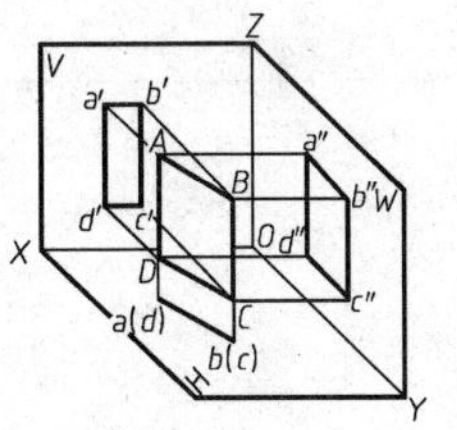	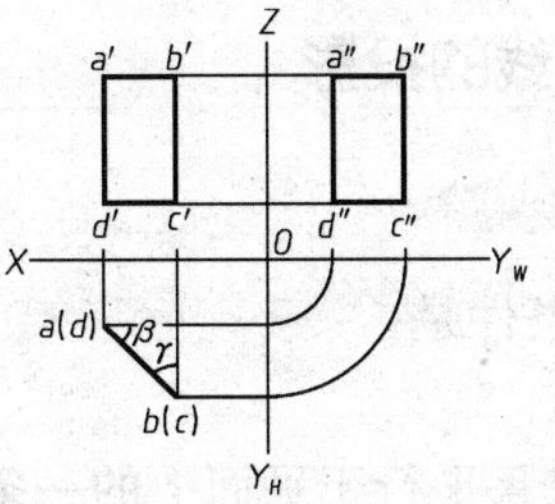	(1)在*H*面上的投影积聚为一条与投影轴倾斜的直线； (2)*β*、*γ*反映平面与*V*、*W*面的倾角； (3)在*V*、*W*面上的投影均为小于实形的类似形
正垂面	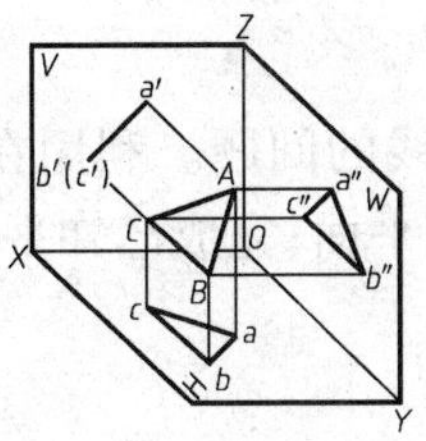	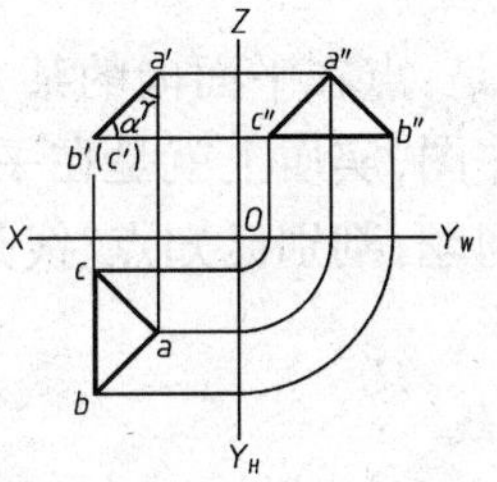	(1)在*V*面上的投影积聚为一条与投影轴倾斜的直线； (2)*α*、*γ*反映平面与*H*、*W*面的倾角； (3)在*H*、*W*面上的投影均为小于实形的类似形
侧垂面	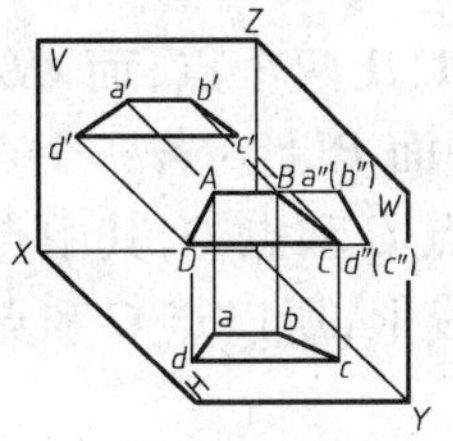	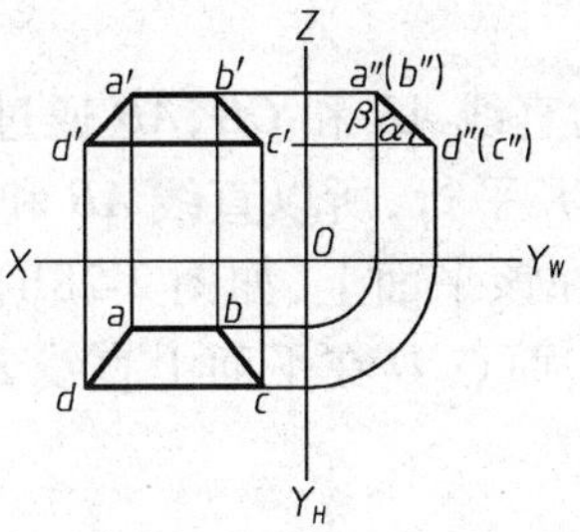	(1)在*W*面上的投影积聚为一条与投影轴倾斜的直线； (2)*α*、*β*反映平面与*H*、*V*面的倾角； (3)在*H*、*V*面上的投影均为小于实形的类似形

3. 一般位置平面

与三个投影面都倾斜的平面(图2-27)为一般位置平面。

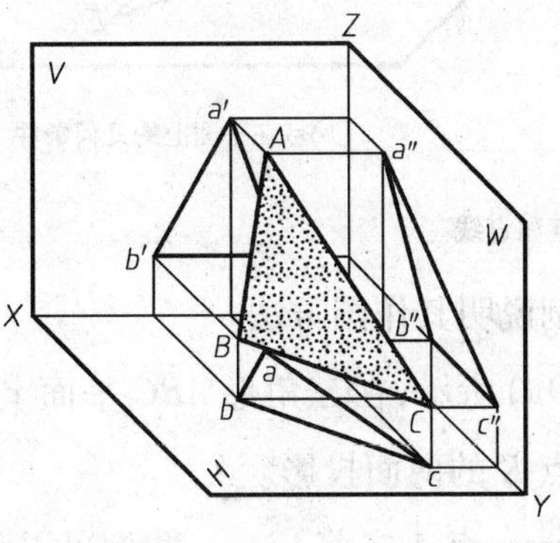

a)直观图

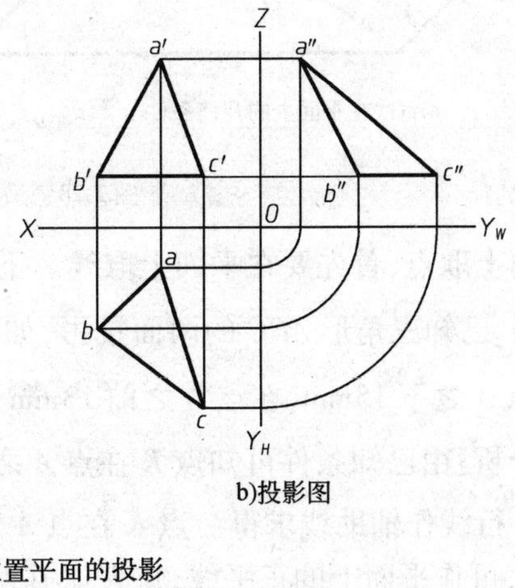

b)投影图

图2-27 一般位置平面的投影

一般位置平面的投影特性("三框"):
三面投影均为小于实形的类似形。

三 平面上点和直线的投影

1. 平面上的直线

直线在平面上的几何条件是:
(1)通过平面上的两点。
(2)通过平面上的一点且平行于平面上的一条直线。

2. 平面上的点

点在平面上的几何条件是:点在平面内的某一直线上。

在平面上取点、直线的作图,实质上就是在平面内作辅助线的问题。利用在平面上取点、直线的作图,可以解决三类问题:判别已知点、线是否属于已知平面;完成已知平面上的点和直线的投影;完成多边形的投影。

3. 平面上的投影面平行线

平面上的投影面平行线的投影,既有投影面平行线具有的特性,又要满足直线在平面上的几何条件。

如图2-28a)中所示的直线 *AB* 和 *CD*,*AB* 通过平面上的Ⅰ、Ⅱ两个点,而 *CD* 通过平面上点 *F* 又与平面上的直线 *EK* 平行,所以直线 *AB* 和 *CD* 都在平面 *P* 上。若一个点在某一平面内的直线上,则该点必定在该平面上,如图2-28b)中所示的点 *C* 和点 *D*,其中点 *C* 是在直线 *AB* 上,而 *AB* 在平面 *Q* 上;而点 *D* 在平面上直线 *EK* 的延长线上,所以点 *C* 和点 *D* 都在平面 *Q* 上。

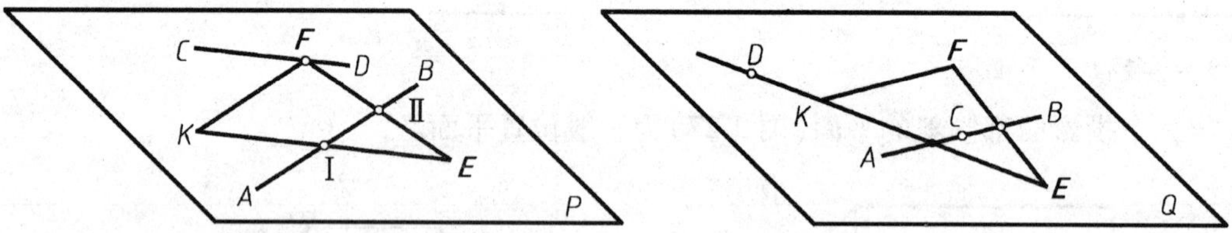

a)直线在平面上的几何条件　　b)点在平面上的几何条件

图2-28　平面上的点和直线

在平面上取点,首先要在平面上取线。下面举例说明其作图方法。

例2-6 已知三角形 *ABC* 的两面投影,如图2-29a)所示,在三角形 *ABC* 平面上取一点 *K*,使点 *K* 在点 *A* 之下15mm,在点 *A* 之前13mm,试求点 *K* 的两面投影。

解 分析:由已知条件可知点 *K* 在点 *A* 之下15mm,点 *A* 之前13mm,我们可以利用平面上的投影面平行线作辅助线求得。点 *K* 在点 *A* 之下15mm,可利用平面上的水平线,点 *K* 在点 *A* 之前13mm,可作平面上的正平线,点 *K* 必在两直线的交点上。

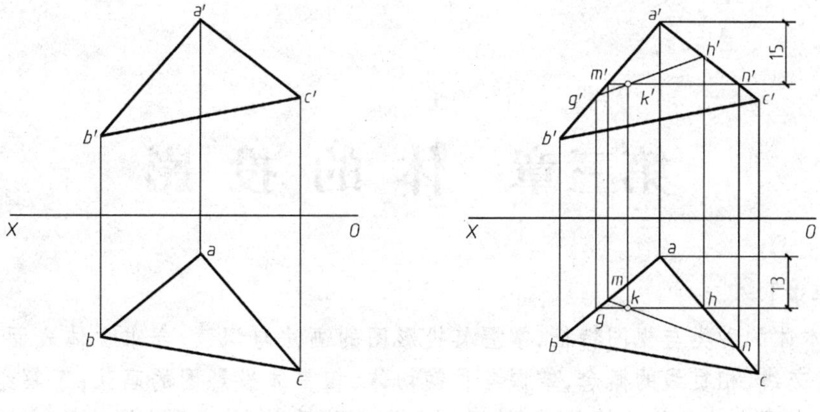

a) 已知条件　　　b) 作图方法

图 2-29　作平面上点的投影

作图[图 2-29b)]:

(1)从 a'向下量取 15mm,作一平行于 OX 轴的直线,与 $a'b'$交于 m',与 $a'c'$交于 n'。

(2)求作水平线 MN 的水平投影 mn。

(3)从 a 向前量取 13mm,作一平行于 OX 轴的直线,与 ab 交于 g,与 ac 交于 h,则 mn 与 gh 的交点即为 k。

(4)由 g、h 求 g'、h',则 $g'h'$与 $m'n'$交于 k',k'即为所求。

本章小结

本章主要介绍了投影的概念、分类及正投影的基本性质;三面正投影图的形成与三视图的投影规律;各种位置点、直线、平面的投影特性及三面投影图的画法。

因各种位置点、直线、平面的种类较多,不好判别,初学者会因为缺乏空间想象力,而感到该部分内容学习起来有些吃力,因此在学习过程中,除了要加强对这些几何元素空间位置判别的实践练习,以达到"熟能生巧"的效果之外,还要注意学会运用周围物品作直观教具,只有这样才能逐步提高空间想象力。

第三章　体的投影

[学习要求]

熟悉基本体的种类与视图特征，掌握其投影图的画法与识读，会求立体表面上点、直线的投影；了解截交线、相贯线的概念，掌握各种截切体、相贯体投影图的画法；了解组合体的组合形式，熟悉其表面交接处的连接关系，掌握组合体投影图的画法、尺寸标注及识读方法。

[重点]

组合体投影图的画法、尺寸标注与识读。

[难点]

截交线和相贯线的画法；组合体投影图的识读。

前面我们介绍了基本几何元素（点、直线和面）的投影特性，本章将在此基础上学习立体投影图的绘制、识读和尺寸标注方法，为进一步学习工程图样打下重要基础。

第一节　基本体的投影

任何工程建筑物及构件，无论形状复杂程度如何，都可以看成是由一些简单的几何形体组成的，这些最简单的具有一定规则的几何体称为基本体，常见的基本体如图 3-1 所示。

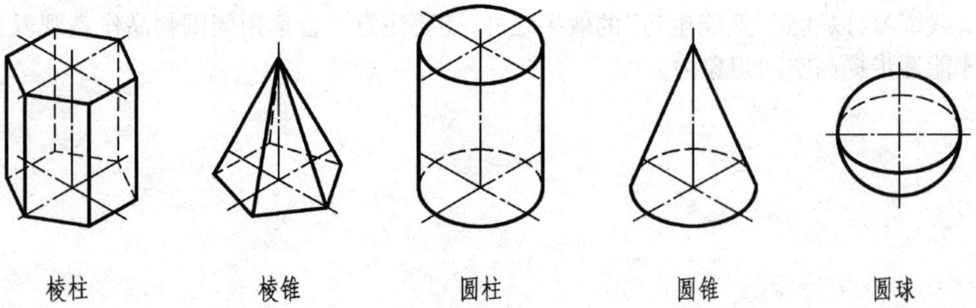

图 3-1　常见的基本体

按照其表面性质，基本体可以分为平面体和曲面体两大类。平面体是各个表面均为平面的，如棱柱、棱锥等；曲面体是表面为曲面或平面和曲面的，如圆柱、圆锥、圆球等。正确地分析基本体表面的性质、形状特征，准确地画出其投影图，是研究复杂形体的基础。

一 平面体的投影

（一）棱柱

棱柱分为直棱柱（侧棱与底面垂直）和斜棱柱（侧棱与底面倾斜）。底面为正多边形的直棱柱，称为正棱柱。现以正六棱柱为例讨论作其三面投影图的方法。

1. 形体特征分析

由图3-2可知，正六棱柱包括八个外表面。其中上、下两表面分别被称为上、下底面，它们为全等的正六边形且互相平行；六个矩形外表面称为侧面或棱面，它们全等且与底面垂直；六条棱线相互平行、长度相等且与上、下底面垂直。

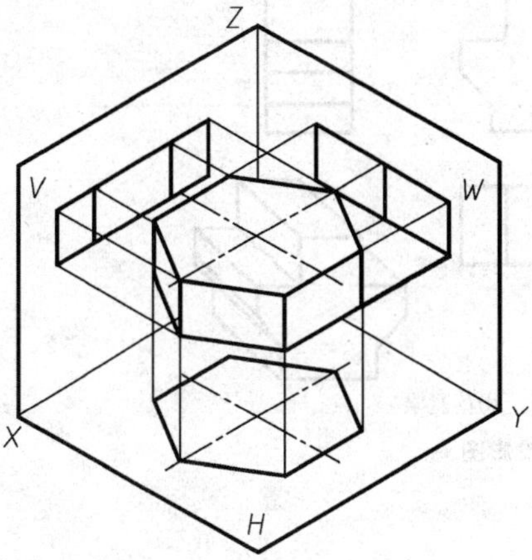

a) 直观图

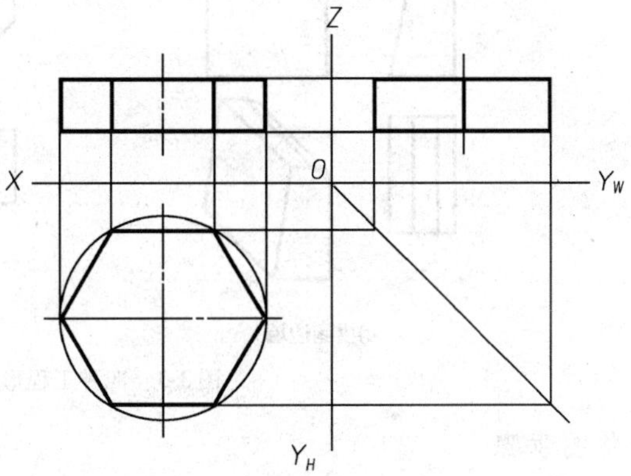

b) 投影图

图3-2　正六棱柱的投影图

2. 投影分析

由图3-2可以看出，其三面投影分别为：

（1）水平投影为一正六边形，它是上、下底面的投影（重影），且反映实形；六边形的各边为六个侧面的积聚投影；六个角点是六条侧棱的积聚投影。

（2）正面投影是并列的三个矩形线框，中间的矩形线框是棱柱前后侧面的投影（重影），反映实形；左右的线框是其余四个侧面的投影，为类似形；线框上下两条水平线是上下底面的积聚投影；四条竖直线是侧棱的投影，反映实长。

（3）侧面投影是并列的两个矩形线框，它是棱柱左右四个侧面的投影（重影），为类似形；两侧竖直线是棱柱前后侧面的积聚投影；中间的竖直线是侧棱的投影；上、下水平线则为底面的积聚投影。

3. 视图特征

通过上述分析，可以总结出棱柱体的视图特征。

（1）反映底面实形的视图为多边形。

（2）另两视图均为矩形（或矩形的组合图形）。

由此可得出以下结论:基本体中柱体的投影特征可归纳为四个字**“矩矩为柱”**。这句话的含义是:只要是柱体,则必有两个投影的外线框是矩形;反之,若某一物体两个投影的外线框都是矩形,则该物体一定是柱体。而第三个投影可用来判别是何种柱体。

工程形体的形状为棱柱者居多,如图 3-3 所示的四种工程形体(棱柱)的投影图,读者可自行分析。

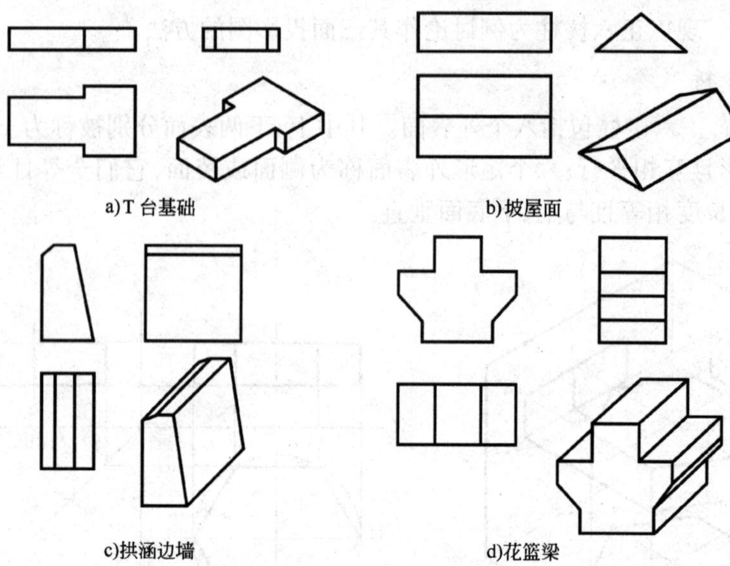

图 3-3　四种工程形体的投影图

4. 作图步骤

(1)研究平面体的几何特征,决定安放位置即确定正面投影方向,通常将形体的表面尽量平行于投影面。

(2)分析该形体三面投影的特点。

(3)布图(定位),画出基准线。

(4)先画出反映形体底面实形的投影,再根据投影关系画出其他投影。

(5)检查、整理加深,标注尺寸。

如图 3-4 所示为正六棱柱投影图的作图步骤(已知正六边形外接圆直径 ϕ 及柱高 h)。

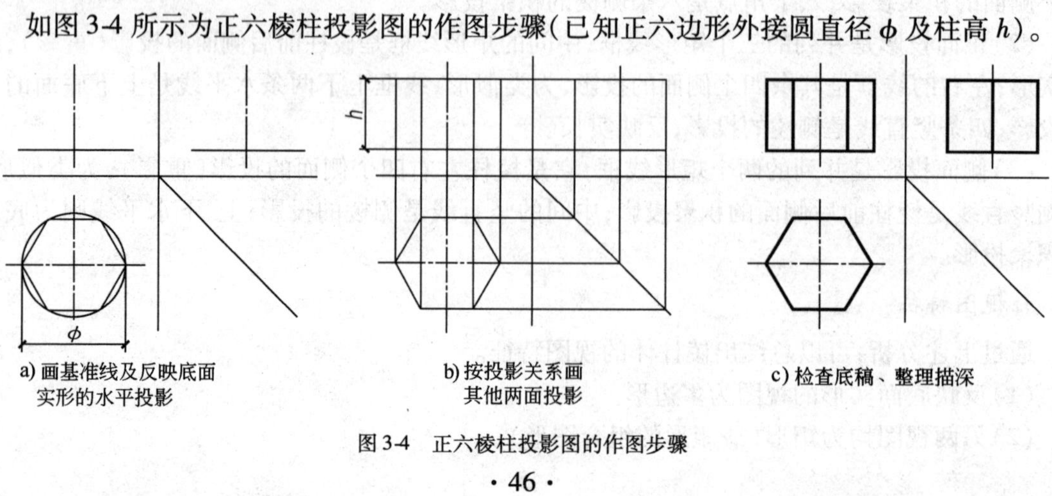

图 3-4　正六棱柱投影图的作图步骤

(二)棱锥

底面为正多边形,各侧面为具有公共顶点的全等等腰三角形的棱锥称正棱锥,其锥顶在过底面中心的垂线上。现以正三棱锥为例讨论作其三面投影图的方法。

1. 形体特征分析

正三棱锥又称四面体,如图3-5所示为正三棱锥的投影图和直观图。其底面为正三角形,三个棱面为三个全等的等腰三角形。

2. 投影分析

由图3-5可以看出,其三面投影分别为:

(1)水平投影中的外形正三角形是底面的投影,反映实形;s 是锥顶的投影,位于三角形 abc 的中心,它与三个角点的连线 sa、sb、sc 是三条侧棱的投影;中间三个小三角形是三个侧面的投影。

(2)正面投影是两个并列的全等三角形,是三棱锥三个侧面的投影。底面及侧棱的正面投影读者自行分析。

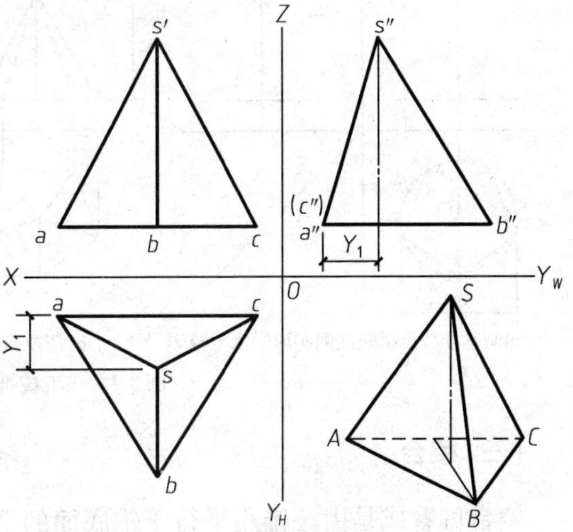

图3-5 正三棱锥的投影图

(3)侧面投影是一个非等腰三角形,$s''a''(c'')$ 为三棱锥后侧面的积聚投影,$s''b''$ 为三棱锥侧棱的投影,其余部分的投影读者可自行分析。

3. 视图特征

棱锥体的投影特征是:

(1)反映底面实形的视图为多边形(内含反映侧表面的几个三角形);

(2)另两视图为并列的三角形(或三角形的组合图形)。

由此可得出以下结论:基本体中锥体的投影特征可归纳为四个字:**"三三为锥"**,即若物体有两面投影的外线框均为三角形,则该物体一定是锥体;反之,凡是锥体,则必有两面投影的外线框为三角形。同样,第三个投影可用来判别是何种锥体。常见棱锥体的投影特征如图3-6所示。

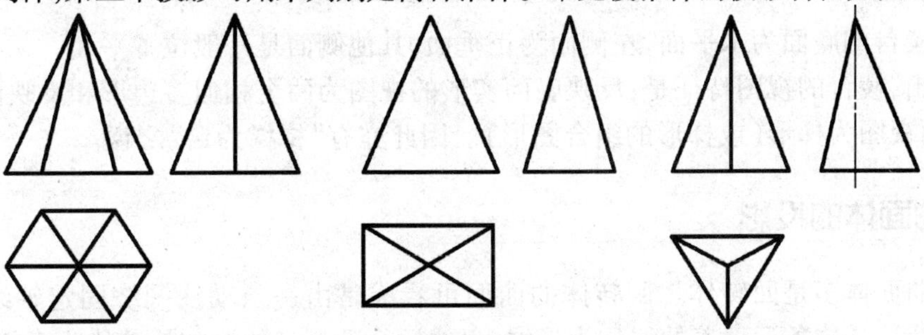

a)六棱锥　　b)四棱锥　　c)三棱锥

图3-6 棱锥体的投影特征

4. 作图步骤

棱锥体的作图方法和步骤与棱柱体的作图方法步骤基本相同。如图 3-7 所示为正五棱锥投影图的作图步骤(已知底面多边形外接圆直径 ϕ 及锥高 h)。

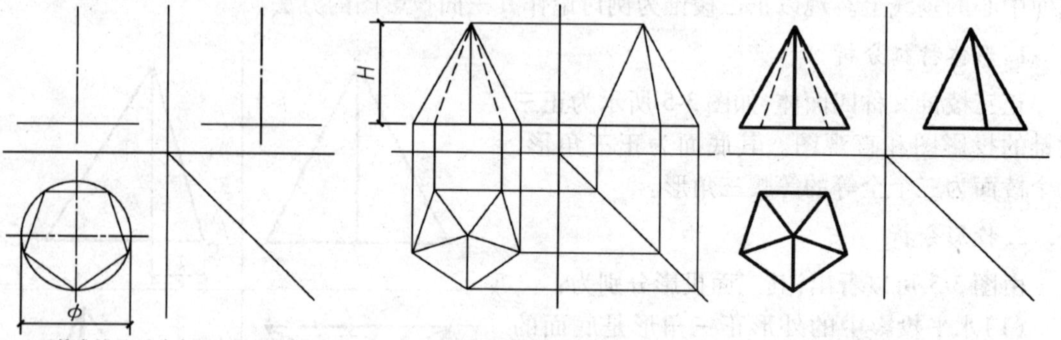

a)画基准线及反映底面实形的水平投影　　b)按投影关系画其他两面投影　　c)检查底稿、整理描深

图 3-7　正五棱锥投影图的作图步骤

(三)棱台

棱台可看成是由棱锥用平行于锥底面的平面截去锥顶而形成的形体,上、下底面为各对应边相互平行的相似多边形,侧面为梯形。

如图 3-8 所示为五棱台的直观图和投影图。

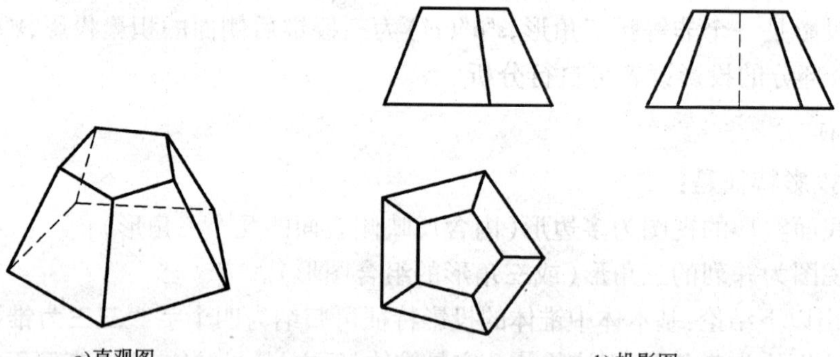

a)直观图　　b)投影图

图 3-8　五棱台的直观图和投影图

图中五棱台的底面为水平面,左侧面为正垂面,其他侧面是一般位置平面。

可以看出,棱台的视图特征是:反映底面实形的视图为两个相似多边形和反映侧面的几个梯形,另外两视图为梯形(或梯形的组合图形)。因此亦有**"梯梯为台"**之说。

二 曲面体的投影

常见的曲面体多是回转体。回转体的曲面可看成是由一条动线围绕固定轴线回转而成(如图 3-9 所示)。这条运动着的线称为母线,母线运行到任一位置的轨迹称为素线,母线上任一点的轨迹称为纬圆。由回转面或回转面与平面所围成的基本体称为回转体,常见的回转体有圆柱、圆锥、圆球、圆环等。

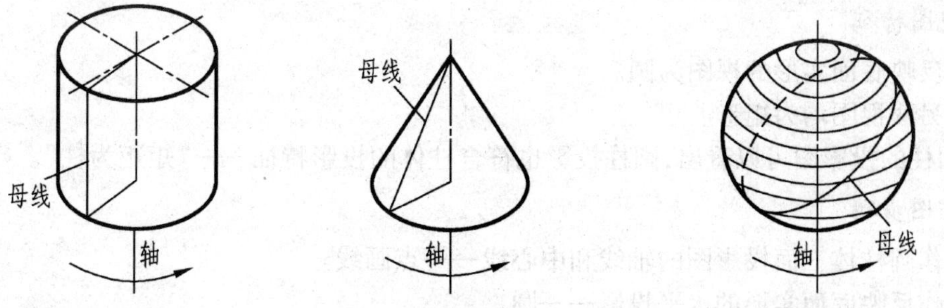

a)圆柱面　　b)圆锥面　　c)球面

图 3-9　回转面的形成

(一)圆柱

圆柱体由圆柱面和两个底面所围成。

1. 形成

圆柱可看作是由一个矩形平面绕着它的一条边回转一周而成。

2. 投影分析

若其轴线垂直于 H 面,圆柱体的投影如图 3 - 10 所示。

(1)水平投影为一圆,反映上下底面的实形(重影),圆周则为圆柱侧面的积聚投影。

(2)正面投影为一矩形,上下两条水平线为上下底面的积聚投影,左右两条竖直线为圆柱最左、最右两条素线(轮廓素线)的投影,也是圆柱面对 V 面投影时可见部分与不可见部分的分界线。

(3)侧面投影为一矩形,上下两条水平线为上下底面的积聚投影,竖直的两条线为圆柱最前、最后两条素线(轮廓素线)的投影,也是圆柱面对 W 面投影时可见部分与不可见部分的分界线。

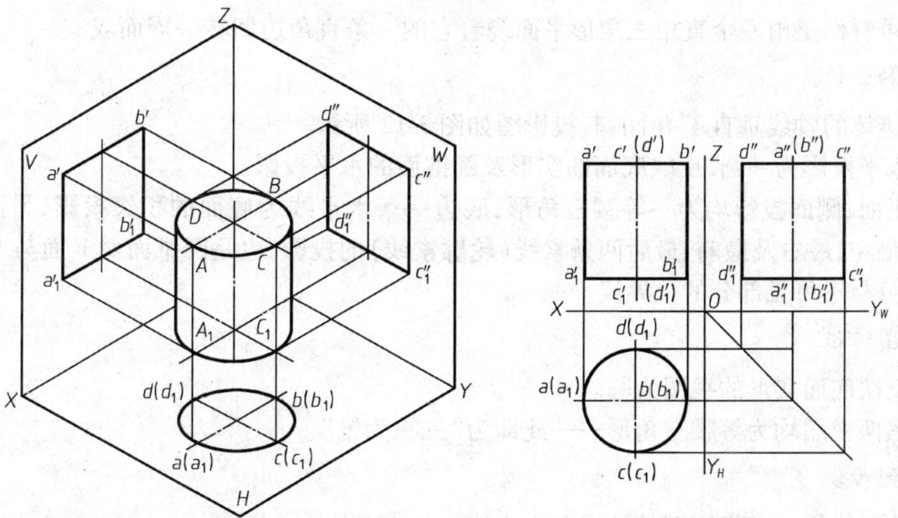

a)直观图　　b)投影图

图 3-10　圆柱体的投影图

3. 视图特征

(1)反映底面实形的视图为圆。

(2)另两视图均为矩形。

由圆柱的投影图可以看出,圆柱投影也符合柱体的投影特征——"矩矩为柱"。

4. 作图步骤

(1)作圆柱体三面投影图的轴线和中心线——点画线。

(2)作反映底面实形的水平投影——圆。

(3)按投影关系画出其他两个投影——矩形,圆柱体的作图步骤如图 3-11 所示。

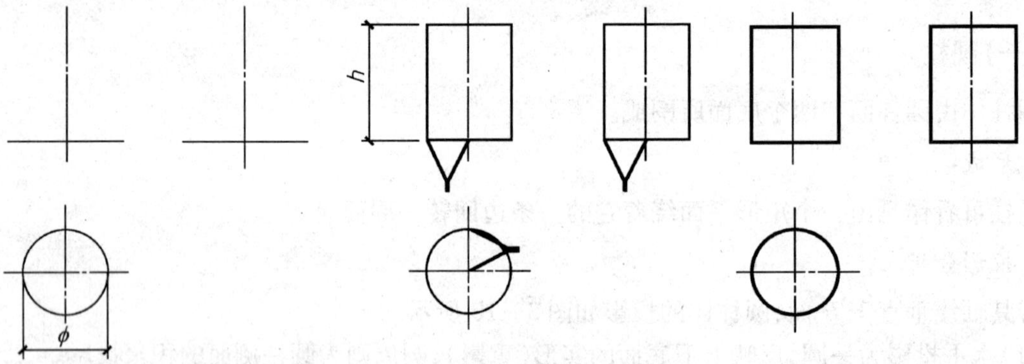

a)画基准线及反映底面实形的水平投影　b)按投影关系画其他两面投影　c)检查底稿、整理描深

图 3-11　圆柱体投影图的作图步骤

(二)圆锥

圆锥体由圆锥面和底面所围成。

1. 形成

圆锥可看作是由一个直角三角形平面绕着它的一条直角边回转一周而成。

2. 投影分析

若圆锥体的轴线垂直于 H 面,其投影图如图 3-12 所示。

(1)水平投影为一圆,反映底面的实形及圆锥面的水平投影。

(2)正面、侧面投影均为一等腰三角形,底边一条水平线为底面的积聚投影,另两条边分别为圆锥最左、最右及最前、最后两条素线(轮廓素线)的投影,也是圆锥面对 V 面与 W 面投影时可见部分与不可见部分的分界线。

3. 视图特征

(1)反映底面实形的视图为圆。

(2)另两视图均为等腰三角形——此即为"三三为锥"。

4. 作图步骤

(1)作圆锥体三面投影图的轴线和中心线——点画线。

(2)作反映底面实形的水平投影——圆。

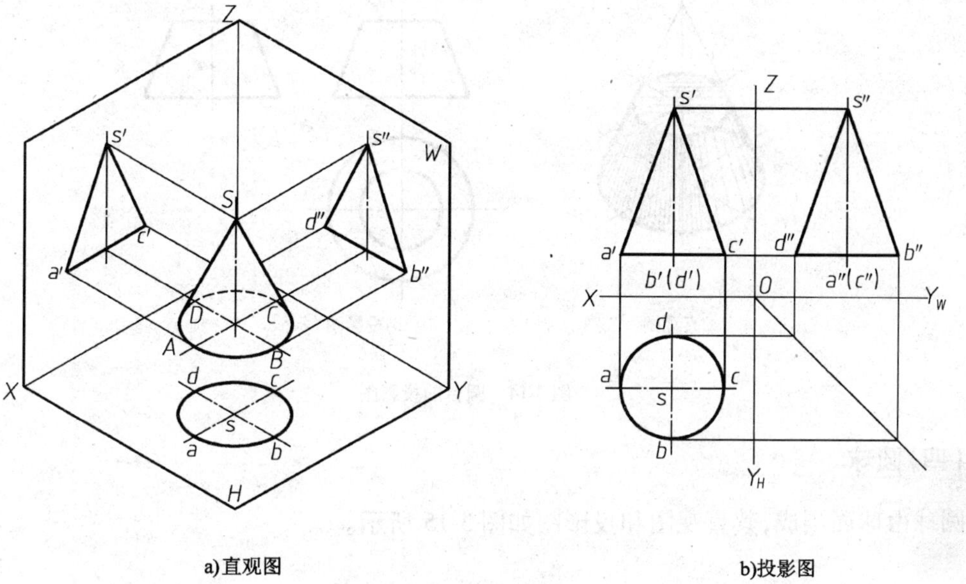

图 3-12　圆锥体的投影图

(3)按投影关系画出其他两面投影——等腰三角形,圆锥体投影图的作图步骤如图 3-13 所示。

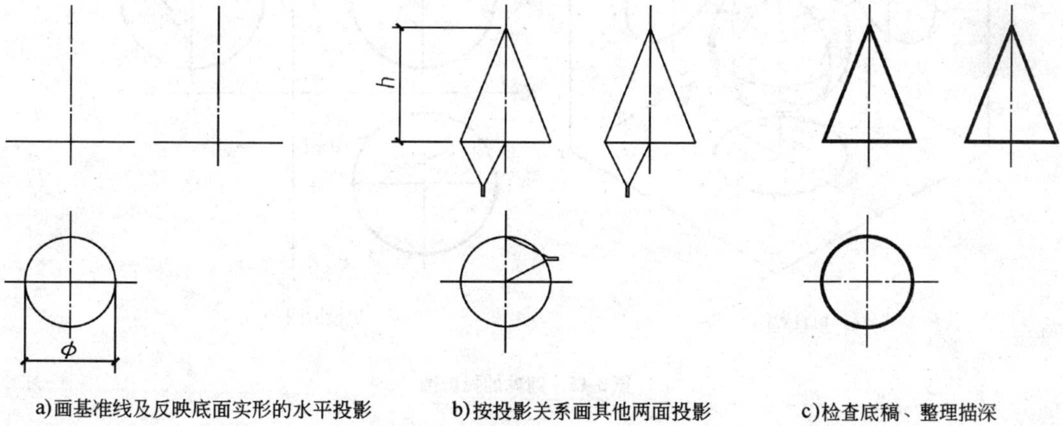

图 3-13　圆锥体投影图的作图步骤

(三)圆台

圆锥被垂直于轴线的平面截去锥顶部分,剩余部分称为圆台,其上下底面为半径不同的圆面,直观图与投影图如图 3-14 所示。圆台的投影与圆锥的投影相仿,其上下底面、轮廓素线的投影,读者可自行分析。

圆台的投影特征是:与轴线垂直的投影面上的投影为两个同心圆,另两面上的投影均为等腰梯形。

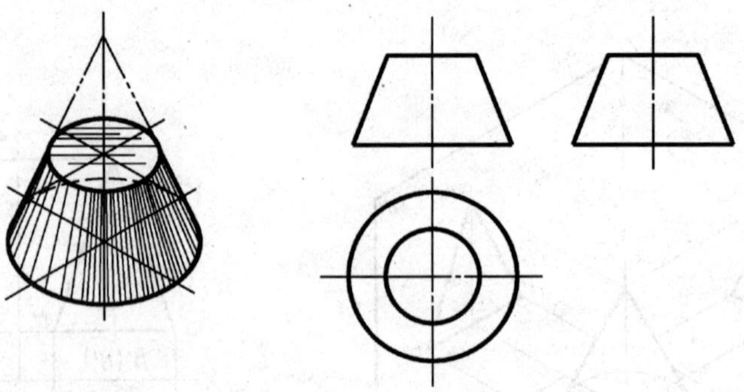

a)直观图　　b)投影图

图 3-14　圆台的投影图

(四)圆球

圆球由球面围成,其直观图和投影图如图 3-15 所示。

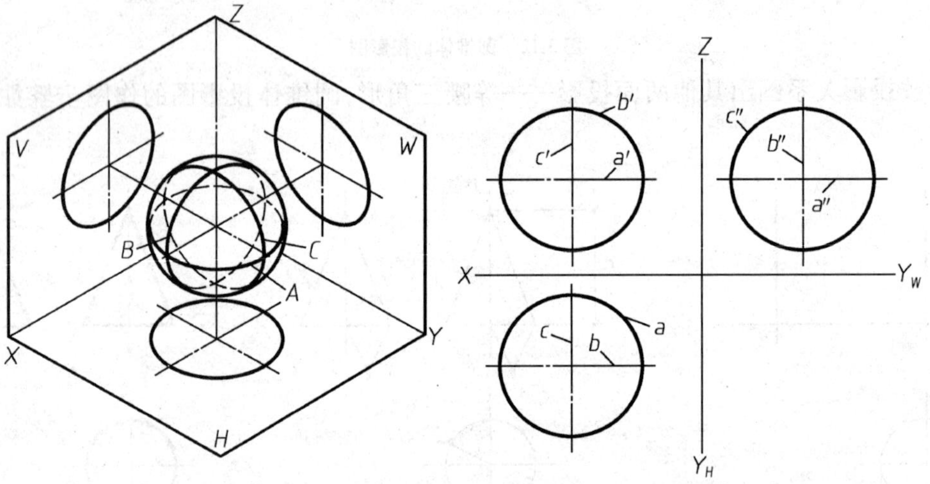

a)直观图　　b)投影图

图 3-15　圆球的投影图

1. 形成

圆球可看成是由一个圆面绕其任一直径回转而成。

2. 投影分析

球体的三面投影图均为与球的直径大小相等的圆,故又称为“圆圆为球”。V、H 和 W 面投影的三个圆分别是球体的前、上、左三个半球面的投影,后、下、右三个半球面的投影分别与之重合;三个圆周代表了球体上分别平行于正面、水平面和侧面的三条素线圆的投影。由图 3-15 还可看出:圆球面上直径最大的平行于水平面和侧面的圆 A 与圆 C,其正面投影分别积聚在过球心的水平与铅垂中心线上。

3. 视图特征

三个视图均为大小相等的圆。

注意：不完整球体的三视图，其外形轮廓都有半径相等的圆弧。

4. 作图步骤

先画圆的中心线，再画三个圆。

三 求立体表面上点、线的投影

确定立体表面上点、线的投影，是后面求截切体与相贯体投影的基础。本节叙述立体表面上求点、求线的方法，并对其可见性进行判别。

(一) 平面立体上点和直线的投影

点和直线位于立体表面的位置不同，求其投影的方法也不同。因此在求其投影之前应先通过认真看图，明确点和直线的具体位置，并分析点所在平面或直线的空间位置，然后确定合适的求解方法，最后再对求出的点的投影进行标记（若是求直线，只需确定两端点的投影，然后将所求点的同面投影连接成线，并判定可见性，即为该直线的投影；若为曲线，则除确定两端点外，尚需确定适量的中间点及可见与不可见分界点的投影，判定可见性，再行连线）。常见的求解方法有以下几种。

1. 位于棱线或边线上的点（线上定点法）

当点位于立体表面的某条棱线或边线上时，可利用线上点的“从属性”直接在线的投影上定点，这种方法即为线上定点法，亦可称为从属性法。

例 3-1 如图 3-16 所示，M、N 分别是立体表面上的两个点。已知 M 点的正面投影 m'、N 点的水平投影 n，试求点 M、N 的另外两面投影。

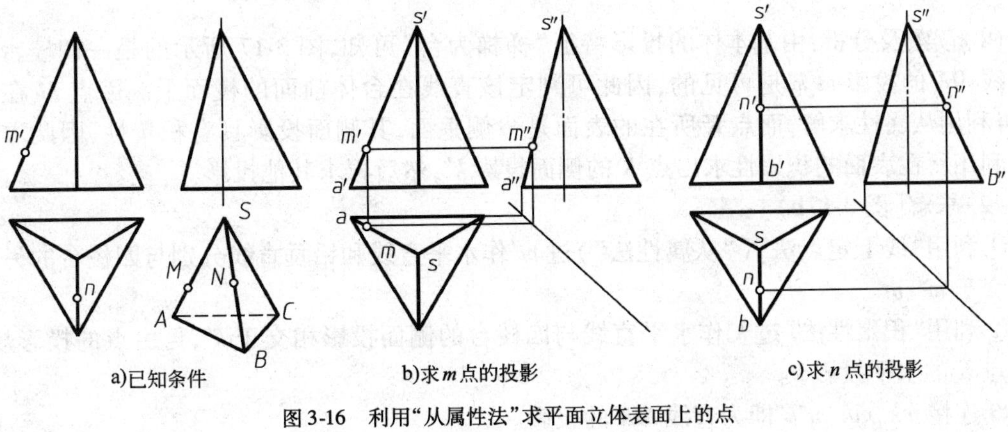

a)已知条件　　b)求 m 点的投影　　c)求 n 点的投影

图 3-16　利用“从属性法”求平面立体表面上的点

解

(1) 读图及分析：由基本体的投影特征“三三为锥”可知，图 3-16 所示的是一正三棱锥，点 M 和 N 分别是其棱线 SA 和 SB 上的点。本例中正三棱锥的棱线 SA 是一条一般位置直线，其

上的点 M 的水平和侧面投影可直接利用从属性求出。而棱线 SB 是侧平线，必须先求出点 N 的侧面投影，然后再求出它的正面投影；或者利用比例法直接求出其正面投影。

(2)求解：如图 3-16b)、c)所示。

①过 m' 作铅垂线与直线 SA 的水平投影 sa 相交于点 m，过 m' 作水平线与直线 SA 的侧面投影 $s''a''$ 相交于 m''，m、m'' 即为棱线 SA 上点 M 的水平与侧面投影。

②过 n 作水平线与 45°斜线相交，过此交点作铅垂线与直线 SB 的侧面投影 $s''b''$ 相交于 n''，过 n'' 作水平线与直线 SB 的正面投影 $s'b'$ 相交于 n'，n'、n'' 即为棱线 SB 上点 N 的正面与侧面投影。

2. 位于特殊位置平面上的点(积聚性法)

当点位于立体表面的特殊位置平面上时，可利用该平面的积聚性，直接求得点的另外两个投影，这种方法称为积聚性法。

例 3-2 如图 3-17 所示，已知立体表面上直线 MK 的正面投影 $m'k'$，试作直线 MK 的水平投影 mk 和侧面投影 $m''k''$。

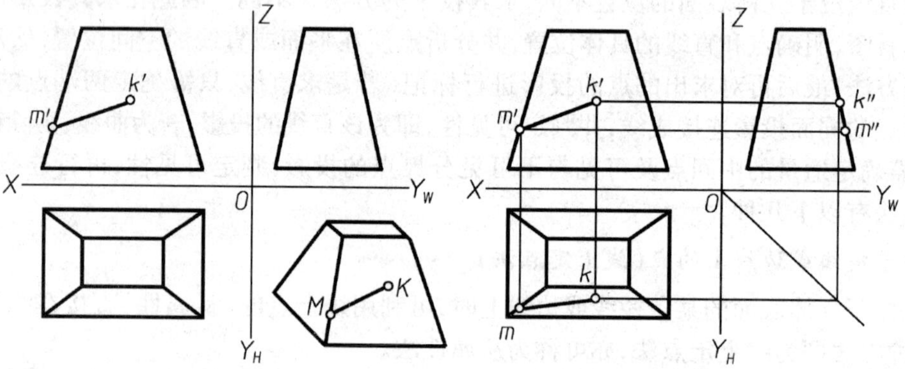

a)已知条件　　　　b)作图方法

图 3-17　利用“积聚性法”求立体表面上线的投影

解

(1)读图及分析：由基本体的投影特征“梯梯为台”可知，图 3-17 所示的是一四棱台。图中直线 MK 的投影 $m'k'$ 是可见的，因此可判定该直线在台体前面的棱面上。因点 M 在棱线上，可利用从属性求解，而点 K 所在的表面是一侧垂面，其侧面投影具有积聚性，因此求解时应先利用所在表面的积聚性求出点 K 的侧面投影 k''，然后再求其他投影。

(2)求解[图 3-17b)]：

①利用“线上定点法”(“从属性法”)过 m' 作水平直线和铅垂直线分别与四棱台的另两面投影交于 m''、m。

②利用“积聚性法”过 k' 作水平直线与四棱台的侧面投影相交于 k''，再由点的投影规律，求出点 K 的水平投影 k。

③连接 mk，mk、$m''k''$ 即为直线 MK 的投影。

3. 位于一般位置平面上的点(辅助线法)

当点位于立体表面的一般位置平面上时，因所在平面无积聚性，不能直接求得点的投影，而必须先在一般位置平面上做辅助线(辅助线可以是一般位置直线或特殊位置直线)，求出辅助线的投影,然后再在其上定点,这种方法称为辅助线法。

例3-3 如图3-18所示,已知立体表面点K的正面投影k',试求其水平与侧面投影k、k''。

解 (1)读图及分析:由图3-18可知,该立体是一正三棱锥,点K的正面投影可见,故点K在棱锥的左棱面上。因为左棱面是一般位置平面,其投影无积聚性,所以求点时需用辅助线法。

(2)求解:如图3-18a)所示,常用的辅助线有两种:

①连接锥顶S和待求点K,交底边AB于点M,SM(一般位置直线)即为所作的辅助线。

②过待求点K作底边AB的平行线KN交棱线SA于点N,此时KN(特殊位置直线)为辅助线。

具体作图步骤如图3-18b)、c)所示。

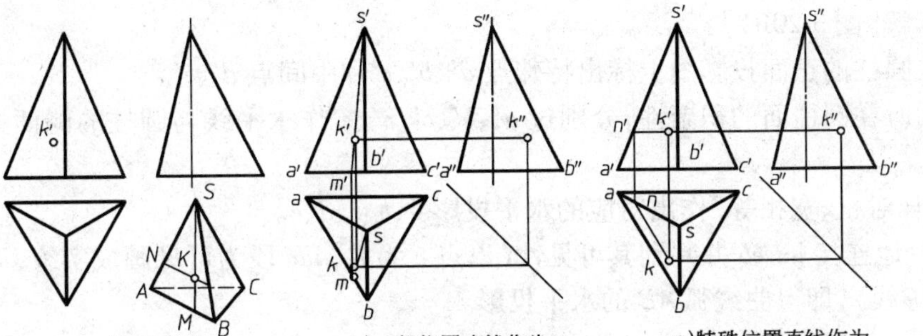

a)已知条件　b)一般位置直线作为辅助线求k点的投影　c)特殊位置直线作为辅助线求k点的投影

图3-18　利用"辅助线法"求平面立体表面上的点

(二)曲面立体上点和直线的投影

与平面立体一样,曲面立体上求点和直线的投影也有如下三种方法。

1. 线上定点法(从属性法)

当点或线位于曲面立体的轮廓素线上时,可利用"线上定点(从属性)法"求解。

例3-4 如图3-19a)所示,已知立体表面上的点K的正面投影k',求其另外两面的投影k、k''。

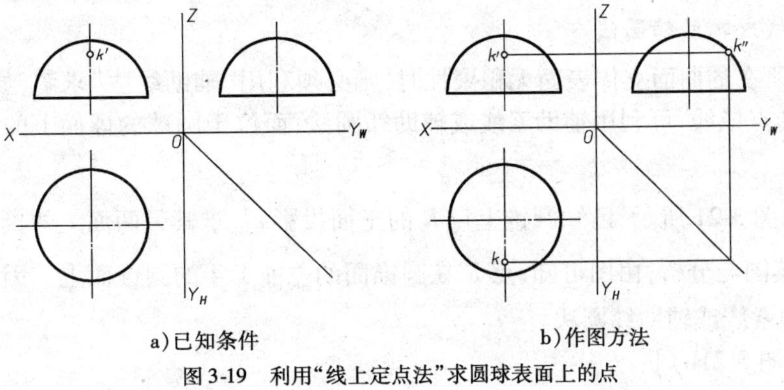

a)已知条件　b)作图方法

图3-19　利用"线上定点法"求圆球表面上的点

解 (1)读图及分析：由“圆圆为球”可知，该立体为一球体，点 K 在其侧视方向的轮廓素线上。根据线上定点法，其投影一定在相应的轮廓素线的投影上。

(2) 求解：如图 3-19b)所示，过点 k' 根据“高平齐、宽相等”即可求得点 K 的另两投影 k、k''。

2. 积聚性法

当点或线所在的立体表面有积聚性时，可利用“积聚性法”求解。

例 3-5 如图 3-20a)所示，已知圆柱表面上线段 AB 的正面投影 $a'b'$，求其另外两投影。

解 (1) 读图及分析：由题意及图 3-20a)可知，线段 AB 是一段位于前半个圆柱面上的椭圆弧。而求曲线的投影需要求出一系列的特殊点（本题中的点 A、B、C）和一般点（点 D、E）。因为该圆柱面的侧面投影积聚为圆，故线段 AB 的侧面投影就是在此圆上的一段圆弧。

(2) 求解[图 3-20b)]：

①先在圆柱的正面投影图上标出特殊点 a'、b'、c' 和中间点 d'、e'。

②利用所在圆柱面的积聚性，分别过 a'、b'、c'、d'、e' 作水平线与圆柱的侧面投影交于 a''、b''、c''、d''、e''。

③由“长对正、宽相等”作出对应的水平投影 a、b、c、d、e。

④ 光滑地连接 $adceb$ 并判别其可见性（以点 c 为界，adc 段为可见画成实线，而 ceb 段为不可见，画成虚线），即得曲线弧 AB 的水平投影。

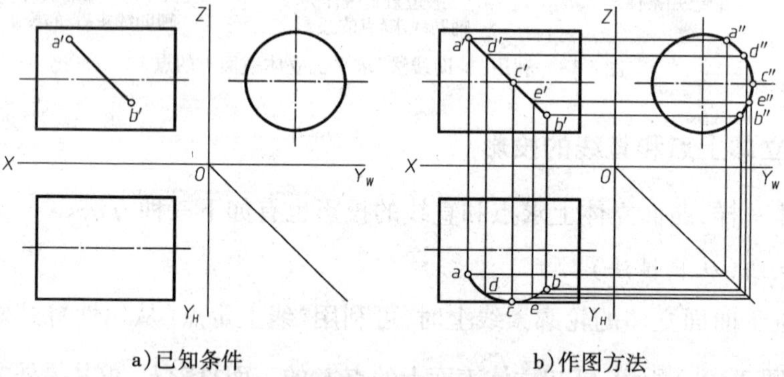

a)已知条件　　b)作图方法

图 3-20 利用“积聚性法”求圆柱表面上的线

3. 辅助素线或辅助纬圆法

当点或线所在的曲面立体表面无积聚性时，则必须利用“辅助线法”求解，如位于圆锥（圆台）的锥面上的点或线，可利用辅助素线或辅助纬圆法；而位于圆球的球面上的点或线可利用辅助纬圆法。

例 3-6 如图 3-21 所示，已知圆锥上点 K 的正面投影 k'，求其另两面上的投影。

解 (1)读图与分析：由图可知，点 K 在圆锥面的左前 1/4 的圆锥面上。因圆锥面无积聚性，故应用辅助素线或辅助纬圆法。

(2)求解[图 3-21b)]：

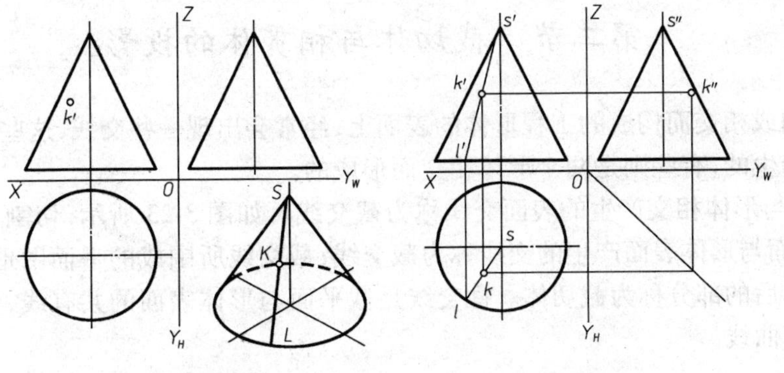

a)已知条件　　b）作图方法

图 3-21　利用"辅助素线法"求圆锥体表面上的点

①连接 $s'k'$ 并延长交底面圆周于 l'，$s'l'$ 即为辅助素线 SL 的正面投影。

②利用"从属性"，求得 L 点的水平投影 l，连接 sl，即得 SL 的水平投影。

③由"长对正"，求得 K 点的水平投影 k。

④由"宽相等、高平齐"，求得 K 点的侧面投影 k''。因 K 点在圆锥的左前表面上，故 k、k'' 均可见。

例 3-7 如图 3-22 所示，已知球面上点 K 的正面投影 k'，求其另两面投影 k、k''。

解 (1)读图与分析：如图 3-22a)所示，过圆球面上的点 K 可作一水平的纬圆，该纬圆的正面投影积聚为一水平线；而水平投影为一反映实形的圆，点 K 到球的竖直轴线的距离即为该圆的半径。

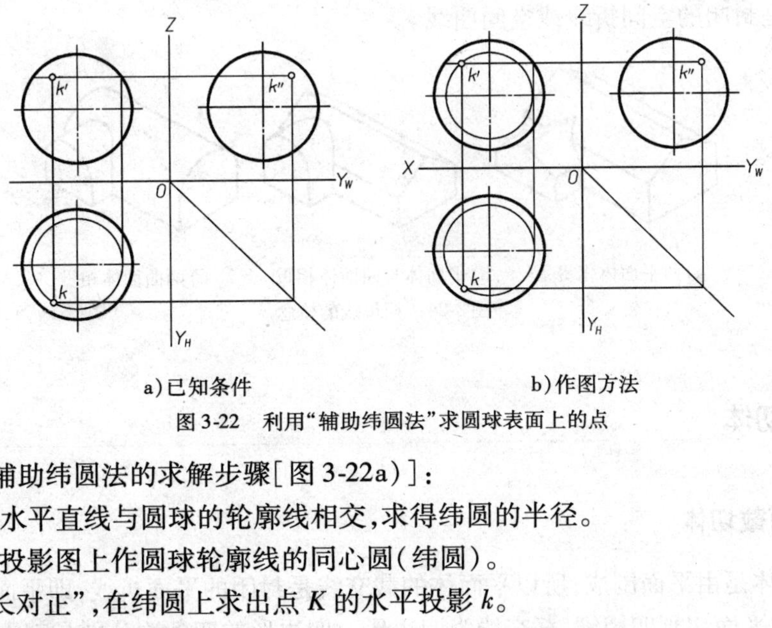

a)已知条件　　b)作图方法

图 3-22　利用"辅助纬圆法"求圆球表面上的点

(2)利用辅助纬圆法的求解步骤[图 3-22a)]：

①过 k' 作水平直线与圆球的轮廓线相交，求得纬圆的半径。

②在水平投影图上作圆球轮廓线的同心圆(纬圆)。

③根据"长对正"，在纬圆上求出点 K 的水平投影 k。

④由点的投影规律求得 k''。

该题也可以用平行于正面[图 3-22b)]和侧面的辅助圆作图，读者可以自行分析。

第二节　截切体与相贯体的投影

经过切割或相交而构成的工程形体的表面上，经常会出现一些交线，这些交线有些是平面与形体相交产生的，有些则是两个形体相交而形成的。

(1)平面与形体相交产生的表面交线称为截交线。如图3-23所示，切割形体的平面称为截平面，截平面与形体表面产生的交线称为截交线；截交线所围成的平面图形称为截断面；形体被平面截断后的部分称为截切体。截交线是截平面与形体表面的共有线，并且是封闭的平面折线或平面曲线。

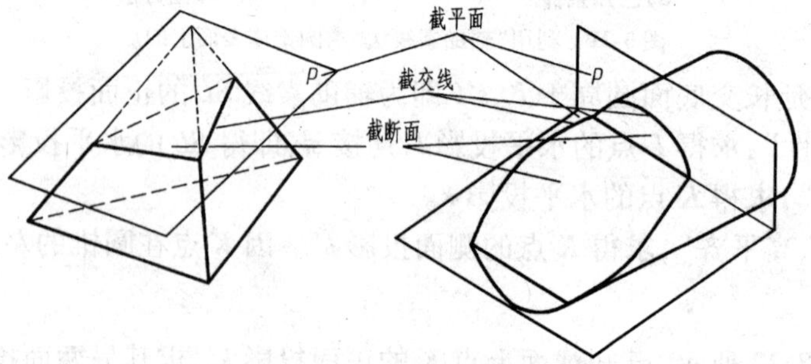

图3-23　截交线的概念

(2)相交的形体称为相贯体。如图3-24所示，按相贯体表面性质不同，可分为三种情况：两平面体相贯，如图3-24a)所示；平面体与曲面体相贯，如图3-24b)所示；两曲面体相贯，如图3-24c)所示。相交形体形成的表面交线称为相贯线。相贯线是两形体表面的共有线，一般情况下，相贯线是封闭的空间折线或空间曲线。

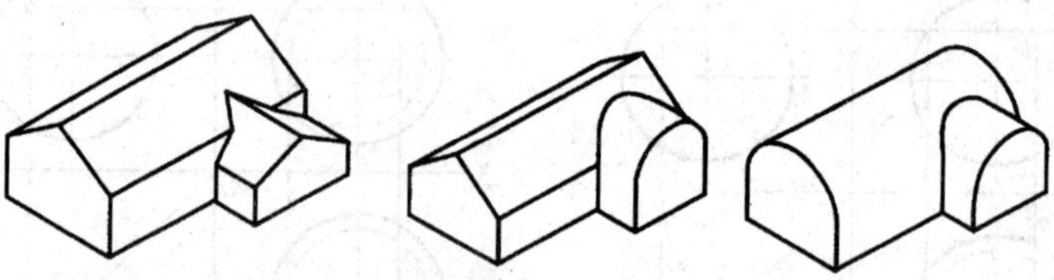

a)两平面体相贯　　b)平面体与曲面体相贯　　c)两曲面体相贯

图3-24　相贯线的概念

一 截切体

(一)平面截切体

由于平面体是由平面围成，所以平面体的截交线是封闭的平面折线，即平面多边形。如图3-25a)所示，截平面切割四棱锥，截交线为四边形。四边形的四条边分别是截平面与四棱锥各棱面的交线。四边形的四个顶点分别是平面体各棱线与截平面的交点。

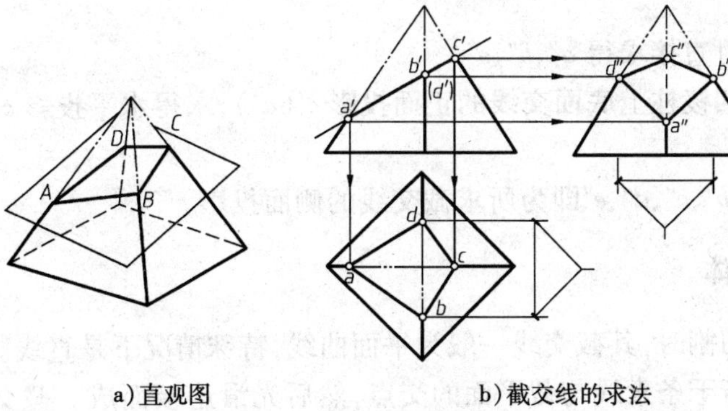

图 3-25　平面与四棱锥相交

1. 平面切割四棱锥

(1)分析

由于截平面 P 是正垂面,所以截交线的正面投影积聚成直线,水平投影和侧面投影都是四边形(类似形),只要求得四棱锥的四条棱线与截平面的交点,依次连接即可完成作图,如图 3-25b)所示。

(2)作图

①根据 a'、c'可直接求得 a、c 和 a''、c''。

②由 b'、d',先求得 b''、d'',再按"宽相等"求得 b、d。

③ 分别连接 a、b、c、d 和 a''、b''、c''、d'',完成作图。注意侧面投影中四棱锥右边棱线的一段虚线不要漏画。

2. 平面切割四棱柱

(1)分析

截平面 P 与四棱柱的四个棱面及上底面相交,截交线是五边形,如图 3-26 所示。五边形的五个顶点分别是 P 面与四棱柱三条棱线以及上底面两条边线的交点。由于 P 为正垂面,所以截交线的正面投影与 P 面的正面投影重合。四棱柱的各棱面为铅垂面,截交线的水平投影与四棱柱各棱面的水平投影重合。截平面与棱柱上底面的交线为正垂线,其正面投影积聚为一点,水平投影反映实长。

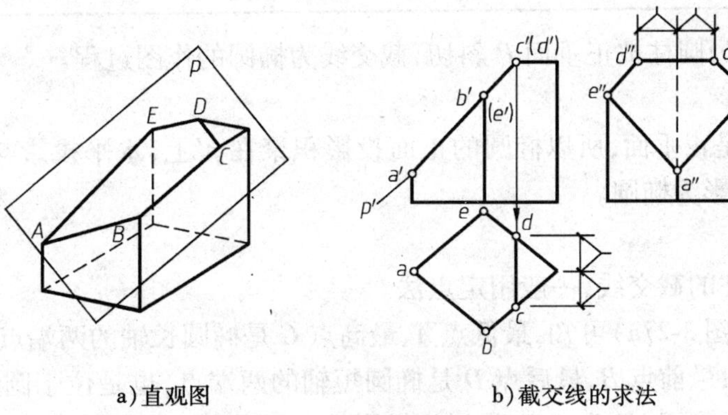

图 3-26　截平面与四棱柱相交

(2)作图

①由 a'、b'、e'，可直接求得 a''、b''、e''。

②由 P 平面与四棱柱上底面交线的正面投影 $c'(d')$，求得水平投影 c、d，再按“宽相等”求得侧面投影 c''、d''。

③依次连接 a''、b''、c''、d''、e''即为所求截交线的侧面投影。

(二)曲面截切体

曲面体被平面切割时，其截交线一般为平面曲线，特殊情况下是直线。作图的基本方法是求出曲面体表面上若干条素线与截平面的交点，然后光滑连接而成。截交线上的一些能确定其形状和范围的点，如最高点、最低点，最左点、最右点，最前点、最后点，以及可见与不可见的分界点等，均为特殊点。作图时，通常先作出截交线上的特殊点，再按需要作出一些中间点，最后依次连接各点，并注意投影的可见性。

平面切割立体时，截交线的形状取决于立体表面的形状和截平面与立体的相对位置。

1. 平面与圆柱相交

当平面与圆柱相交时，由于截平面与圆柱轴线的相对位置不同，将产生三种不同的截交线，如表 3-1 所示。

平面与圆柱体相交　　表 3-1

截平面的位置	平行于轴线	垂直于轴线	倾斜于轴线
截交线的形状	矩形	圆	椭圆
直观图	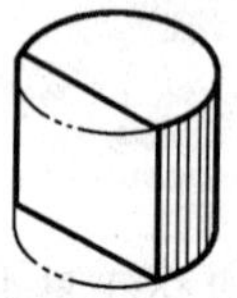	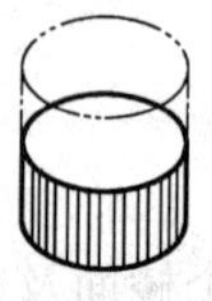	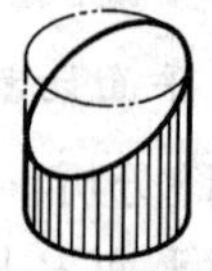
投影图	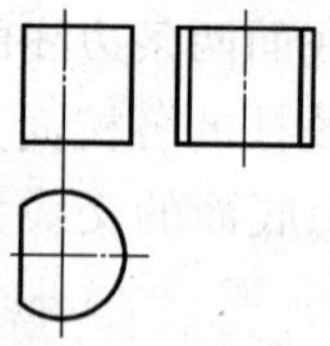	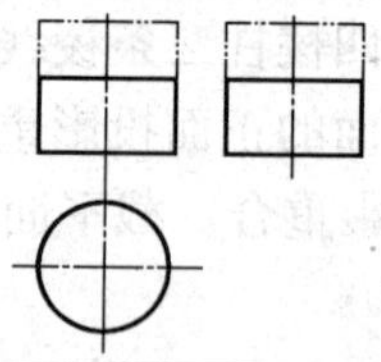	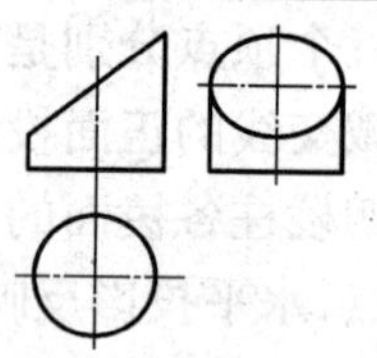

如图 3-27 所示为圆柱被正垂面 P 斜切，截交线为椭圆的作图过程。

(1)分析

由于截平面 P 是正垂面，所以椭圆的正面投影积聚在 p' 上，水平投影与圆柱面的水平投影重合为圆，侧面投影为椭圆。

(2)作图

作平面斜切圆柱的截交线，一般用定点法。

①求特殊点：由图 3-27a)可知，最低点 A、最高点 C 是椭圆长轴的两端点，也是位于圆柱最左、最右素线上的点；最前点 B、最后点 D 是椭圆短轴的两端点，也是位于圆柱最前、最后素线上的点。如图 3-27b)所示，A、B、C、D 的正面投影和水平投影可利用积聚性直接求得。然后根

据正面投影 a'、b'、c'、d'和水平投影 a、b、c、d 求得侧面投影 a''、b''、c''、d''。

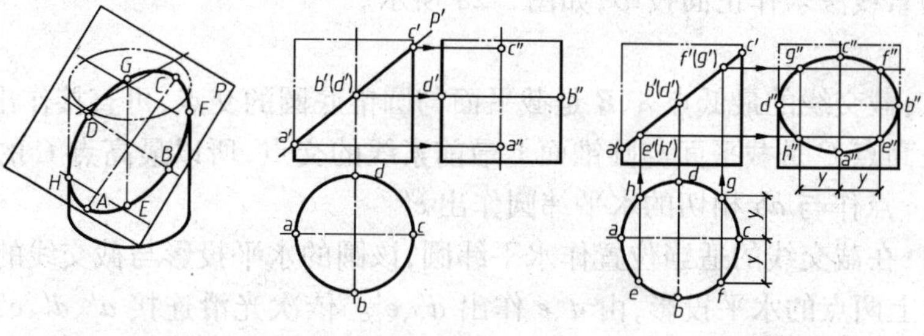

a）直观图　　b）求特殊点　　c）求一般点

图 3-27　斜截圆柱其截交线的画法

②求一般点：为了作图准确，还必须在特殊点之间作出适当数量的中间点，如图 3-27a）中的 E、F、G、H 各点，可先作出它们的水平投影，再作出正面投影，然后根据水平投影 e、f、g、h 和正面投影 e'、f'、g'、h' 作出侧面投影 e''、f''、g''、h''。

③依次光滑连接 a''、e''、b''、f''、c''、g''、d''、h''，即为所求截交线椭圆的侧面投影，如图 3-27c）所示。

注意：随着截平面 P 与圆柱轴线倾角的变化，所得截交线椭圆的长、短轴的投影也相应变化。当 P 面与轴线成 45°角时，椭圆长、短轴的侧面投影相等，即投影为圆。

2. 平面与圆锥相交

当平面与圆锥体相交时，由于截平面与圆锥轴线的相对位置不同，将产生五种不同的截交线，如表 3-2 所示。

平面与圆锥体相交　　表 3-2

截平面的位置	过锥顶	与轴线垂直	与轴线倾斜	与一条素线平行	与轴线（与两条素线）平行
截交线的形状	三角形（直线）	圆	椭圆	抛物线	双曲线
直观图	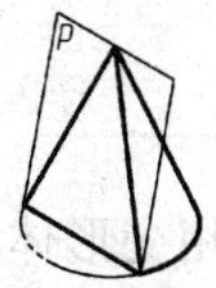		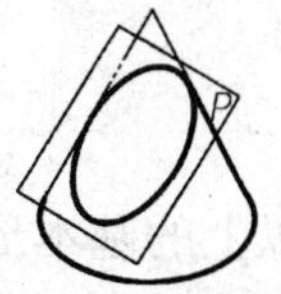	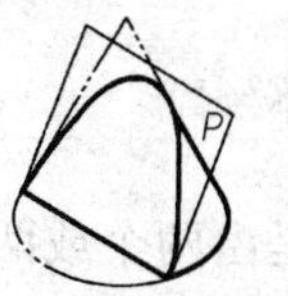	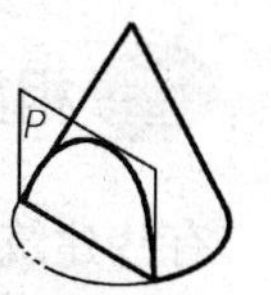
投影图	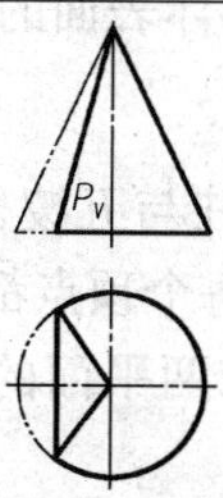	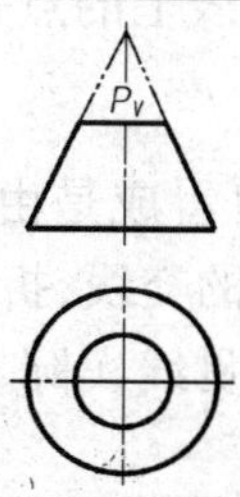	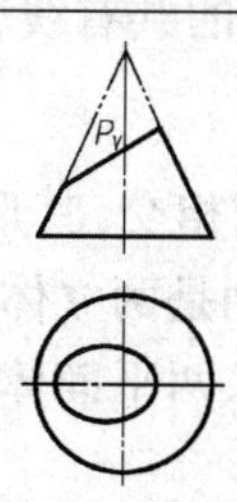	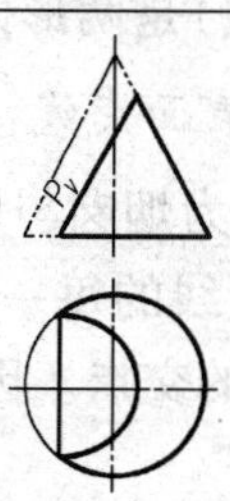	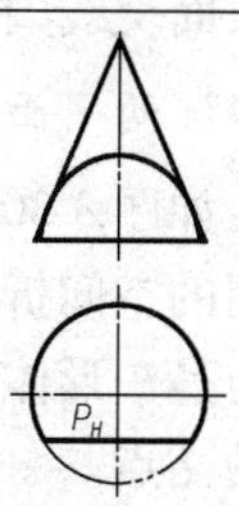

如图 3-28 所示为圆锥被正平面切割后形成截交线的作图过程。

(1)分析

由于截平面为正平面，所以截交线的水平投影积聚为直线。可由截交线的水平投影用辅助纬圆法或辅助素线法求作正面投影，如图 3-28 所示。

(2)作图

①求特殊点：截交线的最低点 A、B 是截平面与圆锥底圆的交点，可直接作出 a、b 和 a'、b'。由于截交线的最高点 C 是截平面与圆锥面上最前素线的交点，所以最高点 C 的水平投影 c 在 ab 的中点处，过 c 点作与 ab 相切的水平纬圆作出 c'。

②求一般点：在截交线的适当位置作水平纬圆，该圆的水平投影与截交线的水平投影交于 d、e，即为截交线上两点的水平投影，由 d、e 作出 d'、e'。依次光滑连接 a'、d'、c'、e'、b'，即为截交线的正面投影，如图 3-28 所示。

3. 平面与圆球相交

平面切割圆球时，其截交线总是圆。当截平面平行于投影面时，截交线在该投影面上的投影反映其真实大小的圆，另外两投影分别积聚成直线，如图 3-29 所示。必须注意图中确定截交线圆半径的方法。

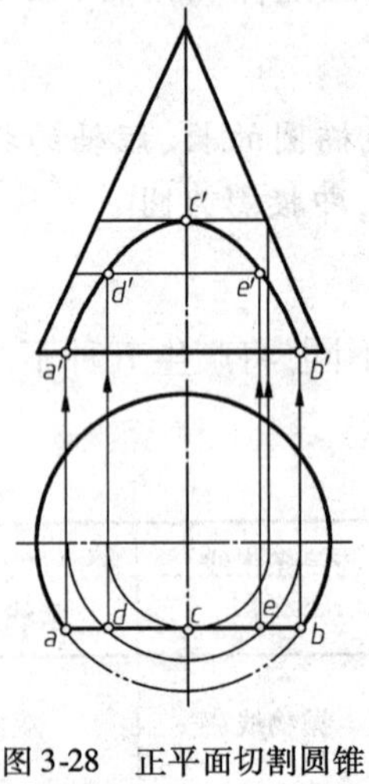

图 3-28　正平面切割圆锥

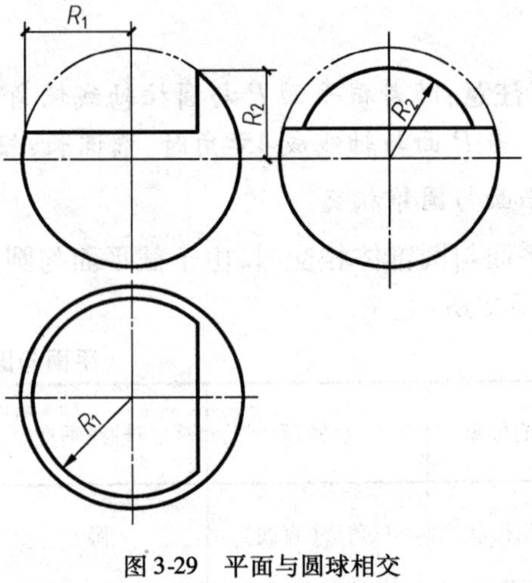

图 3-29　平面与圆球相交

二 相贯体

有些建筑物是由两个或两个以上的基本形体相交组成的。两相交形体称为相贯体，它们的表面交线(相贯线)是两形体表面的共有线，相贯线上的点是两形体表面的共有点。

1. 两平面体的表面交线

如图 3-30 所示为烟囱与坡屋面相交，其形体可看成是由四棱柱与五棱柱相贯，相贯线是封闭的空间折线，折线的每一段分别是两立体侧面的交线，折线上每个顶点都是一形体上的棱线与另一形体侧面的交点。因此，求两平面体的相贯线实际上是求两平面的交线或直线与平面的交点。

例 3-8 如图 3-31 所示，求作高低房屋相交的表面交线。

(1)分析

高低房屋相交，可看成两个五棱柱相贯，由于两个五棱柱各有一棱面（相当于地面）在同一平面上，所以相贯线是不封闭的空间折线。两个五棱柱中，一个五棱柱的所有棱面都垂直于侧面，另一个五棱柱的所有棱面都垂直于正面，所以交线的正面、侧面投影为已知，根据正面、侧面投影求作交线的水平投影。

（2）作图

结果如图 3-31 所示。

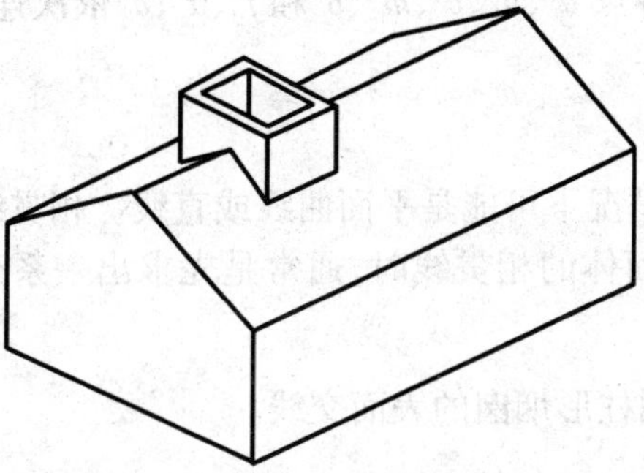

图 3-30　烟囱与坡屋面相交

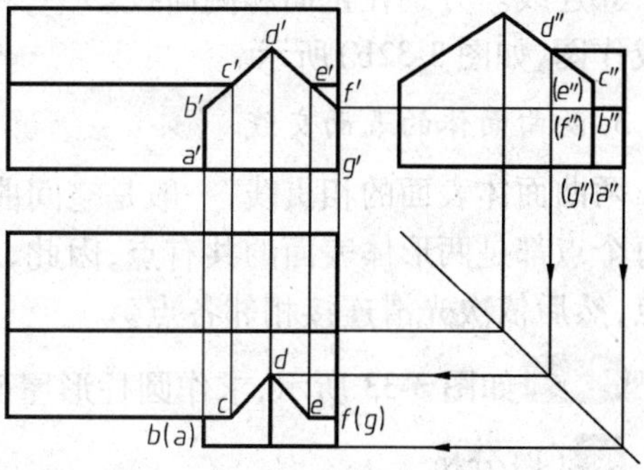

图 3-31　高低房屋的表面交线

2. 平面体与曲面体的表面交线

平面体与曲面体相交，其交线是由几段平面曲线组成的空间曲线。如图 3-32a）所示的圆锥薄壳基础，每段曲线是平面体上的棱面与曲面体的截交线；每两段曲线的交点即平面体上棱线与曲面体的贯穿点（直线与体表面的交点）。由此可见，求作平面体与曲面体的表面交线，可归结为求截交线和贯穿点的问题。

例 3-9　如图 3-32 所示，求作圆锥形薄壳基础的表面交线。

解（1）分析

如图 3-32 所示，圆锥形薄壳基础可看成由四棱柱和圆锥相交。四棱柱的四个棱面平行于圆锥轴线，它们与圆锥表面的交线为四段双曲线。四段双曲线的连接点就是四棱柱四条棱线与锥面的交点。由于四棱柱的四个棱面是铅垂面，所以交线的水平投影与四棱柱的水平投影重合。

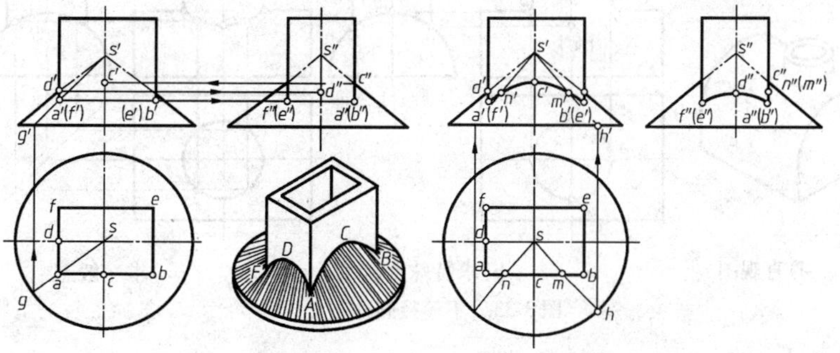

a）求特殊点　　b）求一般点

图 3-32　圆锥形薄壳基础的表面交线

(2)作图

①求特殊点。如图3-32a)所示，先求四棱柱四条棱线与锥面的交点 A、B、E、F。可由已知的四个点的水平投影如 a、b，用素线法求得 a'、b'和 a''、b''；再求出四棱柱前棱面和左棱面与锥面交线（双曲线）的最高点 C、D，可由点 C 的侧面投影 c''求得 c 和 c'，再由 D 点的正面投影 d'求得 d 和 d''。

②求一般点。如图3-32b)所示，同样用素线法求得对称的一般点 M、N 的正面投影 m'、n'。

③连线。分别在正面和侧面投影中，将求得的各点 a'、n'、c'、m'、b'和 f''、d''、a''依次连接，完成作图，如图3-32b)所示。

3. 两曲面体的表面交线

两曲面体表面的相贯线，一般是空间曲线，特殊情况下可能是平面曲线或直线。相贯线上的每个点都是两形体表面的共有点，因此，求作两曲面体的相贯线时，通常是先求出一系列共有点，然后依次光滑连接相邻各点。

例3-10 如图3-33所示，求作圆柱形屋面与其上圆柱形烟囱的表面交线。

解 (1)分析

如图3-33a)所示圆柱形屋面上有一圆柱形烟囱（不等径圆柱正交），可将它们看成是两个大小不同的轴线垂直相交的圆柱体相贯，相贯线为封闭的空间曲线。由于直立小圆柱的水平投影有积聚性，水平大圆柱（半圆柱）的侧面投影有积聚性，所以相贯线的水平投影与小圆周重合，侧面投影与大圆周（部分）重合。因此，需要求作的仅是相贯线的正面投影。

(2)作图

作图方法如图3-33b)、c)所示。

①求特殊点。水平圆柱的最高素线与直立圆柱的最左、最右素线的交点 A、B 是相贯线上的最高点，也是最左、最右点，a'、b'，a、b 和 a''、b''均可直接作出；直立圆柱的最前、最后素线与水平圆柱表面的交点 C、D 是相贯线上最低点，也是最前、最后点，c''、d''，c、d 可直接作出，再由 c''、d''和 c、d 求得 c'、d'，如图3-33b)所示。

②求一般点。利用积聚性，在侧面投影和水平投影上定出 e''、f''和 e、f，再由 e''、f''和 e、f 作出 e'、f'。光滑连接各点即为相贯线的正面投影，如图3-33c)所示。

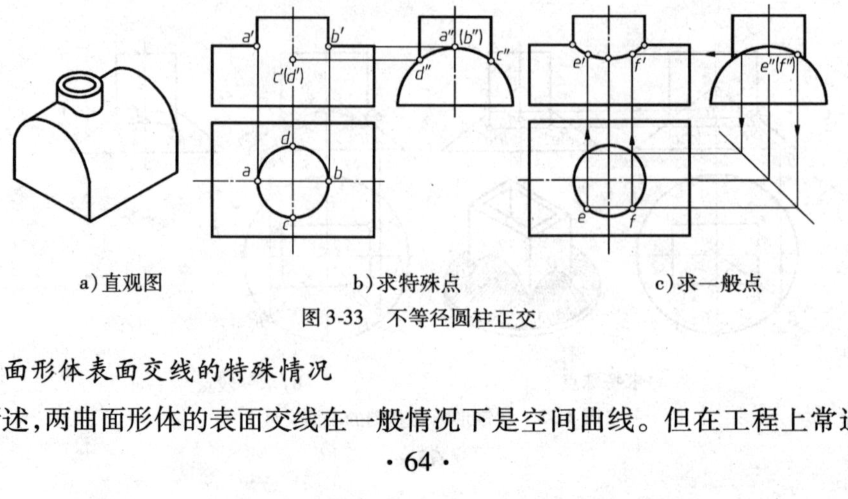

a)直观图　　b)求特殊点　　c)求一般点

图3-33　不等径圆柱正交

4. 两曲面形体表面交线的特殊情况

如前所述，两曲面形体的表面交线在一般情况下是空间曲线。但在工程上常遇到两个回转曲面相交的特殊情况，如圆柱面、圆锥面等二次曲面，如果两个回转曲面共同外切于圆球时，这两个回转曲面的表面交线为二次平面曲线而不是空间曲线。常见的特殊情况有下列三种。

（1）具有同轴的回转体相交时，其表面交线为垂直于该轴线的圆，如图3-34所示。其中图3-34c）所示为一水塔造型。

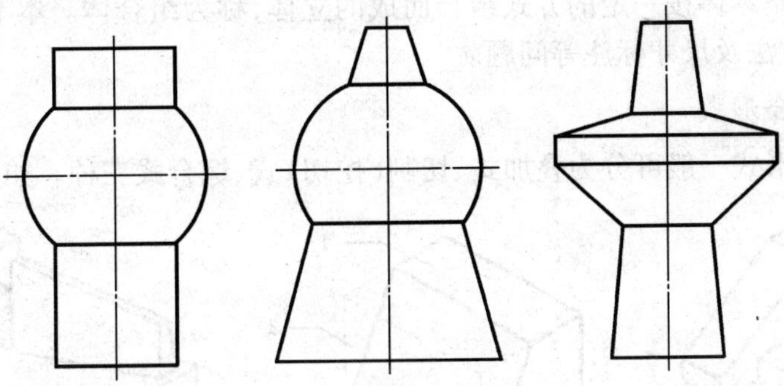

a）柱球相贯　b）锥球相贯　c）锥锥相贯

图3-34　同轴回转体相交

（2）两个回转曲面相交，且具有公共内切圆球时，其表面交线为平面曲线。如两等径圆柱正交时，交线为两个大小相等的椭圆，如图3-35a）所示。当两等径圆柱斜交时，表面交线为两个长轴不相等，而短轴相等的椭圆，如图3-35b）所示。当圆柱与圆锥轴线相交，且有公共内切圆球时，表面交线也是一对椭圆，如图3-35c）所示。

（3）当两圆柱面的轴线平行或两圆锥面共锥顶时，表面交线为直线（即素线），如图3-36所示。

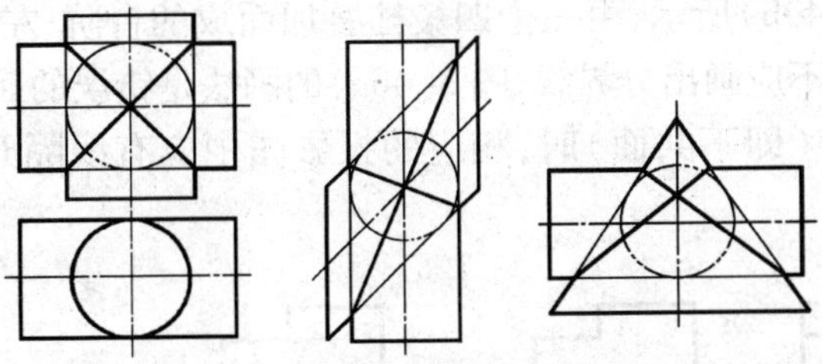

a）柱柱相交　b）柱柱斜交　c）柱锥正交

图3-35　具有公切圆球的曲面体相交

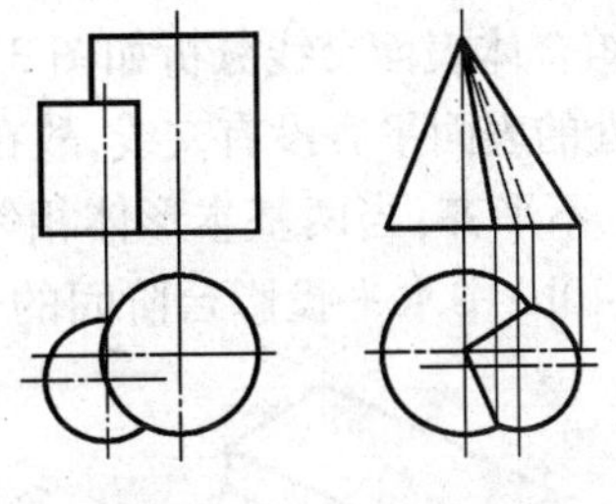

a）柱柱轴线平行　b）锥锥共锥顶

图3-36　曲面体轴线平行、两圆锥面共锥顶

建筑工程上常用的十字拱屋面，就是由两等径圆柱面正交所构成，如图3-37所示。此外，两回转曲面相交还用于管道连接等，如图3-38所示。

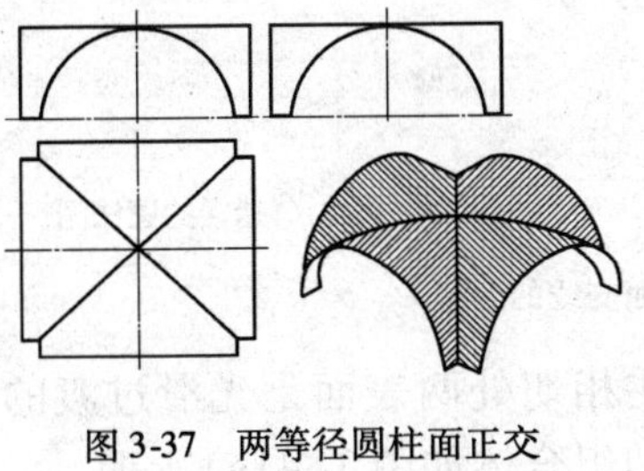

图3-37　两等径圆柱面正交

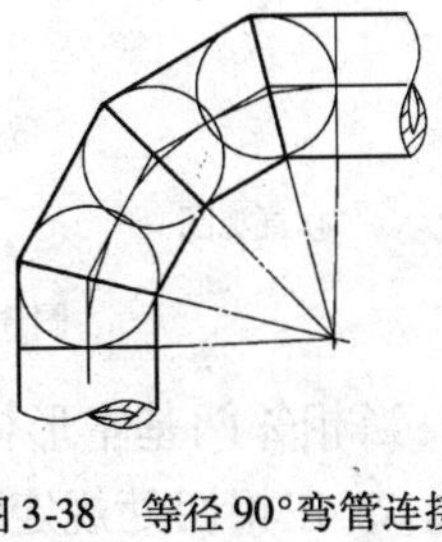

图3-38　等径90°弯管连接

第三节　组合体的投影

任何复杂的工程构件，从形体角度来看，都可以看成是由一些基本几何体组合而成，这种由两个或两个以上基本体按一定的方式组合而成的立体，称为组合体。本节将介绍组合体投影图的绘制、识读方法及尺寸标注等问题。

1. 组合体的组合形式

组合体的组合形式一般可分为叠加式、切割(挖切)式、综合式三种。如图 3-39 所示。

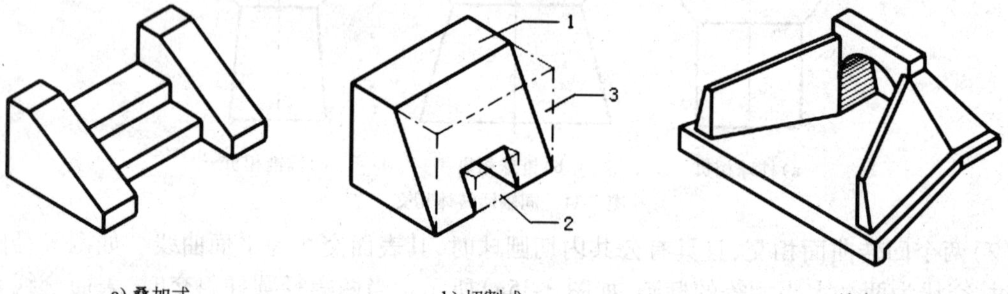

a) 叠加式　　b) 切割式　　c) 综合式

图 3-39　组合体的组合形式

2. 组合体表面交接处的连接关系

组合体表面交接处的连接关系，可分为平齐、不平齐、相切、相交四种。

(1) 平齐：当两基本形体相邻表面平齐(即共面)时，相应投影图中间应无分界线，平齐与不平齐组合体表面交线分析如图 3- 40a)、图 3- 40b)所示，由三个四棱柱叠加而成的台阶，左侧面结合处的表面平齐没有交线，故在侧面投影中不应画出分界线，图 3- 40c)的画法是错误的。

(2) 不平齐：当两基本形体相邻表面不平齐(即不共面)时，相应的投影图中应有线隔开，如图 3- 40b)中水平投影台阶间的分界线。

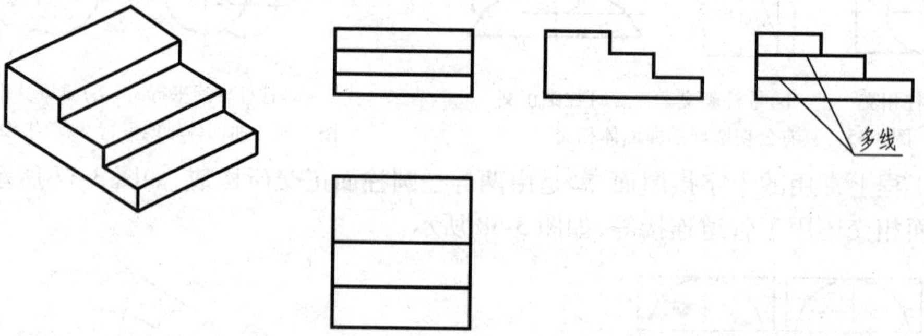

a) 直观图　　b) 投影图　　c) 错误的画法图

图 3- 40　平齐与不平齐组合体表面交线的分析

(3) 相切：当相邻两基本形体的表面相切时，由于在相切处两表面是光滑过渡的，不存在明显的分界线，故在相切处规定不划分界线的投影，相切组合体如图 3- 41a)所示。

(4)相交:当相邻两基本形体的表面相交时,在相交处会产生各种形状的交线,应在投影图相应位置处画出交线的投影,相交组合体的表面交线如图3-41b)所示。

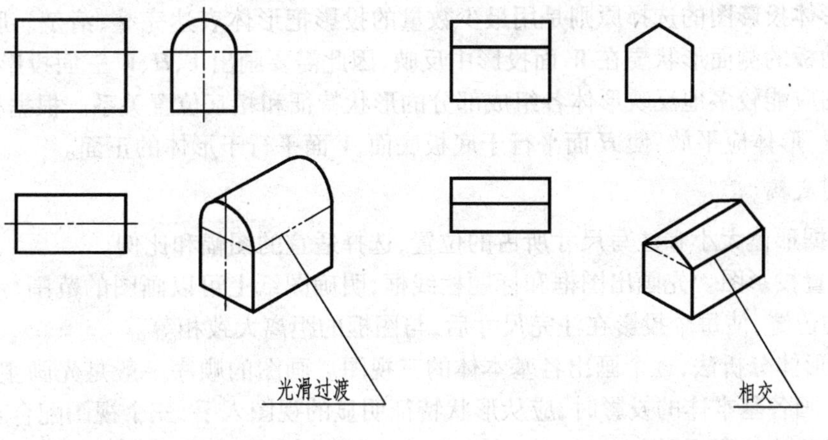

a)两基本形体表面相切　　b)两基本形体表面相交

图3-41　相切、相交组合体表面交线的分析

一 组合体投影图的画法

画组合体投影图的基本方法是形体分析法。所谓的形体分析法就是:假想将组合体分解成几个基本体,分析它们的形状、相对位置、组合形式和表面交线,将基本体的投影图按其相互位置进行组合,便得到组合体的投影图。

现以肋式杯形基础[图3-42a)]为例,将画工程形体投影图的步骤说明如下。

1.形体分析

如图3-42所示,肋式杯形基础的形体,可以看成由四棱柱底板、中间四棱柱(其中挖去一楔形块)和六块梯形肋板叠加组成。四棱柱在底板中央,前后各肋板的左、右外侧面与中间四棱柱左、右侧面共面,左、右两块肋板在四棱柱左、右侧面的中央,如图3-42b)所示。

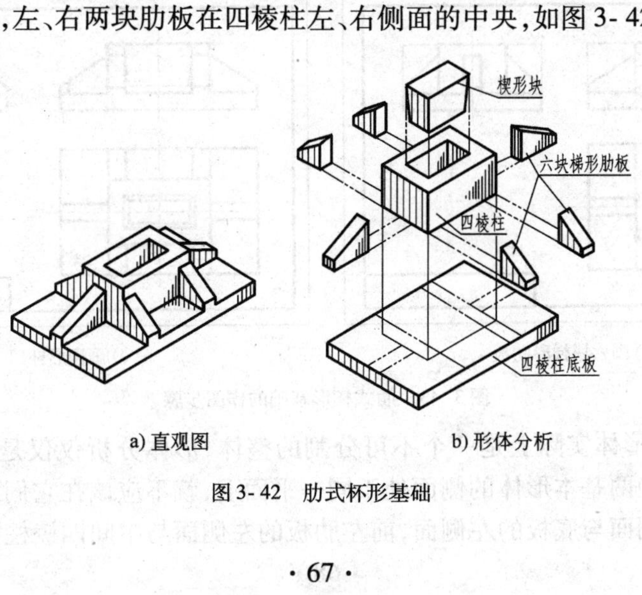

a)直观图　　b)形体分析

图3-42　肋式杯形基础

2. 选择视图

视图选择包括两个方面，一是选择视图数量，二是选择正面投影方向。

工程形体投影图的选择原则是用最少数量的投影把形体表达完整、清楚。肋式杯形基础由于前后肋板的侧面形状要在 W 面投影中反映，因此需要画出 V、H、W 三面投影。

正面图应能较多地反映形体各组成部分的形状特征和相互位置关系。根据杯形基础在房屋中的位置，形体应平放，使 H 面平行于底板底面，V 面平行于形体的正面。

3. 绘制底稿

(1)根据形体大小和注写尺寸所占的位置，选择适宜的图幅和比例。

(2)布置投影图。先画出图框和标题栏线框，明确图纸上可以画图的范围，然后大致安排三个投影的位置，使每个投影在注完尺寸后，与图框的距离大致相等。

(3)按形体分析法，逐个画出各基本体的三视图。画图的顺序一般是先画主要部分，后画次要部分。画各基本体的投影时，应从形状特征明显的视图入手，三个视图配合着画。按此原则依次画出四棱柱底板[图 3-43a)]、中间四棱柱[图 3-43b)]、六块梯形肋板[图 3-43c)]和楔形杯口[图 3-43d)]的三面投影。在 V 面、W 面的投影中杯口是看不见的，应画成虚线。

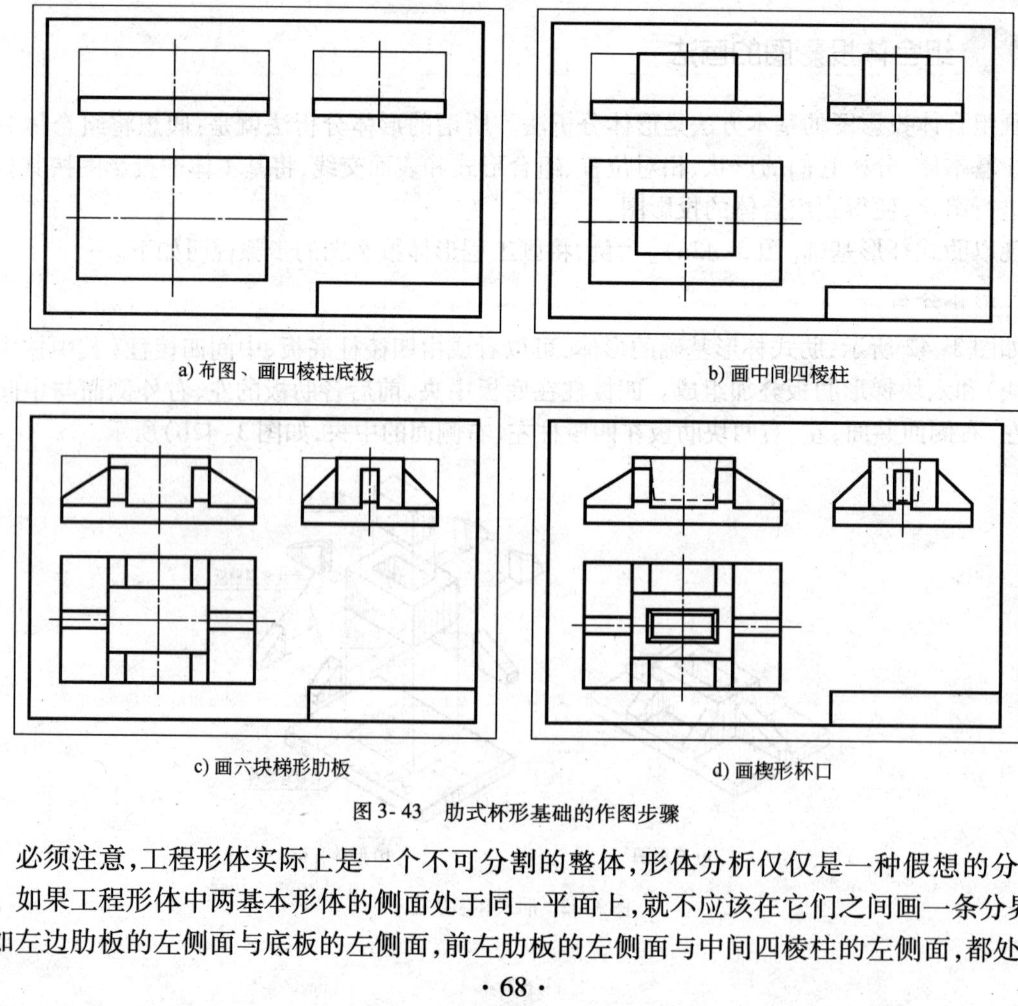

a) 布图、画四棱柱底板　　b) 画中间四棱柱

c) 画六块梯形肋板　　d) 画楔形杯口

图 3-43　肋式杯形基础的作图步骤

必须注意，工程形体实际上是一个不可分割的整体，形体分析仅仅是一种假想的分析方法。如果工程形体中两基本形体的侧面处于同一平面上，就不应该在它们之间画一条分界线。例如左边肋板的左侧面与底板的左侧面，前左肋板的左侧面与中间四棱柱的左侧面，都处在同

一个平面上，它们之间都不应画交线。

4. 检查、加深图线

经检查无误之后，按各类线宽要求，用较软的B芯铅笔进行加深。

5. 标注尺寸

标注方法和步骤详见“组合体投影图的尺寸标注”。

6. 完成全图

最后填写标题栏内各项内容，完成全图。

所画的投影图，要求投影关系正确，尺寸标注齐全，布置均匀合理，图面清洁整齐，线型粗细分明，字体端正无误，符合“国标”规定。

二 组合体投影图的尺寸标注

标注组合体尺寸的常用方法仍是形体分析法。首先把工程形体分解成若干个基本立体，先标注每一基本立体的尺寸，然后标注工程形体的总体尺寸。

（一）基本体的尺寸标注

组合体是由基本体组成的，熟悉基本体的尺寸注法是组合体尺寸标注的基础。

基本体一般要标注出长、宽、高三个方向的尺寸（即底面大小和高度），如图3-44所示为常见的几种基本体（定形）尺寸的注法。

（二）截切体与相贯体的尺寸标注

截切体与相贯体除了应注出组成该形体的基本体的尺寸外，截切体还需再注出其切口尺寸，即形成切口截平面的定位尺寸，如图3-45a）、图3-45b）中的h_1、h_2、h_3、b等；相贯体则需再注出组成该相贯体的各基本体之间的相对位置尺寸，如图3-45c）中的h_4；图中带“×”的尺寸不应标注。

（三）组合体的尺寸标注

1. 尺寸种类

（1）定形尺寸

组成工程形体的各基本形体大小的尺寸称为定形尺寸。基本形体形状简单，只要注出它的长、宽、高或直径，即可确定它的大小。尺寸一般注在反映该形体特征的实形投影上，并尽可能集中地注在一两个视图上。

（2）定位尺寸

确定各基本形体在工程形体中相对位置的尺寸称为定位尺寸。

（3）总体尺寸

确定形体外形的总长、总宽、总高的尺寸称为总体尺寸。

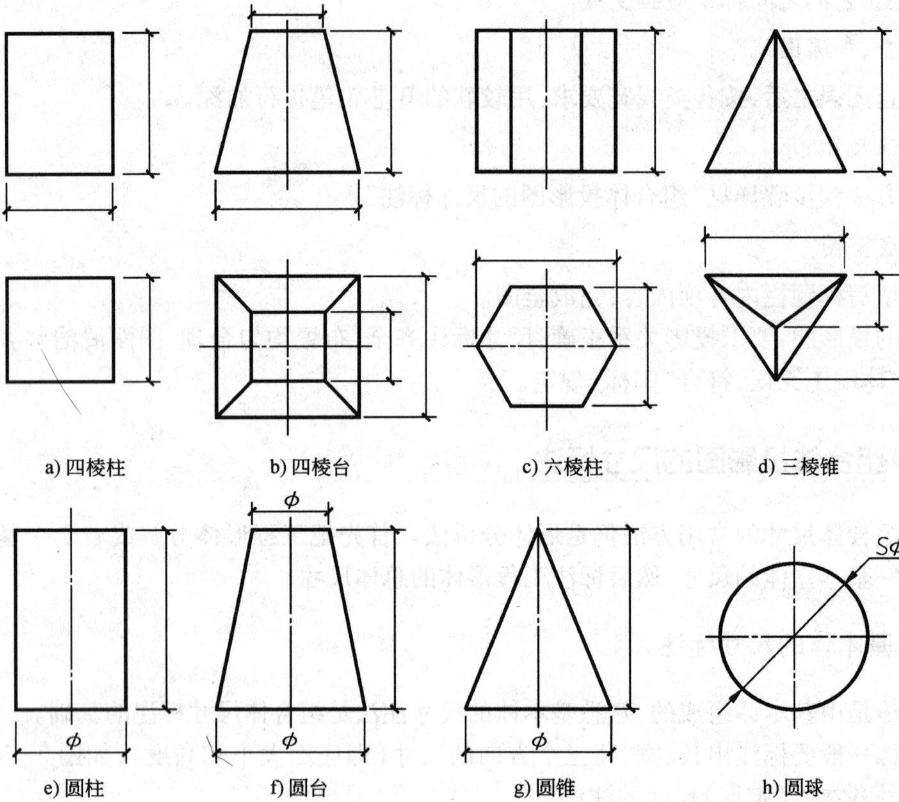

图 3-44　基本体的尺寸注法

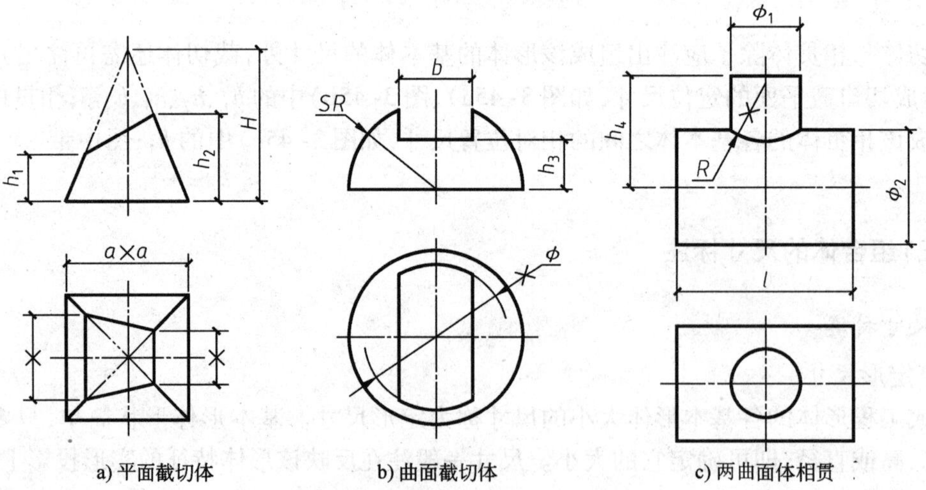

图 3-45　截切体与相贯体的尺寸标注

2. 标注示例

下面以图 3-46 所示的肋式杯形基础为例，介绍标注尺寸的步骤。

(1)标注定形尺寸

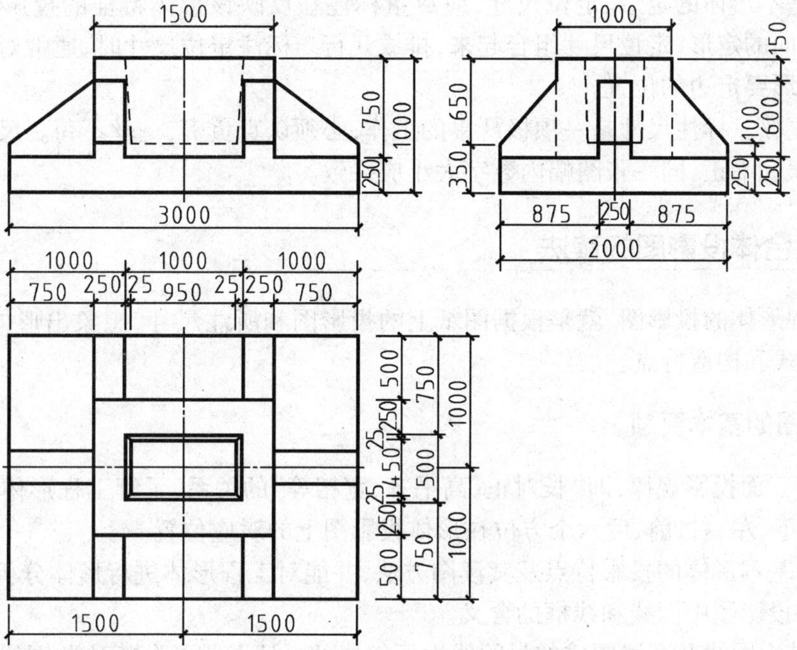

图3-46 肋式杯形基础的尺寸标注

肋式杯形基础各基本形体的定形尺寸是:四棱柱底板长3000、宽2000和高250;中间四棱柱长1500、宽1000和高750;前后肋板长250、宽500、高600和100;左右肋板长750、宽250、高600和100;楔形杯口上底1000×500、下底950×450、高650和杯口厚度250等。

(2)标注定位尺寸

先要选择一个或几个标注尺寸的起点(基准)。由于形体左右、前后对称,因此可选择对称中心线作为标注长度和宽度方向的尺寸基准。高度方向则可选择底面或顶面为尺寸基准。

如图3-46所示基础的中间四棱柱的长、宽、高定位尺寸是750、500、250;杯口距离四棱柱的左右侧面250,距离四棱柱的前后侧面250。杯口底面距离四棱柱顶面650,左右肋板的定位尺寸是宽度方向875,高度方向250,长度方向因肋板的左右端面与底板的左右端面对齐,不用标注。同理,前后肋板的定位尺寸是750、250。

对于基础,还应标注杯口中线的定位尺寸,以便施工,如图3-46平面图中所标注的“1500、1500”和“1000、1000”。

(3)标注总体尺寸

基础的总长和总宽即底板的长度3000与宽度2000,不用另加标注。总高尺寸为1000。

(4)尺寸配置

确定了应标注哪些尺寸后,还应考虑尺寸如何配置才能达到明显、清晰、整齐等要求。除遵照“国标”的有关规定外,还要注意如下几点。

①尺寸标注要齐全,不要到施工时仍需计算和度量。

②一般应把尺寸布置在图形轮廓线之外(图3-46),但又要靠近被标注的基本形体。对某些细部尺寸,允许标注在图形内。

③同一基本形体的定形、定位尺寸，应尽量标注在反映该形体特征的投影图中，并把长、宽、高三个方向的定形、定位尺寸组合起来，排成几行。标注定位尺寸时，通常对圆形要定圆心的位置，多边形要定边的位置。

④检查复核。标注尺寸是一项极严肃的工作，必须认真负责，一丝不苟。尺寸数字的书写必须正确无误和端正，同一张图幅内数字大小应一致。

三 组合体投影图的读法

阅读工程形体的投影图，就是根据图纸上的投影图和所注尺寸，想象出形体的空间形状、大小、组合形式和构造特点。

(一)读图的基本要领

(1)掌握三面投影规律，即"长对正、高平齐、宽相等"的关系，了解工程形体的长、宽、高三个方向和上、下、左、右、前、后六个方位在形体投影图上的对应位置。

(2)掌握基本形体的投影特点及其读图方法，并能对工程形体进行形体分析。

(3)弄清投影图中图线和线框的含义。

投影图是由图线及图线围成的封闭线框所组成的。读图就是分析这些图线及线框表示的是哪些空间几何元素的投影，进而想象出所表达形体的空间形状。

①投影图中一条图线的几何含义(图3-47)

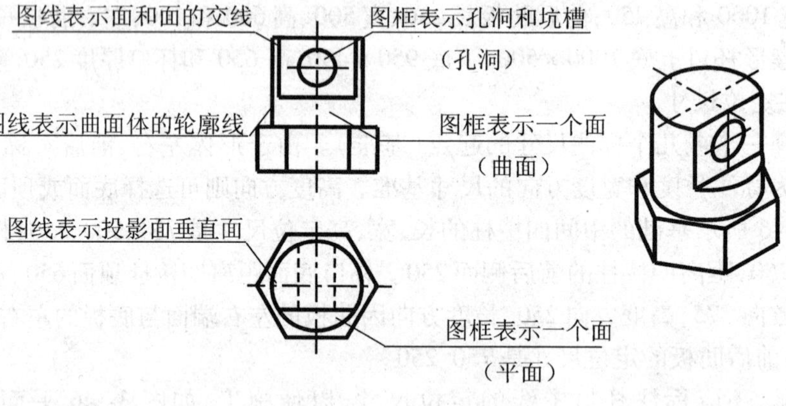

图3-47　图线与图框的含义

a. 面和面交线的投影；

b. 曲面体轮廓素线的投影；

c. 投影面垂直面的积聚投影。

②投影图中一个封闭线框的几何含义(图3-47)

a. 形体上一个面(平面、曲面)或两个相切的面的投影；

b. 孔洞或坑槽的投影。

(4)将几个投影图联系起来。

形体的单面投影不能唯一确定其形状和大小。因此，看图时必须把所有投影图联系起来进行分析。

图3-48所示的三组投影图,他们具有相同的正面投影,但水平投影不同,因而分别表示不同形状的形体。

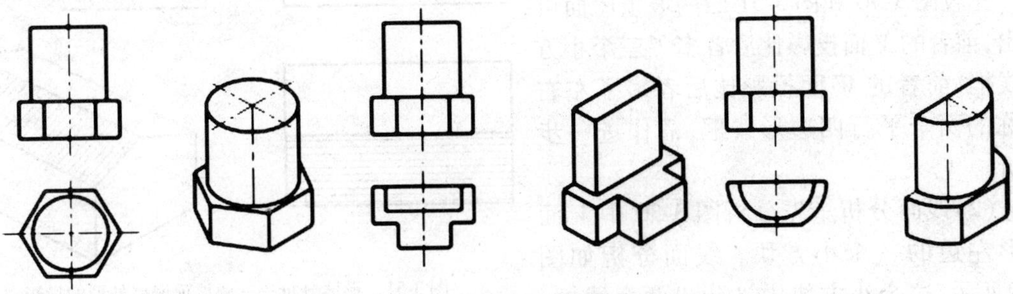

图3-48 两视图确定立体

图3-49所示的三组投影图,他们具有相同的正面投影和水平投影,但侧面投影不同,所表示形体的形状也不同。

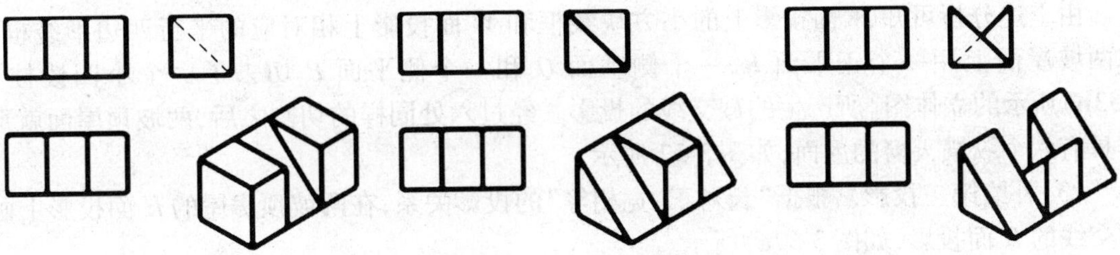

图3-49 三视图确定立体

(二)读图的基本方法和步骤

读图的基本方法如下。

1. 形体分析法(着眼点是体)

从形体的概念出发,先大致了解组合体的形状,再将投影图按线框假想分解成几个部分,运用三视图的投影规律,逐个读出各部分的形状及相对位置,最后综合起来想象出整体形状。

2. 线面分析法(着眼点是体上的面)

根据线面的投影特征,分析线、面的形状和相对位置关系,想象出形体形状(在采用形体分析法的基础上,对局部比较难看懂的部分,可采用此法帮助看图)。

读图步骤总的来说一般是先概略后细致,先形体分析后线面分析,先外部后内部,先整体后局部,再由局部回到整体。最后加以综合,以获得对该工程形体的完整形象。

例3-11 试根据建筑形体的 V 面、W 面投影(图3-50),补绘其 H 面投影。

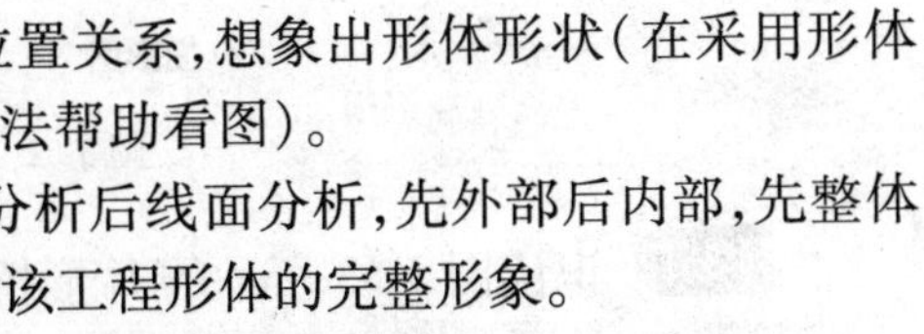

图3-50 建筑形体的 V 面、W 面投影

解

读图步骤如下:

(1)形体分析。根据如图3-50所示的房屋外形

轮廓线的 V 面、W 面投影分析，可以想象这是一个两坡顶的房屋，其投影如图 3-51 所示。

比较图 3-50 和图 3-51 的两坡顶屋面可看出，前者的 V 面投影比后者多了三个小方块线框，前者的 W 面投影比后者多了左右对称的两个平行四边形线框，需作进一步分析。

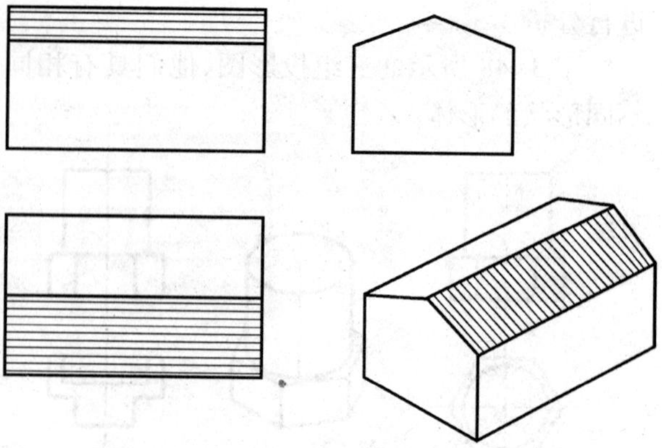

图 3-51　形体分析——两坡顶房屋外形的投影

(2) 线面分析。先分析图 3-50 中 V 面投影左边的一个小方块。线面分析如图 3-52所示，这个小方块内又分成两个线框，上面一个线框 r'，根据“高平齐”的投影关系，对应于 W 面投影上一条竖直线的 r'' 可知这是一个正平面 R。小方块内下面一个线框 q'，对应 W 面投影上一条斜线，可知这是一个侧垂面 Q。小方块线框右边的竖直线 p'，与 W 投影上的平行四边形 p'' 对应，可知这是一个侧平面 P。

由上述分析可知，V 面投影上的小方块线框和 W 面投影上相对应的平行四边形线框，是在两坡屋面上用一个正平面 R、一个侧垂面 Q 和一个侧平面 P 切去了一个小四棱柱［图 3-53b）所示的立体图］所产生的截交线的投影。经过六处同样的切割之后，两坡顶屋面就形成了具有六个纵横天窗的屋面，如图 3-52 所示。

(3) 补绘第三投影。根据“长对正、宽相等”的投影关系，在两坡顶房屋的 H 面投影上画出截交线的 H 面投影，如图 3-52a）所示。

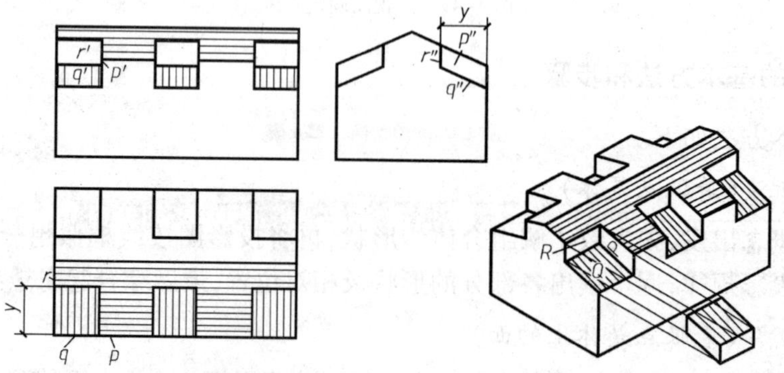

a) 投影图　　b) 直观图

图 3-52　线面分析——补绘 H 面投影

例 3-12 识读图 3-53 所示的 U 形桥台的三面投影图，想象出其空间形状。

解

(1) 对形体进行分析。从 V 面投影入手，看出该桥台分为基础、台身两部分，对照平面图可知，下部基础是一个长方体，上部台身是一个 L 形棱柱挖切出 U 形缺口。

(2) 对上部台身的 U 形缺口处进行分析。该缺口在 H 面投影为两个 U 形，可知该 U 形缺口是在原 L 形棱柱的基础上挖切去两个长方体，这两个长方体在 V、W 面的投影都为两矩形框，而两矩形框的中间都夹有一梯形框，为弄清此处的形状及位置，需对该处的线框进行分析。

(3)对面进行分析。如图3-53a)所示，由 *H* 面投影入手，我们可以看到线框1、线框2、线框3都为梯形，I面和II面在 *V* 面投影1′和2′也为梯形，而在 *W* 面投影1″和2″为倾斜直线，由此可知I面和II面为侧垂面；III面在 *W* 面投影3″为梯形，而在 *V* 面投影3′为倾斜直线，可知III面为正垂面；I面、II面、III面空间形状都为梯形，如图3-53b)所示。

(4)综合想象U形桥台的空间形状，如图3-53b)所示。

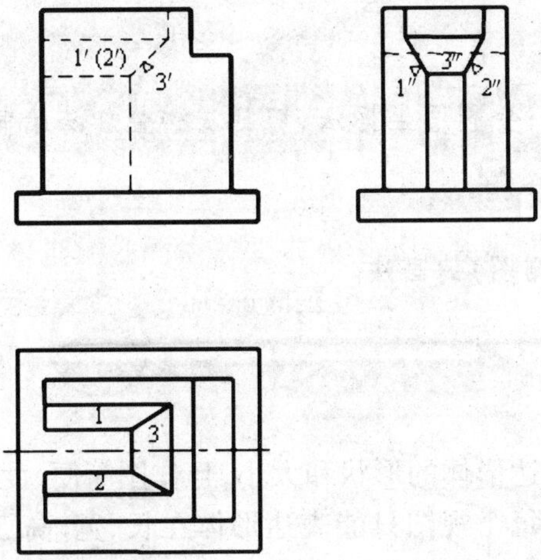

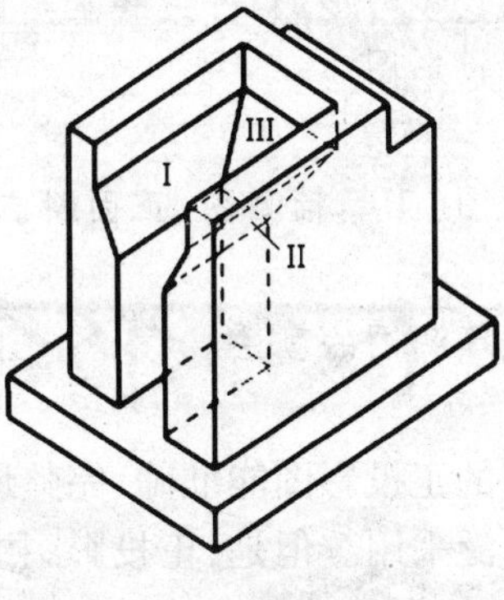

图3-53 识读U形桥台

本章小结

本章主要介绍了基本体的种类、视图特征与投影图的画法；立体表面上点、直线的投影的求法；截交线、相贯线的概念，各种截切体、相贯体投影图的画法；组合体的组合形式，表面交接处的连接关系，组合体投影图的画法、尺寸标注及识读方法。

截交线、相贯线的画法是本节的难点之一，但因截交线、相贯线均为立体表面上的线，所以求截交线和相贯线可以归结为求立体表面上点、直线的投影，因此需要熟练掌握从属性法、积聚性法和辅助线法的运用。

画组合体的投影图时，需要弄清楚其组合形式及表面交接处的连接关系(平齐、不平齐、相切、相交)；识读组合体投影图时，在运用形体分析法的同时，要注意弄清投影图中每条图线和每个线框的含义，即要掌握线面分析法的运用。

第四章　轴测投影图

[学习要求]

了解轴测投影的形成、种类和基本性质；会利用坐标法、切割法和叠加法绘制正等轴测投影图及斜轴测投影图。

[重点]

常用轴测图(正等轴测图、正面斜二轴测图)的画法。

[难点]

曲面体正等测图的画法。

前面介绍的正投影图能准确、完整地表达形体的形状和大小，且作图简便、度量性好，所以在工程上被广泛采用。但是，正投影图中的每个视图只能表达形体在长、宽、高三个方向中的两个方向的尺寸，因此缺乏立体感，不易读懂。所以工程上常用具有立体感的轴测图作为辅助图样，以便能更直观地了解工程建筑物的结构形状。如图 4-1b)所示的图形就是图 4-1a)所示的正投影图所表达形体的轴测图。

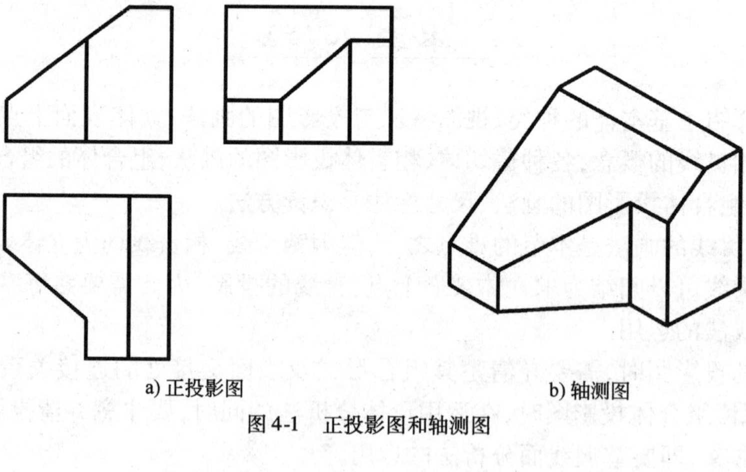

a) 正投影图　　b) 轴测图

图 4-1　正投影图和轴测图

第一节　轴测投影的基本知识

一　轴测投影的形成

轴测投影的形成如图 4-2 所示，将形体连同确定形体长、宽、高方向的空间直角坐标轴一起，沿不平行于任一坐标面的方向，用平行投影法将其向单一投影面 P 进行投影所得的图形，称为轴测投影或轴测图。

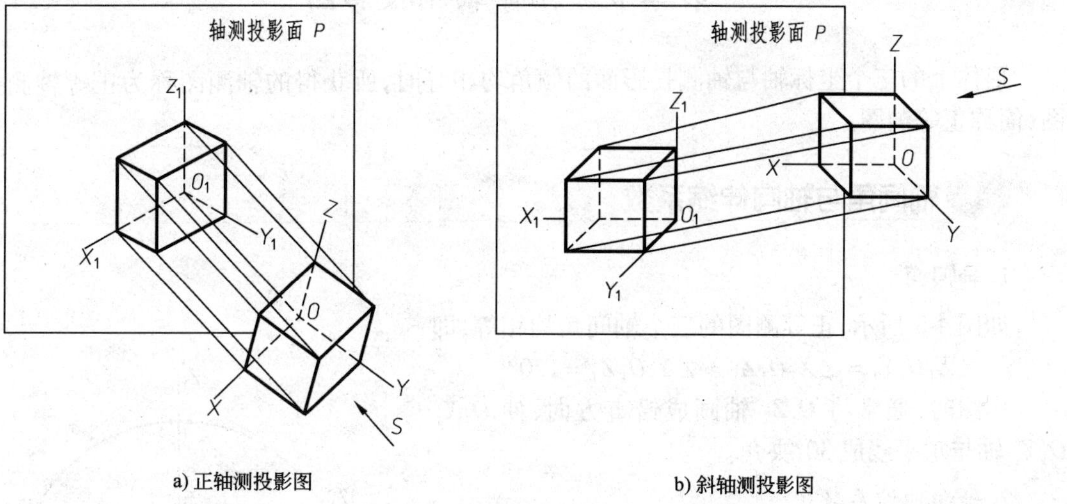

图 4-2　轴测投影的形成

(1)轴测投影面:P 面。

(2)轴测轴:空间直角坐标轴 OX、OY、OZ 在 P 面上的投影 O_1X_1、O_1Y_1、O_1Z_1。

(3)轴间角:轴测投影轴之间的夹角 $\angle X_1O_1Y_1$、$\angle Y_1O_1Z_1$、$\angle X_1O_1Z_1$。

(4)轴向伸缩系数:轴测轴上的单位长度与相应空间直角坐标轴上单位长度的比值。OX、OY、OZ 轴的轴向伸缩系数分别用 p、q、r 表示,即:

$$p=\frac{O_1X_1}{OX},\quad q=\frac{O_1Y_1}{OY},\quad r=\frac{O_1Z_1}{OZ}$$

二　轴测投影的种类

根据投影方向的不同,轴测投影可分为两类:

(1)正轴测投影:将形体放斜(立体上的坐标面均与 P 面倾斜),用正投影法投影;

(2)斜轴测投影:将形体摆正(选取立体上的坐标面与 P 面平行),用斜投影法投影。

三　轴测投影的基本性质

由于轴测投影是用平行投影法投影所得,所以具有平行投影的性质:

(1)平行性——形体上相互平行的线段在轴测投影图上仍然平行;

(2)定比性——形体上两平行线段长度之比在投影图上保持不变;

(3)真实性——形体上平行于轴测投影面的平面,在轴测图中反映实形。

由上述性质可知,凡与空间坐标轴平行的线段,其轴测投影不但与相应的轴测轴平行,且可以直接用该轴的伸缩系数度量尺寸;而不与坐标轴平行的线段则不能直接量取尺寸,“轴测”一词由此而来,即轴测图也就是“沿轴测量”所画出的图。

第二节　正等轴测投影图

形体上的三个坐标轴与轴测投影面的倾角均相等时，所获得的轴测图称为正等轴测投影图，简称正等测图。

一 轴间角与轴向伸缩系数

1. 轴间角

如图4-3所示，正等测图的三个轴间角均相等，即：

$$\angle X_1O_1Y_1 = \angle X_1O_1Z_1 = \angle Y_1O_1Z_1 = 120°$$

作图时，通常将 O_1Z_1 轴画成铅直方向，使 O_1X_1、O_1Y_1 轴与水平线成30°夹角。

2. 轴向伸缩系数

由于三个坐标轴与轴测投影面的倾角均相等，所以它们的轴向伸缩系数也相同，经计算可知：$p = q = r = 0.82$。为了作图方便，采用简化的轴向伸缩系数 $p = q = r = 1$，即凡平行于各坐标轴的尺寸都按原尺寸作图。这样画出的轴测图，其轴向尺寸都相应放大了 $1/0.82 = 1.22$ 倍，但这对所表达形体的立体效果并无影响而且作图简便。

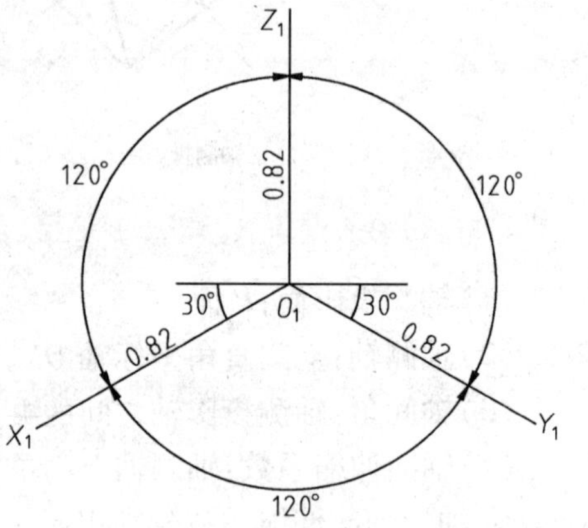

图4-3　正等测图的轴间角

二 正等轴测图的画法

（一）平面体正等测图的画法

画轴测投影图的基本方法是坐标法，实际作图时可根据形体的特征灵活运用其他方法。

坐标法是根据形体表面各点的空间坐标或尺寸，画出各点的轴测图，然后依次连接各点，即得该形体的轴测图。

通常可按下述步骤作图：

（1）根据形体的结构特点，选定坐标原点的位置，坐标原点的位置一般选在形体的对称轴线上，且放在顶面或底面处，这样有利于作图；

（2）画出轴测轴；

（3）根据形体表面上各点的坐标及轴测投影的基本性质，沿轴测轴按简化的轴向伸缩系数逐点画出，然后依次连接。为了使轴测图更直观，图中的虚线一般不画。

例4-1　如图4-4a)所示，根据正投影图画出正六棱柱的正等测图。

解　由正投影图可知，正六棱柱的顶面、底面均为水平的正六边形。在轴测图中，顶面可见，底面不可见，宜从顶面画起，且使坐标原点与正六边形的中心重合，作图步骤如图 4-4 所示。

（1）在视图上确定坐标原点及坐标轴，如图 4-4a）所示。

（2）在适当位置作轴测轴 O_1X_1、O_1Y_1，如图 4-4b）所示。

（3）作点 A、D、Ⅰ、Ⅱ 的轴测图：沿 O_1X_1 量取 M，沿 O_1Y_1 量取 S，得到点 A_1、D_1、$Ⅰ_1$、$Ⅱ_1$，如图 4-4c）所示。

（4）作点 B、C、E、F 的轴测图：过 $Ⅰ_1$、$Ⅱ_1$ 两点作 O_1X_1 轴的平行线，并量取 L 得到点 B_1、C_1、E_1、F_1，顺次连线，即完成了顶面的轴测图，如图 4-4d）所示。

（5）过 A_1、B_1、C_1、F_1 各点向下作平行于 O_1Z_1 轴的直线，分别截取棱线的高度为 H，定出底面上的点，并顺次连线，擦去多余作图线，加深轮廓线，完成作图，如图 4-4e）所示。

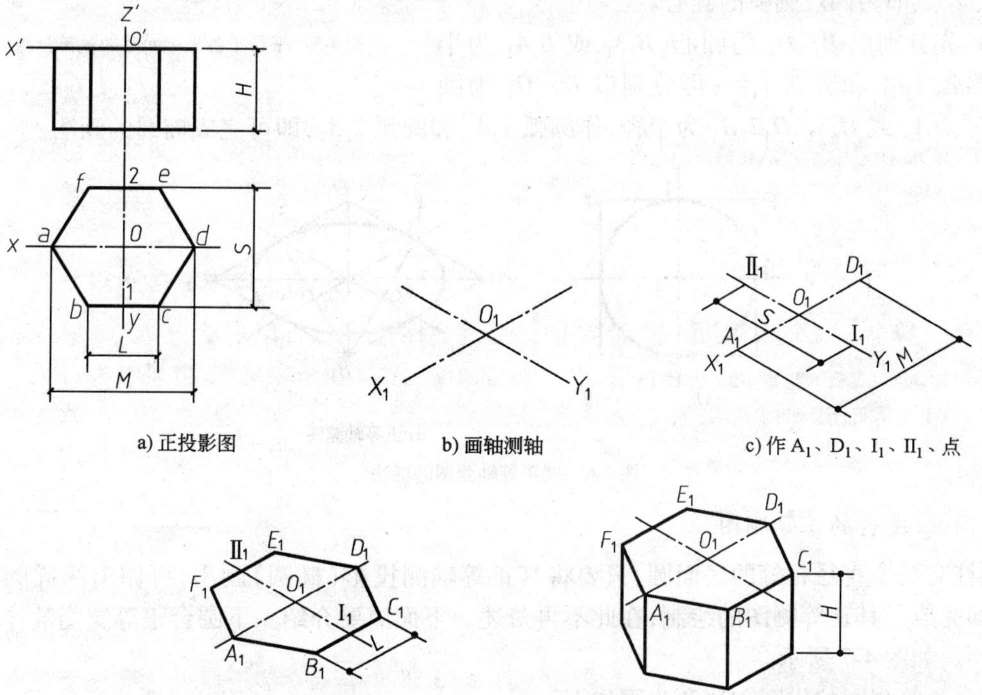

a) 正投影图　　b) 画轴测轴　　c) 作 A_1、D_1、$Ⅰ_1$、$Ⅱ_1$、点

d) 作 B_1、C_1、E_1、F_1、点　　e) 整理、描深可见轮廓图线

图 4-4　作正六棱柱的正等测图

（二）曲面体正等测图的画法

曲面体与平面体正等测图的画法基本相同，只是由于其上多有圆（圆弧）或圆角，所以，只要掌握圆或圆角正等测图的画法，就能画出曲面体的正等测图。

1. 圆的正等测图

与坐标面平行的圆或圆弧，在正等测图中成为椭圆或椭圆弧。由于各坐标面对轴测投影面的倾斜角度相等，因此，平行于各坐标面且直径相等的圆，其轴测投影均为长短轴之比相同的椭圆，如图 4-5 所示。

三个坐标面上的椭圆作法相同。工程上常用辅助菱形法(四心圆弧近似画法)作圆的轴测图。现以水平圆为例,介绍圆正等轴测图的画法,其作图方法和步骤如图4-6所示。

(1)已知平行于 H 面的圆,作其外切正方形 $abcd$。

(2)画轴测轴,作出外切正方形的正等轴测图——菱形 $A_1B_1C_1D_1$。

(3)连接两锐角顶点 A_1C_1,从钝角顶点 B_1 向对边中点(切点)3_1、4_1 连线,与 A_1C_1 交于 O_3、O_4。B_1、D_1、O_3、O_4 点即为四段圆弧的圆心。

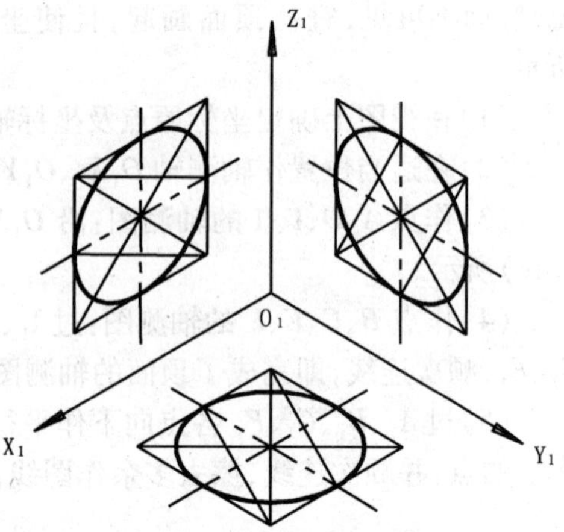

图4-5 平行于各坐标面圆的正等测图

(4)先分别以 B_1、D_1 为圆心,B_13_1 或 B_14_1 为半径,作圆弧 3_14_1 和圆弧 1_12_1;再分别以 O_3、O_4 为圆心,O_34_1、O_31_1 或 O_43_1、$O_42_1B_1$ 为半径,作圆弧 1_14_1 和圆弧 2_13_1,即可完成椭圆的画法。

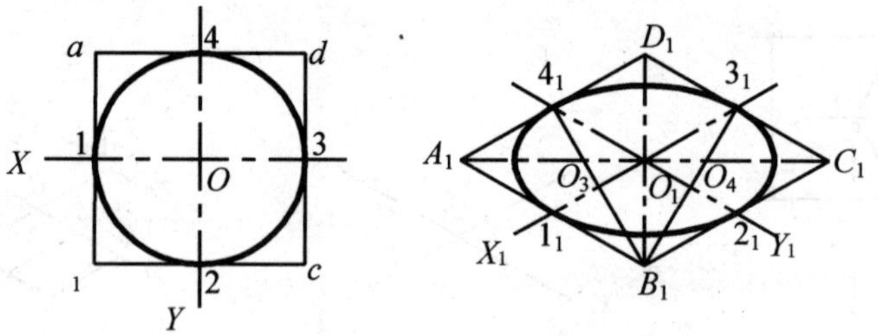

a) 正投影图　　b) 正等轴测图

图4-6 圆正等轴测图的画法

2. 圆柱、圆台的正等测图

圆柱有两个直径相等的底面圆,只要将其正等轴测投影(椭圆)画出,再作出两椭圆的公切线,即完成了其正等测图的绘制,在此不再赘述。下面简要介绍一下圆台正等测图的作图方法及步骤,如图4-7所示。

圆台正等测图的作图方法和步骤如下:

(1)画出轴测轴,作位于 YOZ 坐标面内,圆心距为 L 的左、右两底面圆的轴测图(椭圆),如图4-7b)所示;

(2)作大小两椭圆的公切线,如图4-7c)所示;

(3)整理、描深可见轮廓图线,即完成全图,如图4-7d)所示。

3. 圆角的正等测图

圆角是圆的1/4,其正等测图的画法与圆的相同,但只需作出对应的1/4菱形,找出所需的切点和圆心,画出相应的圆弧即可。

如图4-8所示为一带有圆角的底板,其圆角正等轴测图的作图方法和步骤如下。

(1)先画出不带圆角底板的轴测图(长方体),然后从顶点 C 向两边量取半径 R,得切点 A、B。

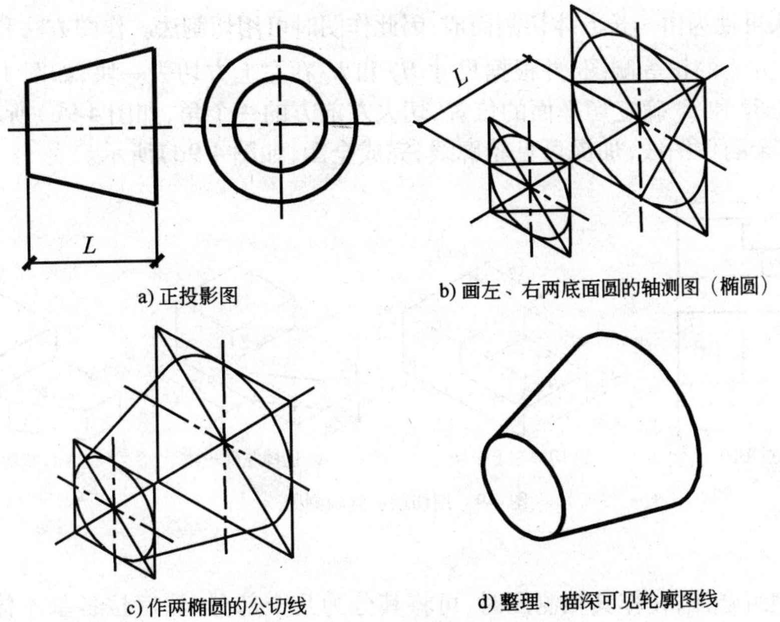

a) 正投影图　b) 画左、右两底面圆的轴测图（椭圆）

c) 作两椭圆的公切线　d) 整理、描深可见轮廓图线

图 4-7　圆台正等轴测图的画法

(2)过 A、B 点作边线的垂线,交点即为圆心 1。以圆心 1 至切点的距离为半径,作弧即得圆角的正等轴测图。

(3)用移心法将圆心和切点下移一个底板厚度的距离,可画出底板下表面的 DE 弧。

(4)右边圆角的画法与左边相同,但是须注意半径的变化。

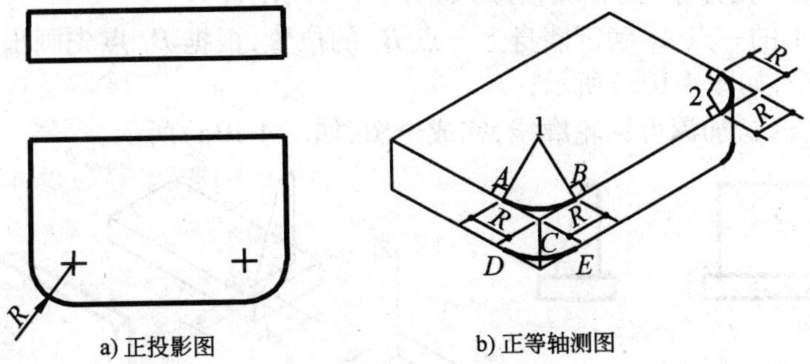

a) 正投影图　b) 正等轴测图

图 4-8　圆角正等测图的画法

(三)组合体正等测图的画法

一般组合体均可看成由基本体叠加、挖切而成,因此画组合体的轴测图时可根据其组合形式选用切割或叠加的方法作图。

1. 切割法

对于能由基本形体切割得到的形体,可以先画出基本形体的轴测投影,然后在轴测图中把切去应该去掉的部分,从而可得到所需的图形。

例 4-2 画出如图 4-9a)所示木榫头的正等测图。

解 木榫头可视为由一长方体切割而成，因此作图时可用切割法。作图方法和步骤如下：

(1)画出长方体的正等测图，并根据尺寸 H_2 和 L_3 在左上方切去一块，如图 4-9b)所示；

(2)用尺寸 B_2 和 L_2 确定切平面的位置，切去左前方的一个角，如图 4-9c)所示；

(3)擦去多余的作图线，加深可见轮廓线，完成全图，如图 4-9d)所示。

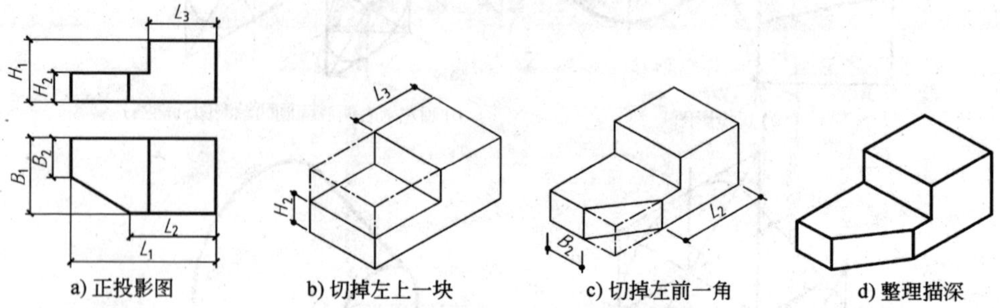

图 4-9 用切割法画轴测图

2. 叠加法

对于叠加型组合体，在作其轴测图时，可将其分为几个部分，然后按各基本体的相对位置逐一画出其轴测投影。

例 4-3 画出如图 4-10a)所示挡土墙的正等测图。

解 由图 4-10a)可知，挡土墙由基础和墙身两部分叠加而成，因此作图时可用叠加法。作图方法和步骤如下：

(1)先画出基础(长方体)的轴测投影，如图 4-10b)所示；

(2)根据基础上的一点 A_1 确定墙身上一点 B_1 的位置，根据 B_1 点先画出墙身端面的轴测投影，然后画出墙身，如图 4-10c)所示；

(3)擦去多余图线，加深可见轮廓线，完成全图，如图 4-10d)所示。

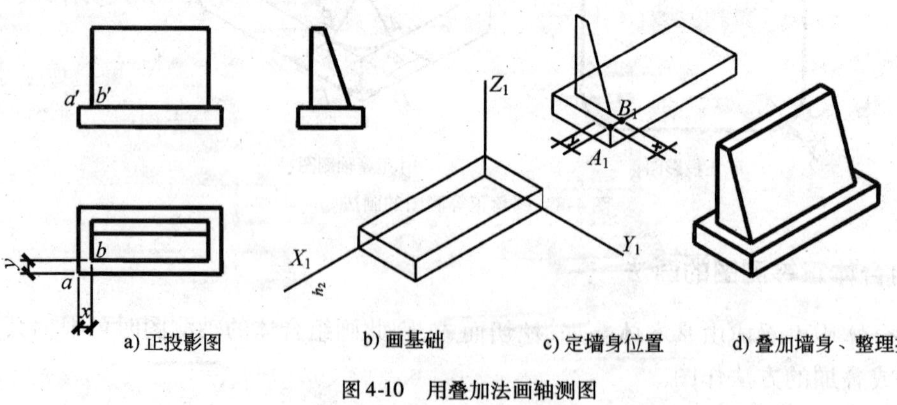

图 4-10 用叠加法画轴测图

第三节 斜轴测投影图

不改变形体对投影面的位置，而使投影方向与投影面倾斜，即得斜轴测投影图，简称斜轴测图。

一 正面斜轴测图

以 V 面作为轴测投影面所得到的斜轴测图，称为正面斜轴测图。

由于形体的 XOZ 坐标面平行于轴测投影面，因而 OX、OZ 轴的投影 O_1X_1、O_1Z_1 轴互相垂直，且投影长度不变，即轴向伸缩系数 $p=r=1$。因投影方向可有多种，故 OY 轴的投影 O_1Y_1 的方向和伸缩系数也有多种。为了作图简便，常取 O_1Y_1 轴与水平线成 45°角，正面斜轴测图的轴间角如图 4-11 所示。

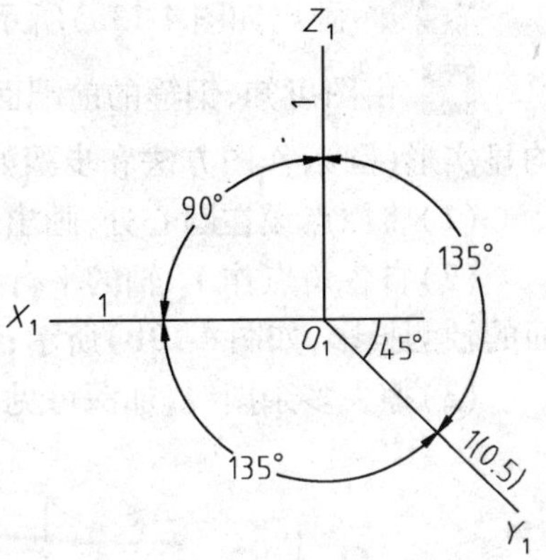

图 4-11　正面斜轴测图的轴间角

当取 $q=1$ 时作出的图称为正面斜等轴测图，简称斜等测图（三个轴的伸缩系数全相等）；若取 $q=0.5$ 作出的图称为正面斜二轴测图，简称斜二测图（两个轴的伸缩系数相等）。

斜轴测图能反映正面实形，作图简便，直观性较强，因此用得较多。当形体上的某一个面形状复杂或曲线又较多时，更适合用该法作图。

斜轴测图的作图方法和步骤与正等测图的画法基本相同，只是轴间角和轴向伸缩系数不同而已。

例 4-4 画出如图 4-12a）所示 T 形梁的正面斜等测图。

解 由图可知，由于 T 形梁的前端面与 XOZ 坐标面平行，因此其斜轴测投影显示实形。作图方法和步骤如下：

（1）画出 T 形梁前端面的实形（在 XOZ 坐标面内），如图 4-12b）所示；

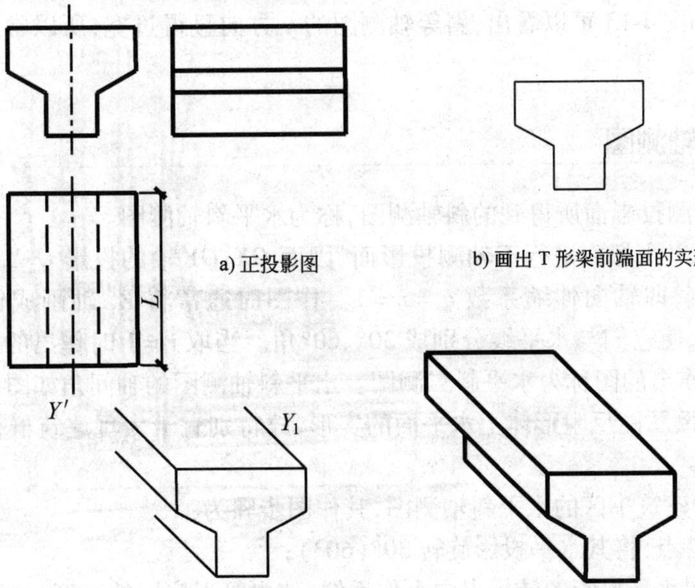

a) 正投影图　　b) 画出 T 形梁前端面的实形

c) 沿着 Y 轴方向截取梁长 L 作出后端面　　d) 整理描深

图 4-12　作 T 形梁的正面斜等测图

(2)自各角点作 Y_1 轴的平行线，再在各平行线上截取各梁长 L，画出 T 形梁后端面的轴测投影，如图 4-12c)所示；

(3)擦去多余图线，加深可见轮廓线，完成全图，如图 4-12d)所示。

例 4-5 画出如图 4-13a)所示钢箍的斜二测图。

解 由图可知，钢箍的前端面与 XOZ 坐标面平行，因此钢箍上所有圆的正面斜轴测投影均显实形(圆)，作图方法和步骤如下：

(1)将原点设在圆心处，画出钢箍前端面的实形(在 XOZ 坐标面内)，如图 4-13b)所示；

(2)自各角点作 Y_1 轴的平行线，在各平行线上取钢箍长度的一半即 $b/2$，画出钢箍的后端面的轴测投影，如图 4-13b)所示；

(3)擦去多余图线，加深可见轮廓线，完成全图，如图 4-13c)所示。

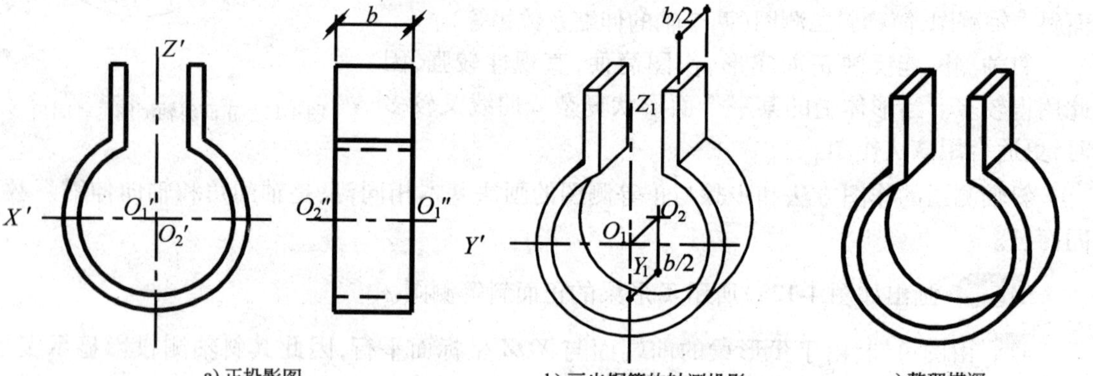

图 4-13　作钢箍的正面斜二测图

比较图 4-12 和图 4-13 可以看出，斜等轴测图的 y 方向显得过宽，所以常采用直观效果更佳的斜二测图。

二　水平斜轴测图

以 H 面作为轴测投影面所得到的斜轴测图，称为水平斜轴测图。

由于形体的 XOY 坐标面平行于轴测投影面，因而 OX、OY 轴的投影 O_1X_1、O_1Y_1 轴互相垂直，且投影长度不变，即轴向伸缩系数 $q=r=1$。作图时通常将 Z_1 轴画成铅直方向，O_1X_1、O_1Y_1 轴夹角为 90°，使它们与水平线分别成 30°、60°角。当取 $r=1$ 时作出的图称为水平斜等测图；若取 $r=0.5$ 作出的图称为水平斜二测图。水平斜轴测图的轴间角如图 4-14 所示。

由于水平斜轴测图能反映形体上水平面的实形，故特别宜于表现建筑群，如图 4-15、图 4-16 所示。

图 4-15 所示为建筑小区的水平斜轴测图，其作图步骤为：

(1)根据小区特点，将其水平投影旋转 30°(60°)；

(2)过各个房屋水平投影的转折点向上作垂线，使之等于房屋的高度；

(3)连接相应端点，去掉不可见线，即得小区的水平斜轴测图。

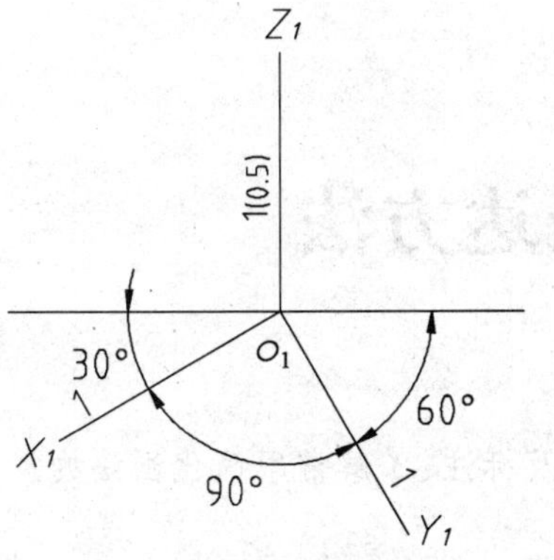

图 4-14　水平斜轴测图的轴间角

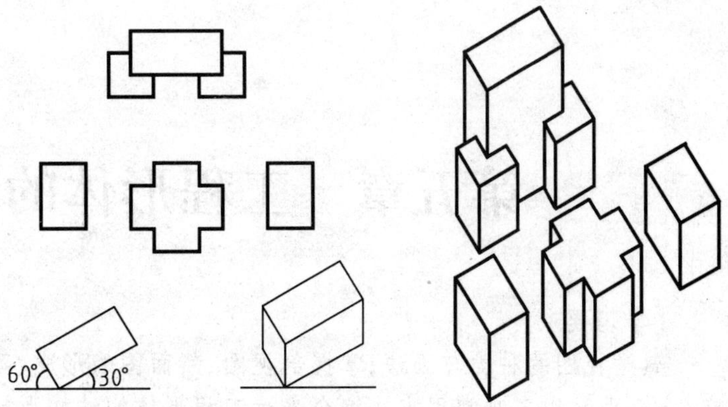

a) 已知条件及作图方法　　b) 水平斜等轴测图

图 4-15　建筑小区的水平斜等轴测图

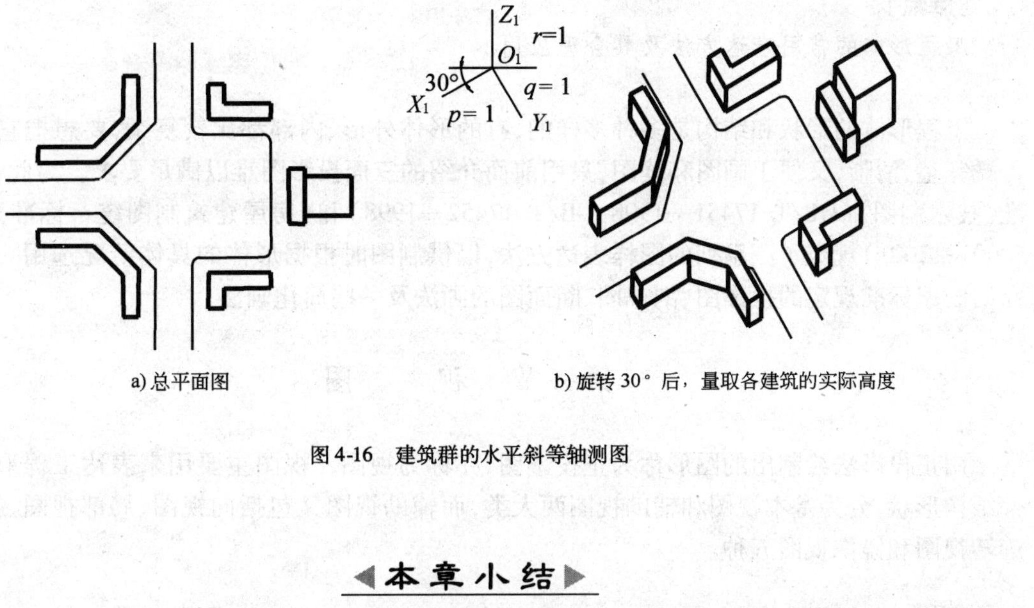

a) 总平面图　　b) 旋转 30° 后，量取各建筑的实际高度

图 4-16　建筑群的水平斜等轴测图

本章小结

本章主要讲述了轴测投影的形成、种类和基本性质；正等轴测投影图与斜轴测投影图的画法。学习该内容的目的是掌握一种直观图的画法，为进一步培养绘图和读图能力打基础。

轴测图即“沿轴测量”所画出的图，要特别注意：凡与空间坐标轴平行的线段，可以直接用该轴的伸缩系数度量尺寸，而不与坐标轴平行的线段则不能直接量取尺寸。

作图的要领是：先根据轴测图的类型，画出正确的轴测轴（注意轴间角的度数），然后根据形体的结构特点选择恰当的方法，如坐标法、叠加法、切割法等。在作图过程中，要注意沿轴用轴向伸缩系数进行测量以及轴测投影基本性质的运用。

第五章　工程形体的表达方法

[学习要求]

熟悉视图的种类与画法；掌握剖视图、断面图的形成、画法及标注；了解常用简化画法的规定；会合理运用各种常用方法综合表达工程形体的结构形状。

[重点]

剖面图、断面图的画法。

[难点]

工程形体的常用表达方法及其合理应用。

工程形体的形状和结构是多种多样的，有的形体外形、内部都比较复杂，要想把它们表达得既完整、清晰，又便于画图和读图，只用前面介绍的三面投影图难以满足要求。为此，国家标准《技术制图》(GB/T 17451—1998、GB/T 17452—1998)和《房屋建筑制图统一标准》(GB/T 50001—2001)规定了一系列的图样表达方法，以供制图时根据形体的具体情况选用。本章将介绍国家标准规定的投影图、剖视图、断面图的画法及一些简化画法。

第一节　视　　图

用正投影法绘制出的图形称为正投影图，亦称为视图。视图主要用来表达工程形体的外部结构形状，分为基本视图和辅助视图两大类，而辅助视图又包括向视图、局部视图、斜视图、旋转视图和镜像视图五种。

一　基本视图

对于形状简单的形体，一般用三个视图就可以表达清楚，但当形体的形状比较复杂时，仅用三面投影则难以表达清楚，此时就需要更多的视图才能完整表达其形状结构。如图 5-1 所示，可由不同方向投影，从而得到多个投影图。

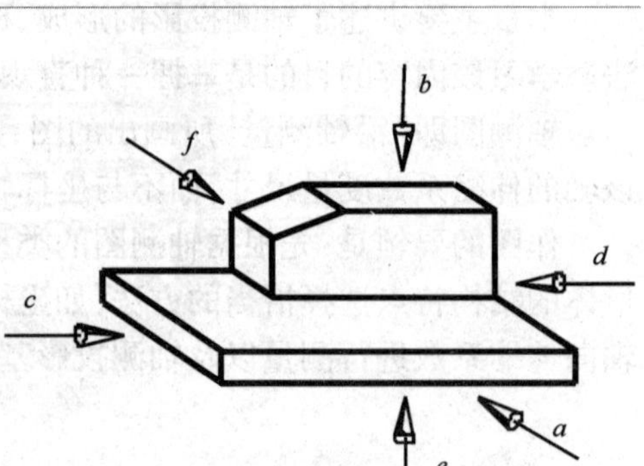

图 5-1　基本投影方向

如图 5-2 所示，在已有的三个投影面基础上，再增加三个投影面，构成由正六面体的六个面组成的基本投影面。将形体放在正六面体中，分别向六个基本投影面进行投影，所得到的投影图称为基本视图。除前面已介绍过的三个基本视图外，其他三个基本视图是：

从右向左投影，得到右视图；

从下向上投影，得到仰视图；

从后向前投影，得到后视图。

这六个基本视图，在土建施工图中习惯称为：正立面图（主视图）、平面图（俯视图）、左侧立面图（左视图）、右侧立面图（右视图）、底面图（仰视图）、背立面图（后视图）。

将六个基本视图按图5-2a）所示的方法展开使之与正立面图共面，并按图5-2b）配置基本视图时，可不标注视图名称。而如果一张图纸内画不下所有视图，可以把各视图分别画在几张图纸上，但应在视图下方标注图名。图名宜标注在图样的下方或一侧，并在图名下绘一粗实线，其长度应与图名所占长度相同。

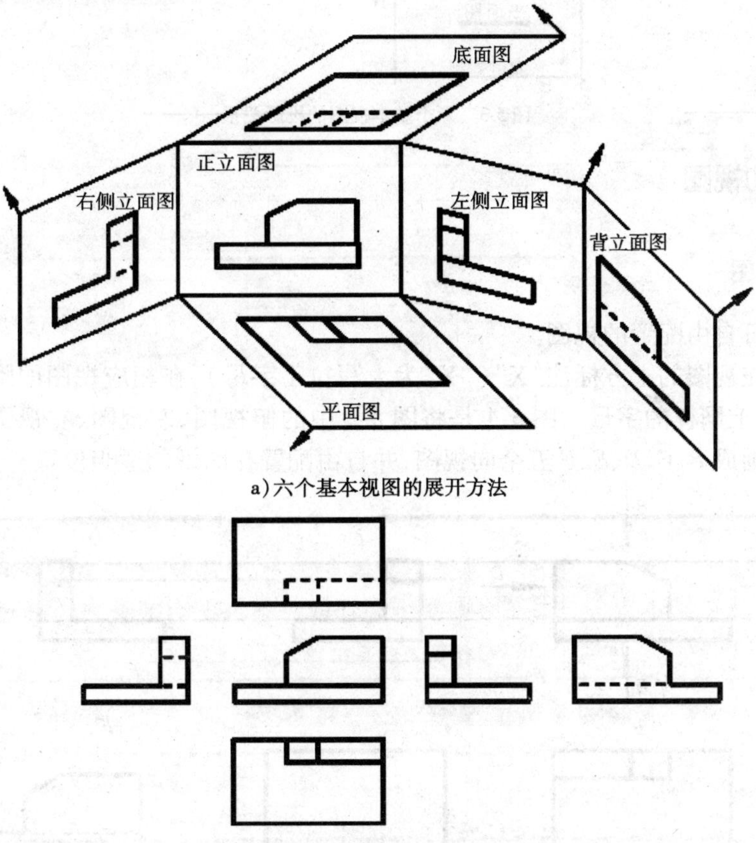

a）六个基本视图的展开方法

b）展开后的六个基本视图

图5-2　六个基本视图

六个视图的投影对应关系如图5-3所示。

（1）六个视图的度量对应关系，仍保持“三等”关系，即主、左、后、右视图等高；左、右、俯、仰视图等宽；主、后、俯、仰视图等长。

（2）六个视图的方位对应关系，除后视图外，其他视图“远离主视图”的一侧，均表示形体的前面部分。

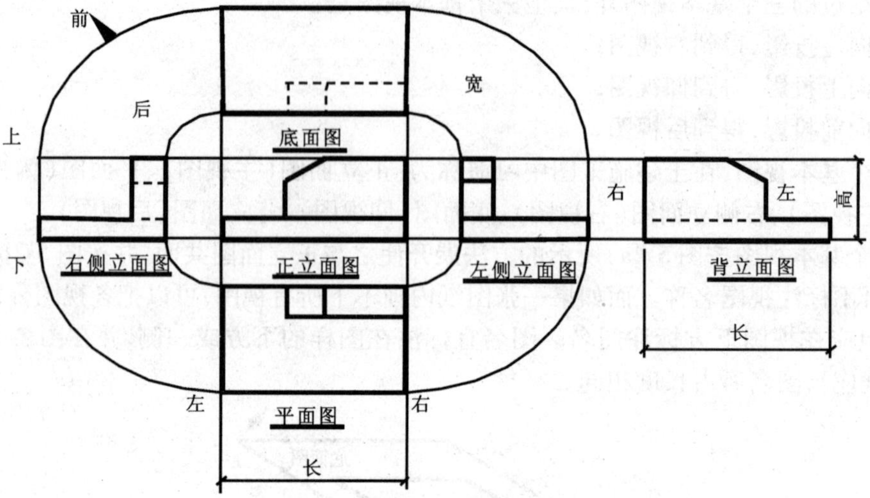

图 5-3 六个基本视图的投影关系

二 辅助视图

(一) 向视图

向视图是可自由配置的视图。

绘图时应在视图的上方标注"X"("X"为大写拉丁字母),在相应视图的附近用箭头指明投影方向,并注上同样的字母。图 5-4 是将图 5-2 中的俯视图、左视图、右视图、仰视图、后视图等五个视图画成 *B*、*C*、*D*、*E*、*F* 五个向视图,并自由配置在图纸的适当位置。

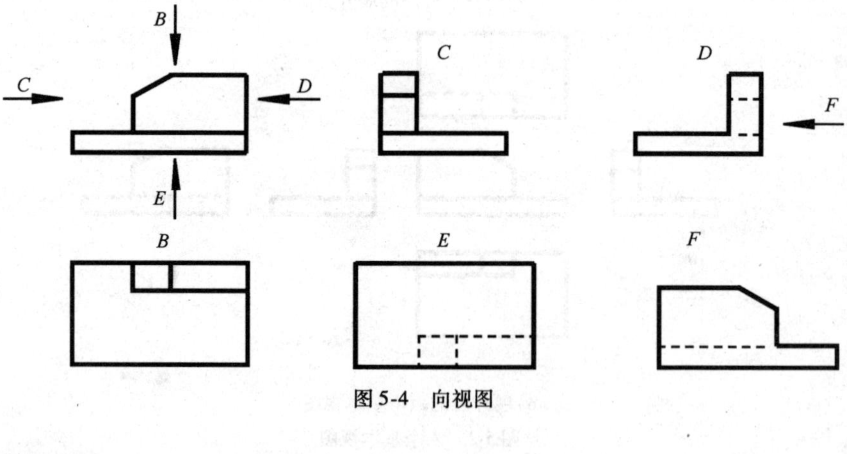

图 5-4 向视图

(二) 局部视图

如果形体的主要形状已在基本视图上表达清楚,而在某个方向尚有部分形状未表达出来,此时没有必要画出整个视图,只需在基本投影面上画出没有表达清楚的局部图形,这种将形体的某一部分向基本投影面投影所得的图形称为局部视图。

如图 5-5 所示的形体,其中视图 *A* 即为局部视图。

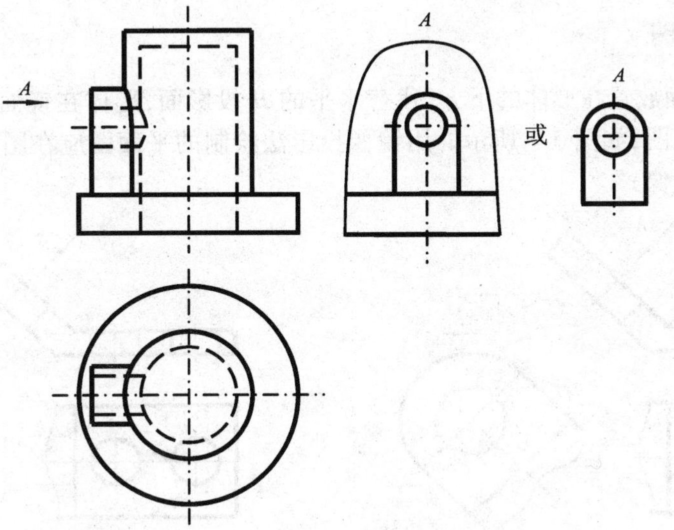

图 5-5　局部视图

画局部视图时应注意以下几点：

(1)局部视图的范围可用波浪线或双折线表示，但当表示的局部结构是完整的，且外轮廓线又成封闭时，则波浪线或双折线可以省略不画；

(2)局部视图可按基本视图的配置形式配置，也可按向视图的配置形式配置并标注；

(3)在局部视图中，表示投射方向的箭头一般应垂直于需要表示的平面；

(4)表示视图名称的大写英文字母应正写。

(三)斜视图

斜视图是将形体向不平行于任何基本投影面的平面(辅助投影面)投影所得的视图，用于表达形体上倾斜结构的真实形状，如图 5-6 中的视图 *A*。

画斜视图时应注意以下几点。

(1)斜视图只要求表达倾斜部分的局部形状，其余部分不必全部画出，可用波浪线或双折线表示其断裂边界。

(2)斜视图通常按向视图的配置形式配置并标注，如图 5-6 的视图 *A* 。必要时允许将斜视图旋转配置，此时表示该视图名称的字母应靠近旋转符号的箭头端(图 5-7)，也允许将旋转角度标注在字母之后。

(3)在斜视图中，表示投射方向的箭头一般应垂直于需要表示的平面。

(4)表示视图名称的大写英文字母应正写。

(四)旋转视图

当形体的倾斜部分具有旋转轴线时，可以假想将倾斜部分旋转到与某一选定的基本投影面平行，然后再向该投影面投影，所得到的图形称为旋转视图。如图 5-8 所示，摇杆的右臂倾斜于水平投影，可以假想把摇杆的右臂绕中间孔的轴线旋转到水平位置后，再向水平面投影画出视图。

（五）镜像视图

假想将一镜面放置在形体的下方，代替水平的 H 投影面，形体在镜面中反射得到正投影图，称之为镜像视图，如图 5-9 所示。用镜像投影法绘制的平面图应在图名后加注“镜像”二字，即“平面图（镜像）”。

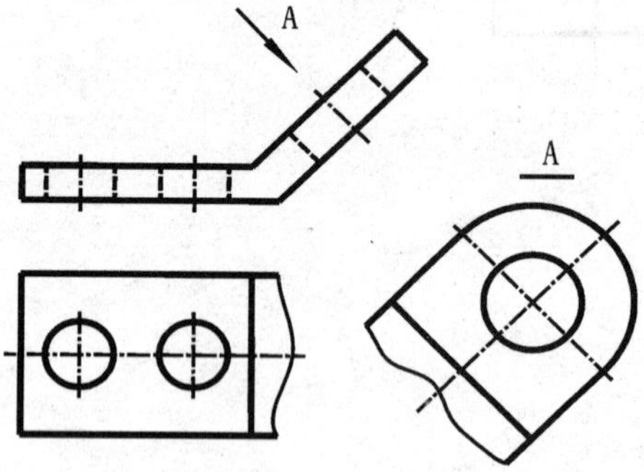

图 5-6　斜视图（向视）

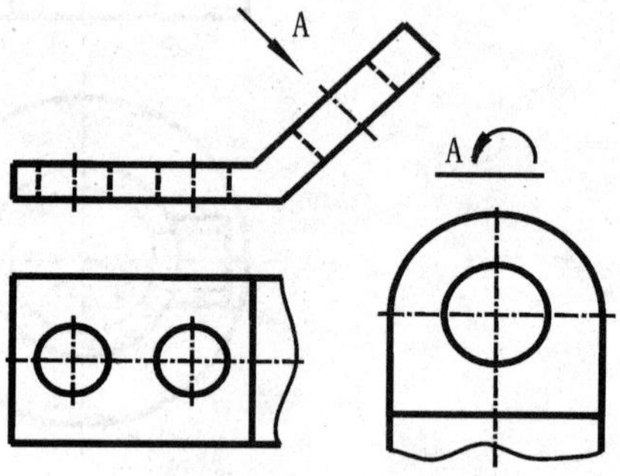

图 5-7　斜视图（旋转）

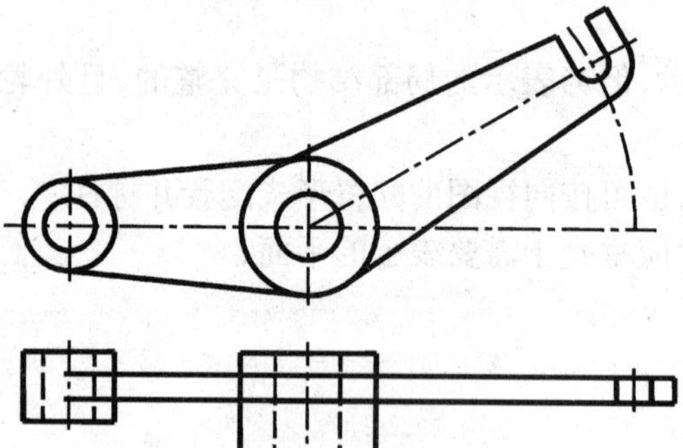

图 5-8　旋转视图

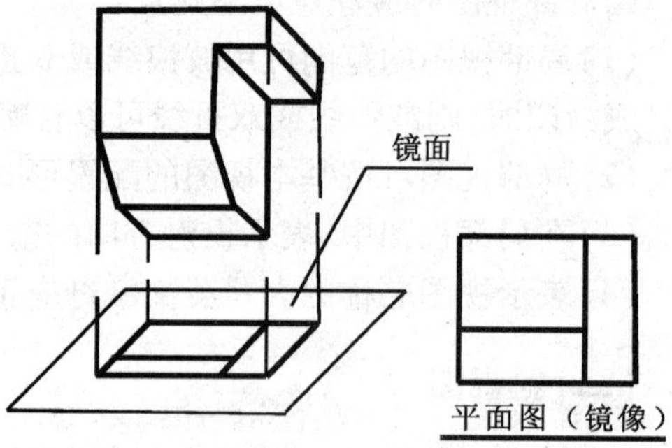

图 5-9　镜像视图

镜像视图可用于房屋的室内装饰工程图，如常用来表现吊顶（天花板）的平面布置等。

第二节　剖视图

一　剖视图的形成

在画形体的视图时，看得见的轮廓线画成实线，看不见的画成虚线。因此，当形体的内部结构比较复杂或被遮挡的部分较多时，图上就会出现较多的虚线，使得实线与虚线相互交错而混淆不清，不利于看图和标注尺寸。为了解决这一问题，工程上常采用剖切的办法，即假想用剖切面在形体的适当部位将形体剖开，移去剖切面与观察者之间的部分，而将剩余的部分向投影面投影，使原来不可见的内部结构成为可见，这样得到的投影图称为剖视图，简称剖视（房屋建筑图习惯上称剖面图）。

如图 5-10a）所示，假想用平面 P 将杯形基础切开，移去平面 P 前面的部分，画出剩余部分的投影，就得到了杯形基础的剖视图，如图 5-10b）所示。

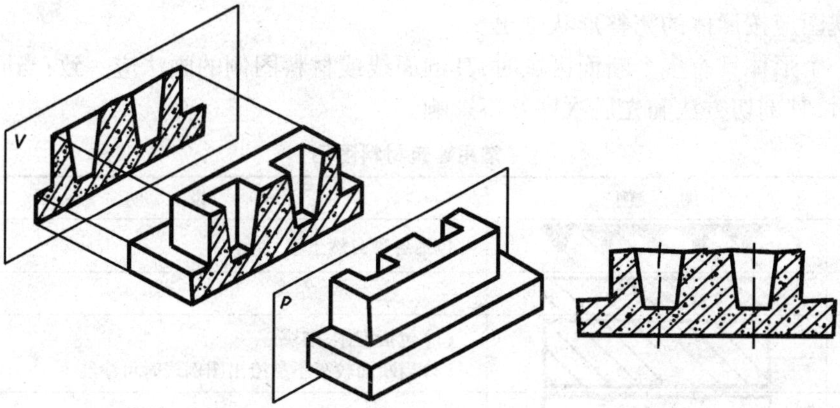

a) 剖视图的形成　　b) 剖视图

图 5-10　杯形基础的剖视图

二 剖视图的画法

1. 剖切位置

形体的剖切平面位置应根据表达的需要来确定。为了完整清晰地表达内部形状，一般来说剖切平面应通过孔、槽等不可见部分的中心线，且应平行于剖面图所在的投影面。如果形体具有对称平面，则剖切平面应通过形体的对称平面，如图 5-10a) 所示。

2. 剖视图的标注

剖视图需注出剖切符号与剖视图的名称。剖视图中的剖切符号由剖切位置线和投射方向线两部分组成。剖切位置线用 6 ~ 10mm 长的粗实线表示，投射方向线用 4 ~ 6mm 长的粗实线表示。剖视图的剖切符号不宜与图形中的其他图线相接触，剖切符号的编号可采用阿拉伯数字或字母顺次编写，并水平地注写在投射方向线的端部。剖视图的名称下方画一条粗实线，其长度以图名所占长度为准，如图5-11所示。

需要转折的剖切位置符号，在转折处为避免与其他图线发生混淆，应在转角的外侧加注与该符号相同的编号，如图 5-15 所示。

3. 材料图例

为了使剖视图层次分明，除剖视图中一般不画出虚线外，被剖切到的实体部分（即断面区域）应按照形体的材料类别画出相应的材料图例。常用的建筑材料图例见表 5-1。在未指明材料类别时，剖面图中的材料图例一律画成方向一致、间隔均匀的 45°细实线，即采用通用材料图例来表示。

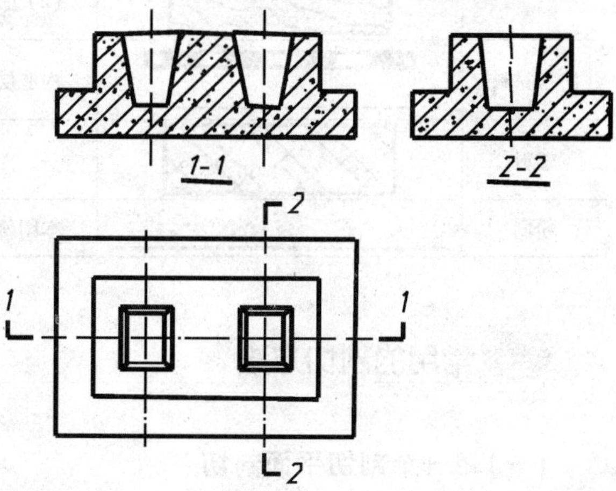

图 5-11　剖视图的标注

4. 同一形体各图形的画法

剖视图只是一种表达形体内部结构的方法，其剖切和移去一部分是假想的，因此除剖视图外的其他视图应按形体的完整形状画出。

当同一个形体具有多个断面区域时，其剖面线或材料图例的画法应一致；当同一个形体被多次剖切时，其剖切方法和先后次序互不影响。

常用建筑材料图例 表 5-1

名　称	图　例	说　明
自然土壤		包括各种自然土壤
夯实土壤		—
普通砖	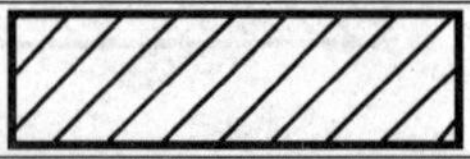	(1)包括砌体、砌块； (2)当断面较窄不易绘出图例线时可涂红
混凝土		(1)本图例指能承重的混凝土及钢筋混凝土； (2)包括各种强度等级、骨料添加剂的混凝土； (3)在剖面图上画出钢筋时，不要画图例线； (4)断面图形小、不易画出图例线时，可涂黑
钢筋混凝土		
饰面砖		包括铺地砖、马赛克、陶瓷棉砖、人造大理石等
砂、灰土	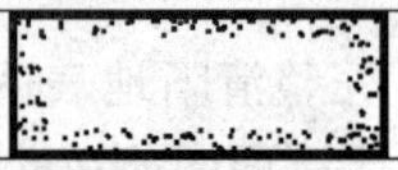	靠近轮廓线绘较密的点
毛石		—
金属		(1)包括各种金属 (2)图形小时，可涂黑
木材		(1)上图为横断面，上左图为垫木、木砖或木龙骨； (2)下图为纵断面
防水材料		构造层次多或比例较大时，采用上面图例
塑料		—
粉刷		本图例采用较稀的点

三 常用的剖切方法

（一）用一个剖切平面剖切

1. 全剖视图

用一个平行于基本投影面的剖切平面，将形体全部剖开后画出的图形称为全剖视图。全剖视图适用于外形简单、内部结构复杂的形体。

如图 5-12 所示的洗手池，采用通过洗手池内孔的中心且分别与 V 面和 W 面平行的两个剖切平面对它进行剖切，从而得到 1-1 和 2-2 两个剖视图。

全剖视图一般应标注出剖切位置线、投影方向线和剖视图编号,如图 5-12 所示。但当剖切位置经过对称面时,也可以省略标注。

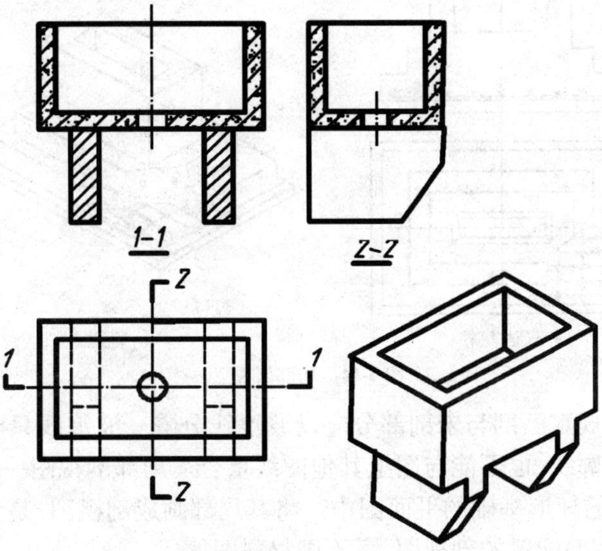

图 5-12　全剖视

2. 半剖视图

当形体具有对称平面时,在垂直于该对称平面的投影面上投影所得到的图形,可以以对称中心线为界,一半画成剖面图,另一半画成外形视图,这样组合而成的图形称为半剖视图,如图 5-13 所示。半剖视图适用于内外结构都需要表达的对称形体。

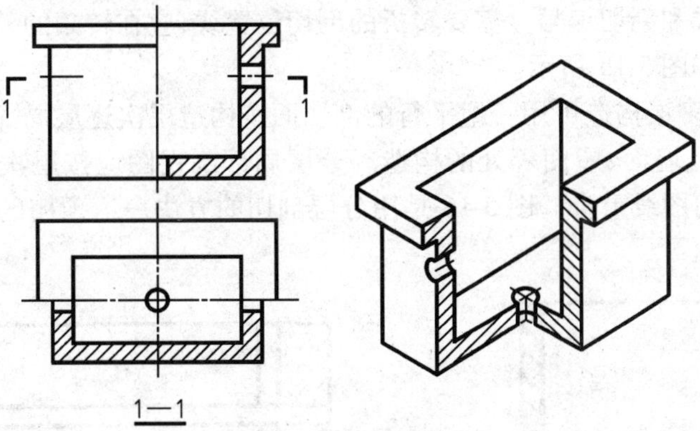

图 5-13　半剖视图

在半剖视图中,规定以形体的对称中心线作为剖视图与外形视图(一般不再画虚线)的分界线。当对称中心线为铅垂线时,习惯上将剖视面图画在中心线右侧;当对称中心线为水平线时,剖视图画在中心线下方。半剖视图外形图上可不画出虚线。半剖视图的标注方法与全剖视图的标注方法相同。

3. 局部剖视图

将形体局部剖开后投影所得的图形称为局部剖视图,如图 5-14 所示。局部剖视图适用于内外结构都需要表达，且又不具备对称条件或仅局部需要剖切的形体。

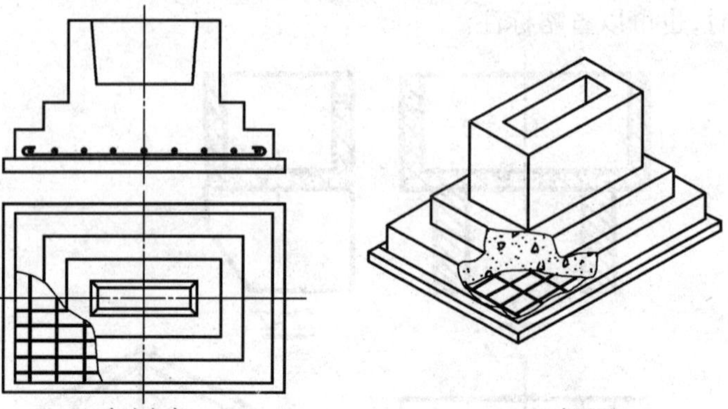

a) 表达方案　　b) 直观图

图 5-14　局部剖视图

在局部剖视图中，规定已剖与未剖部分应以波浪线分隔。波浪线只能画在形体的实体部分上，且既不能超出轮廓线，也不能与图上其他图线重合。局部剖视图一般不需要标注。

在如图 5-14 所示的杯形基础的平面图中。将其局部画成剖视图，是为了表达基础内部钢筋的配置情况。表明钢筋配置的剖视图，可不画材料图例。

（二）用两个或两个以上平行的剖切平面剖切

当形体内部结构层次较多，用一个剖切面无法全部剖到时，可用两个或者两个以上相互平行的剖切平面按需要将该形体剖开，画出的剖视图通常称为阶梯剖视，如图 5-15 所示。

由于剖切是假想的，在作阶梯剖时不应画出两剖切面转折处的交线。阶梯剖必须标注剖切位置线、投影方向线和剖切编号。需要转折的剖切位置线，应在转角的外侧加注与该剖视剖切符号相同的编号，如图 5-15 所示。

建筑物结构层的多层构造可用一组平行的剖切面按构造层次逐层局部剖开。这种方法常用来表达房屋的地面、墙面、屋面等处的构造。分层局部剖视图应按层次以波浪线将各层隔开，波浪线不应与任何图线重合。图 5-16 是用分层剖切的方法表示顶棚的构造做法和所用材料的情况。

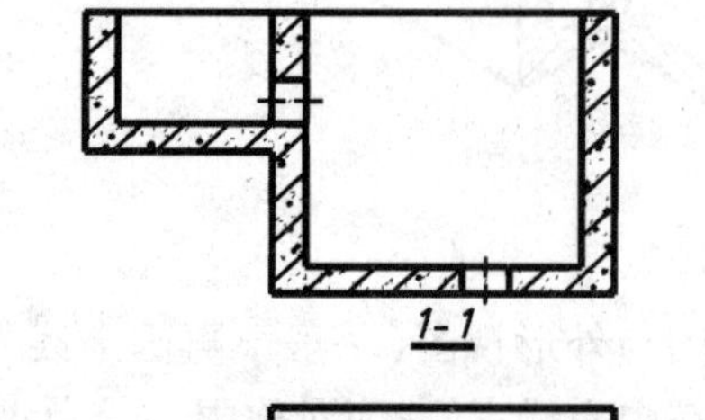

图 5-15　阶梯剖视图

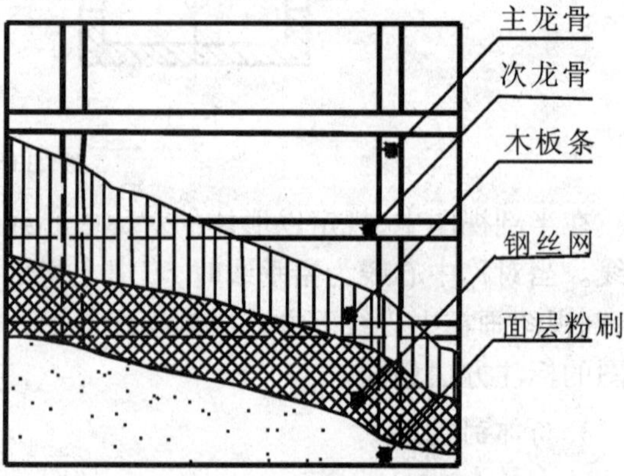

图 5-16　分层局部剖视图

(三)用两个或两个以上相交的剖切平面剖切

采用两个或两个以上相交的剖切面将形体剖开，并将倾斜于投影面的断面及其所关联部分的形体绕剖切面的交线(投影面垂直线)旋转至与投影面平行后再进行投影，这样得到的剖视图通常称为旋转剖视，如图5-17所示。

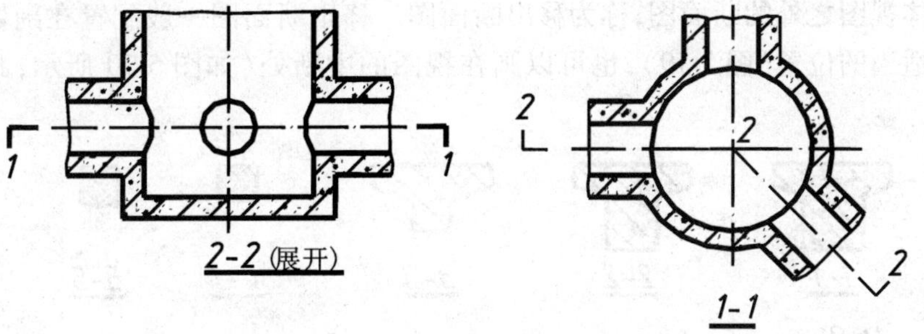

图5-17 用两个相交的剖切平面剖切

旋转剖适用于内外主要结构具有理想的回转轴线的形体，而轴线恰好又是两剖切面的交线，且两剖切面一个应是剖面图所在投影面的平行面，另一个是投影面的垂直面。旋转剖视图必须标注剖切位置线、投影方向线和剖切编号，且在图名的后面应加上"展开"二字，如图5-17所示。

第三节 断 面 图

一 断面图的形成

假想用剖切平面将形体上需要表达的位置切断后，仅把截断面投影到与之平行的投影面上，所得到的图形称为断面图，简称断面，如图5-18所示。

断面图与剖视图的区别如下。

(1)剖视图是形体剖切之后剩下部分的投影，是体的投影。断面图是形体剖切之后断面的投影，是面的投影。因此说，剖视图中包含了断面图。

(2)剖视图可用两个或两个以上的剖切平面进行剖切，断面图的剖切平面通常只能是单一的。

(3)剖视图的标注用剖切位置线、投影方向线和编号来表示；而断面图则只画剖切位置线与编号，用编号的注写位置来代表投影方向，即编号注写在剖切位置线哪一侧，就表示向哪一侧投射，如图5-18中的1-1、2-2断面图所示。

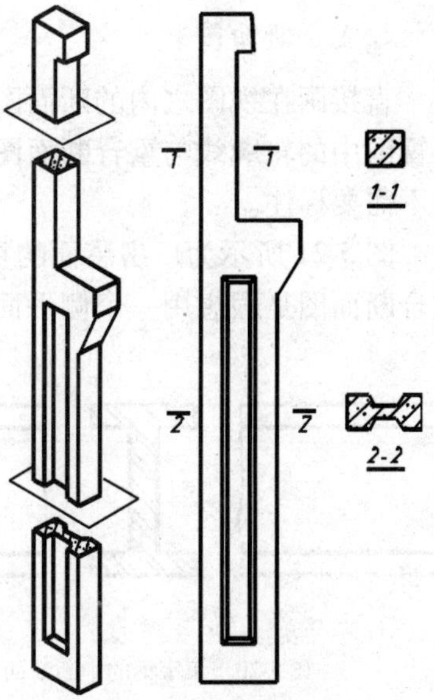

图5-18 断面图的形成

二 断面图的种类与画法

根据断面图布置位置的不同,断面图可分为移出断面图和重合断面图两种。

1. 移出断面图

布置在形体视图之外的断面图,称为移出断面图。移出断面图一般配置在剖切平面的延长线上或其他适当的位置(图5-19),也可以画在视图的中断处(如图5-20所示,此时可以省略标注)。

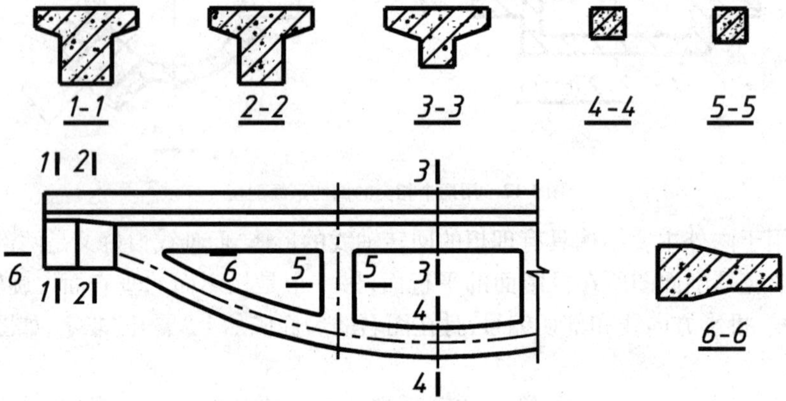

图5-19　空腹鱼腹式吊车梁

当一个形体有多个移出断面图时,最好整齐地排列在相应剖切位置线的附近,这种表达方式,适用于断面变化较多的构件。如图5-19所示为钢筋混凝土梁的移出断面图,图中用正面投影和若干个断面图表达出了梁的形状和内部情况。

2. 重合断面图

直接画在视图之内的断面图称为重合断面图。重合断面图的轮廓线一般用细实线画出。当视图中的轮廓线与重合断面图重叠时,视图中的轮廓线仍应连续画出,不可间断。重合断面图不需要标注。

图5-21所示为厂房屋面的重合断面图,它将断面图(图中涂黑部分)画在了平面图上。该重合断面图是假想用一个侧平面剖切屋面后,再将截断面旋转90°后形成的。

图5-20　工字钢的中断断面图

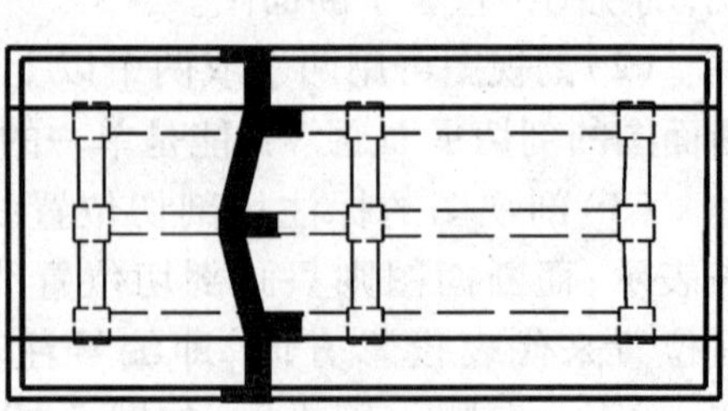

图5-21　厂房屋面的断面图

第四节　其他表达方法

一 对称省略画法

形体的视图有一条对称线，可只画该视图的一半；有两条对称线，可只画该视图的1/4，并画出对称符号，如图5-22a）所示。图形也可稍超出其对称线，此时可不画出对称符号，如图5-22b）所示。

对称符号是两条平行等长的细实线，线段长为6～10mm，间距为2～3mm，在中心线两端各画一对，如图5-22a）所示。

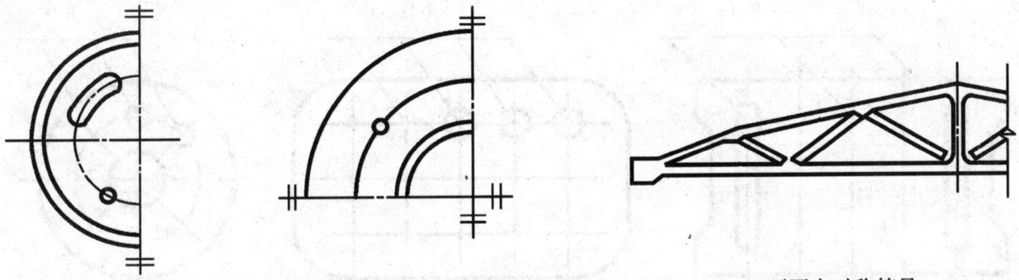

a）画出对称符号　　b）不画出对称符号

图5-22　对称省略画法

二 折断省略画法

当只需表示形体某一部分的形状时，可以只画出该部分的图形，其余部分折去不画，并在折断处画上折断线，如图5-23所示。

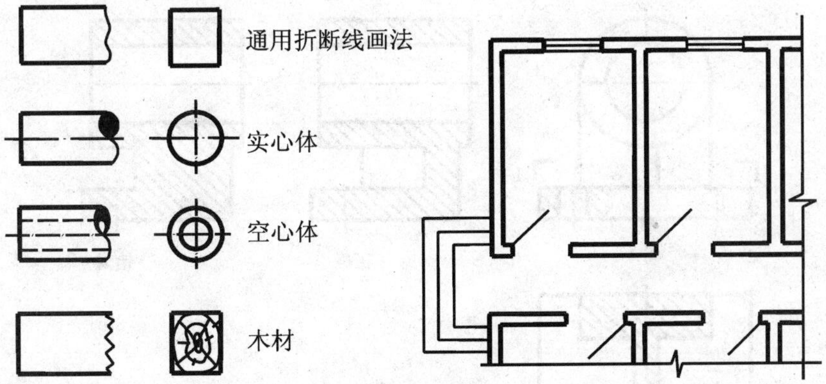

图5-23　折断省略画法（一）

对于较长且横断面形状不变或按一定规律变化的构件，可断开省略绘制，断开处应以折断线表示，如图5-24所示。应当注意的是：虽然采用了断开的画法，在标注尺寸时仍应标注构件的真实长度。

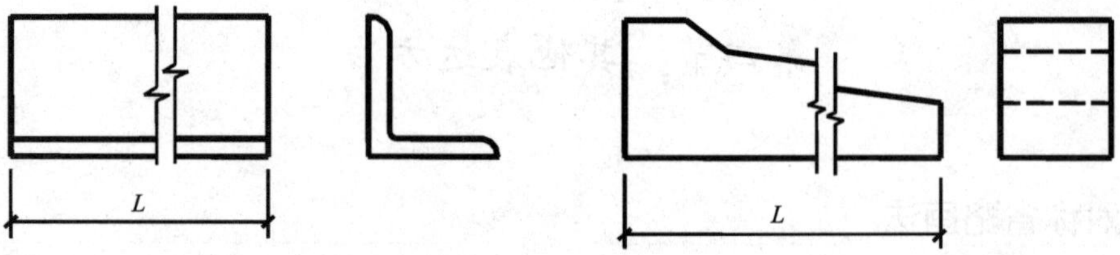

图 5-24　折断省略画法(二)

三　相同要素的省略画法

当形体内有多个完全相同且连续排列的结构要素时,可只在两端或适当的位置画出这些要素的完整形状,其余的用中心线或中心线交点来表示,如图 5-25 所示。

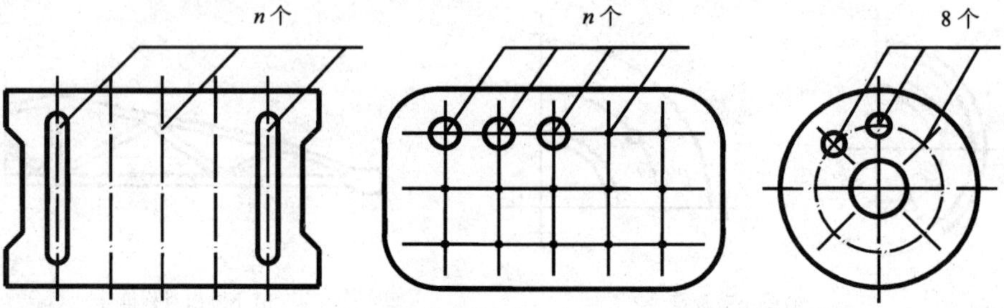

图 5-25　相同要素的省略画法

四　形体上被剖切的肋板的画法

对于形体上的肋板、轮辐及薄壁等结构,如果按纵向剖切,这些结构都不画剖面符号,而用粗实线将它们与其相邻结构分开,如图 5-26 所示。

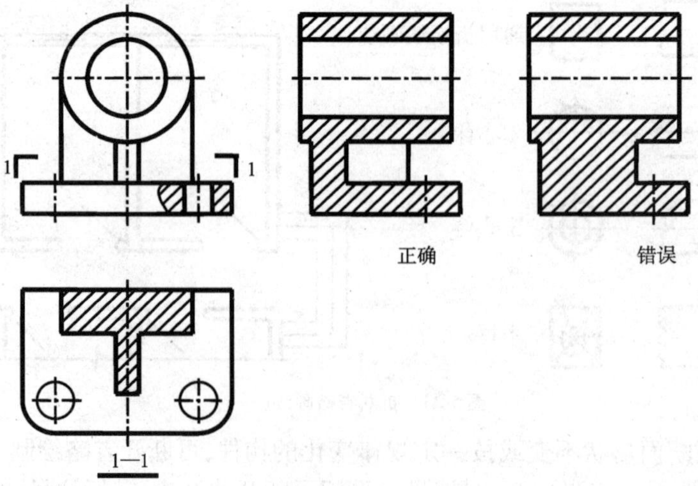

图 5-26　肋板的画法

本章小结

本章主要讲述了工程形体的表达方法，主要内容有：视图的种类与画法；剖视图、断面图的形成、画法及标注；常用简化画法的规定等。

在表达形体时，首先要分析其结构特点，即形体的内部和外部、整体和局部等关系，然后综合考虑，灵活、简捷地选择和运用视图、剖视图、断面图等表达方法，只有这样，才能把形体表达得既完整、清晰，又便于画图和读图。

第六章　道路、桥隧与涵洞工程图

[**学习要求**]

了解道路、桥梁、隧道及涵洞工程图的图示内容及特点，掌握阅读及绘制道路、桥梁、隧道及涵洞施工图的基本方法。

[**重点与难点**]

道路、桥梁、隧道及涵洞施工图的阅读及绘制。

路线工程是供各种车辆和行人等通行的工程设施。一条路线中包括路基、路面、桥梁、隧道、涵洞、防护工程以及排水设备等构造物。因此路线工程图是由表达线路整体状况的路线工程图和表达各工程实体构造的桥梁、隧道、涵洞等工程图组合而成的。本章主要介绍各类工程结构图的表达方式和读图特点。

第一节　道路工程图

道路与房屋等建筑物相比，其工程范围较大，受地势变化影响也较大。道路工程图是建造道路的技术依据，是用来说明道路路线的走向、线形设计、沿线的地形地物、路线的高程和坡度、路基状况、路面结构以及与线路交叉、立交的构筑物（如桥梁、涵洞、挡土墙、公路、铁路等）的位置等内容的图样。

根据道路的不同组成和功能特点，可分为公路和城市道路两种。位于城市郊区和城市以外的道路称为公路，位于城市范围以内的道路称为城市道路。

道路路线是指道路沿长度方向的行车道中心线。道路路线的线形，受地形、地物和地质条件的限制，在平面上是由直线和曲线段组成；在纵断面上是由平坡和上、下坡段及竖曲线组成。因此，从整体上看，道路路线是一条空间曲线。

道路路线设计最终以平面图、纵断面图和横断面图来表达。由于道路建筑在大地表面狭长地带上，其竖向高差和平面的弯曲变化都与地面起伏形状紧密相关，因此道路路线工程图的图示方法与一般工程图不同。它是以地形图作为平面图，以纵向展开断面图作为立面图，以横断面图作为侧面图，分别画在各自的图纸上，利用三种工程图来表达道路的空间位置、线形和尺寸。

绘制道路工程图时，应遵循《道路工程制图标准》（GB 50162—92）中的有关规定。

一　公路路线工程图

公路是一种主要承受汽车荷载反复作用的带状结构物。

公路的基本组成部分包括路基、路面、桥梁、涵洞、隧道、防护工程以及排水设备等构造物。

公路工程图是由表达线路整体状况的路线工程图和表达各工程实体构造的桥梁、隧道、涵洞等工程图组合而成。

公路路线工程图包括路线平面图、路线纵断面图和路基横断面图。

(一)路线平面图

路线平面图的作用是表达路线的方向、平面线形(直线和左、右弯道)、结构物的平面位置以及沿线两侧一定范围内的地形、地物情况,即将路线中心线用加粗粗实线($1.4 \sim 2.0b$)画在地形图上,来表示设计路线的水平状况及长度里程。地形用等高线来表示,地物用图例来表示,如图6-1所示。

1. 路线平面图的基本内容

(1)地形部分

①比例

为清楚地表达路线及地形、地物状况,通常根据地形起伏变化程度的不同,图样采用不同的比例。一般山岭地区采用1:2000,丘陵和平原区采用1:5000。

②指北针或坐标网

为表示地区的方位和路线的走向,也为拼接图纸时提供核对依据,地形图上需画出坐标网或指北针。

指北针的绘制要求如前述。坐标网要用沿东西及南北方向的间距相等的两组平行细实线画成互相垂直的方格网,也可只画方格网节点处的十字线,并在靠近节点处平行网线标注纵横坐标数值,数值单位是m,在坐标数值前还应分别标注南北方向和东西方向的坐标轴线代号“X”和“Y”。

③地形、地物

地形的起伏变化及其变化程度是用等高线来表示的。相邻两条等高线之间的高差为2m,每隔四条较细的等高线就应有一条较粗的等高线,称为计曲线,标高数值就标注在计曲线上,其字头朝向上坡。在路线平面图中,地物用统一的图例来表示。常用的图例如表6-1所示。

由图6-1可看出,图的上方和右上方有两座山峰,山峰之间有一条石头溪向南流入小清江。西面、南面和东南面地势较平坦,有旱田和水稻田。西面有一条从宁城到慧州的公路和低压电力线。图中还标示出了村庄房屋、大车道、桥梁、立体交叉以及沙滩的位置。

(2)路线部分

①路线的走向

路线平面图所采用的比例较小(本图为1:5000),公路的宽度无法按实际尺寸画出,因此路线是用粗实线沿着路线中心表示的。从图中可以看出,路线从北端K2+800m山坡上向南偏东直线下坡,左转43°向东偏南直线通过桥梁过小河,然后右转25°10′顺山根直线至宋家屯,再右转36°31′向南直线通过桥梁过小清江。

②里程桩号

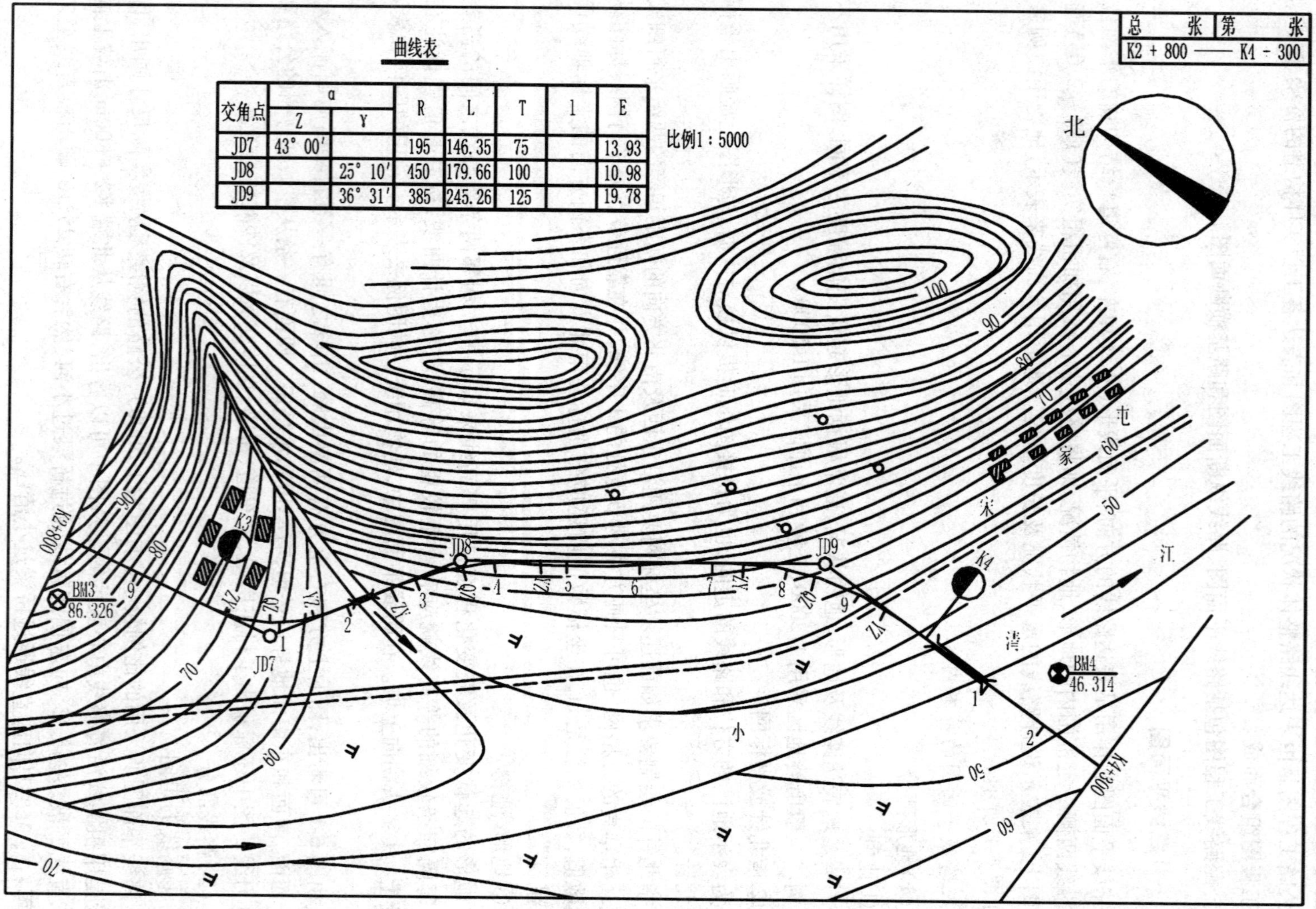

交角点	α Z	α Y	R	L	T	l	E
JD7	43° 00′		195	146.35	75		13.93
JD8		25° 10′	450	179.66	100		10.98
JD9		36° 31′	385	245.26	125		19.78

图 6-1　路线平面图

路线平面图中的常用图例 表6-1

名 称	符 号	名 称	符 号	名 称	符 号
房 屋	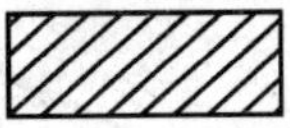	涵 洞		水稻田	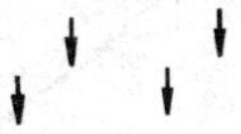
大车路		桥 梁	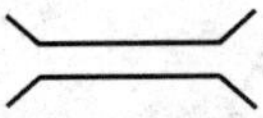	草 地	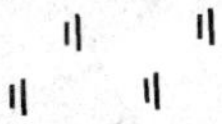
小 路	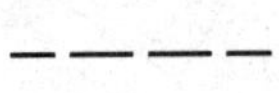	菜 地	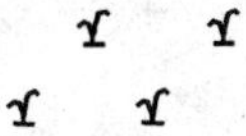	经济林	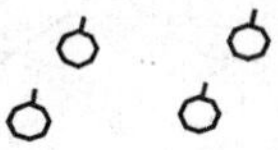
堤 坝	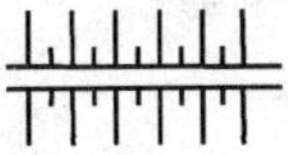	旱 田	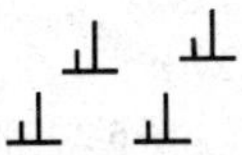	高压电力线 低压电力线升	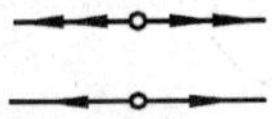
河 流		沙 滩		人工开挖	

为表示路线的总长度及各路段的长度，在路线上从路线的起点到终点沿前进方向的左侧每隔1km以“”符号垂直路线设一公里桩，并注写公里数值，如K4即4km。公里数值朝向公里符号的法线方向。沿前进方向的右侧在公里桩中间，每隔100m以垂直路线的细短线设百米桩，数字写在短细线端部且字头朝向上方。

③曲线表

路线的平面线形有直线形和曲线形。在公路转弯处，要标注路线转折的顺序编号，即交角点编号，如JD7表示第7号交角点。按设计要求在转弯处需设有平曲线。平曲线有时是圆弧曲线，在路线平面图中对曲线还需标出曲线起点 *ZY*（直圆）、中点 *QZ*（曲中）和曲线终点 *YZ*（圆直）的位置，如图6-2a）所示。根据设计要求有时需要在圆弧曲线和直线段连接处插入缓和曲线l，对带有缓和曲线的路线则需标出 *ZH*（直缓）、*HY*（缓圆）、*YH*（圆缓）和 *HZ*（缓直）的位置，如图6-2b）所示。

在每张路线平面图的适当位置，还需列出曲线表。表中需列出各平曲线的要素：交角点 *JD* 号；α 为转角或称偏角（α_Z 为左偏角，α_Y 为右偏角），它是沿路线前进方向、向左或向右偏转的角度；圆曲线设计半径 R、切线长 T、曲线总长 L、外矢距 E 以及设有缓和曲线路线段的缓和曲线长 l。

④水准点

沿路线每隔一段距离设有水准点。如图中“

”表示第4号国家水准点，其高程为46.314m。

2. 画路线平面图应注意的问题

(1)先画地形图。等高线按先粗后细步骤画出，要求线条顺畅。

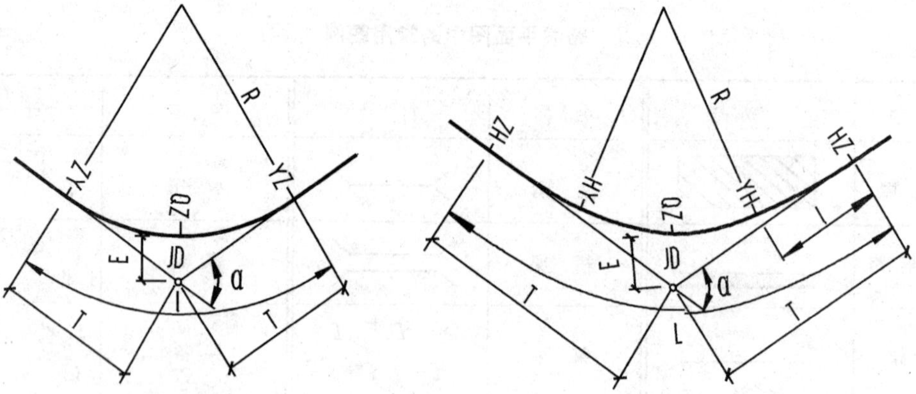

a) 无缓和曲线　　　　b) 有缓和曲线

图 6-2　平曲线要素

(2)然后画路线中心线。路线中心线用绘图仪器按先曲线后直线的顺序自左向右绘制。为使中心线与等高线有显著的区别,一般以两倍左右于计曲线(粗等高线)的粗度画出。

(3)平面图的植被图例,应朝上或向北绘制。

(4)应在直线段上整数百米桩处分段。每张图纸上只允许画一段路段的平面图,并在该路段两端用细实线画出垂直于路线的接图线。

(5)每张图纸的右上角应有角标(亦可用表格形式),注明图纸序号及总张数。

(二)路线纵断面图

路线纵断面图是表达路线中心纵向设计坡度、竖曲线、地面起伏状况、地质情况和沿线设置构筑物概况的工程图。

路线纵断面图是通过公路中心线用假想的铅垂面进行剖切展平后获得的。

由于公路中心线是由直线和曲线所组成,因此剖切的铅垂面既有平面又有柱面。为清楚表达路线纵断面情况,特采用展开的方法将断面展平成一平面,然后进行投影,形成路线纵断面图。

1. 路线纵断面图的基本内容

(1)图样部分

①由于路线纵断面图是用展开剖切方法获得的断面图,因此它的水平横向长度就表示了路线的里程,铅垂纵向高度表示地面线及设计线的高程。由于路线和地面的高差比路线的长度小得多,为清晰显示垂直方向的高差,因此规定垂直方向的比例按水平方向的比例放大十倍。这样画出的地面线和设计线虽然不符合实际,但它能清楚地显示地面线的起伏和设计线纵向坡度的变化。如图 6-3 所示的路线纵断面图中,水平方向采用 1:5000,而垂直方向采用 1:500。

②地面线

图样中不规则的细折线表示设计中心线处的纵向地面线,它是根据一系列中心桩的地面高程连接而成的。

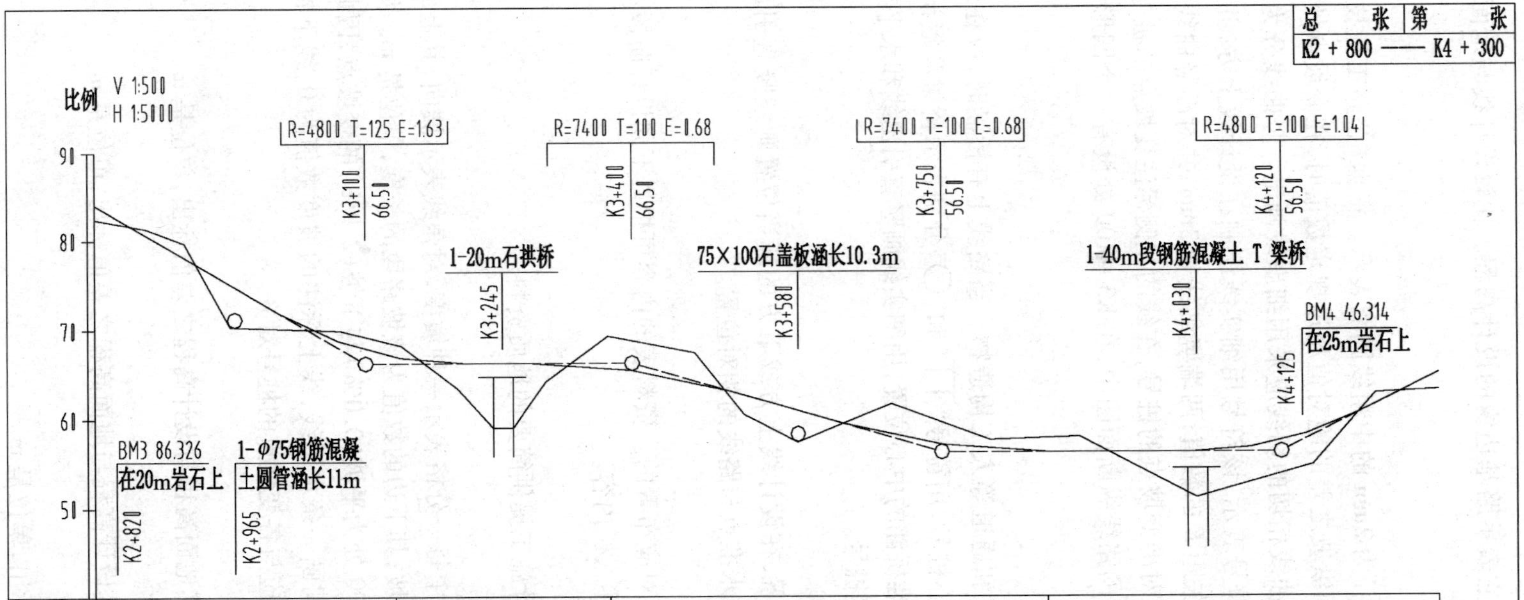

地质情况：黄色黏土 | 淤泥质亚黏土 | 黄色黏土 | 淤泥质亚黏土

坡度/坡长：-5.8 / 300 | 0 / 300 | -2.9 / 350 | 0 / 370 | 4.6 / 180

桩号	K2+800.000	864.00	925.00	970.00	ZY K3+023.00	065.00	QZ 196.18	130.00	YZ 169.35	205.00	245.00	ZY 275.00	315.00	QZ 373.82	400.00	YZ 472.66	525.00	585.00	690.00	ZY 734.00	800.00	QZ 852.00	900.00	YZ 970.00	K4+030.00	120.00	160.00	230.00	K4+300.00
挖深		1.00	2.00			1.55	1.30	0.4						2.88	2.28	2.80			3.40	2.49	1.39	2.00	2.13					1.01	
填高	2.00			3.29	0.18				0.98	2.28	5.10	4.19	0.77				1.74	1.97						1.40	3.80	3.54	2.36		1.21
设计高程	84.00	80.00	77.00	74.20	71.00	69.21	68.00	97.20	66.61	66.50	66.51	66.40	66.21	65.73	65.52	64.20	62.74	60.08	58.20	57.51	56.64	56.50	56.51	56.40	56.50	57.54	58.66	61.52	64.81
地面高程	82.00	81.00	79.00	70.91	70.82	70.75	69.31	67.60	65.63	64.22	61.40	62.21	65.53	68.61	67.80	67.00	61.00	58.11	61.61	60.00	58.13	58.50	58.63	55.00	52.70	55.00	56.30	62.53	63.60

平曲线：JD7 α=43°00′ R=195；JD8 α=25°10′ R=450；JD9 α=36°31′ R=385

图6-3 路线纵断面图

③设计线

图样中的粗实线为公路纵向设计线，它表示路基边缘的设计高程。比较设计线与地面线的相对位置，可决定填、挖地段和填挖高度。

④竖曲线

设计线纵坡变更处称变坡点，它用直径为 2mm 的中粗线圆圈表示。根据《公路工程技术标准》(JTG B01—2003)的规定，当相邻两纵坡之差的绝对值超过规定数值时，在变坡点处应设置圆弧竖曲线，以利于汽车行驶。与竖曲线相切的切线应采用细虚线画出。竖曲线分为凸形和凹形两种，分别用“┌┬┐”和“└┴┘”符号表示，该符号用细实线绘制在设计线上方，并在其上标注竖曲线的半径 R、切线长 T 和外矢距 E 的数值；两端竖细线长 3mm，并对准竖曲线的起点和终点桩号；中间竖细线长 20mm，且对准变坡点的桩号，在线的左侧标注变坡点的桩号，在右侧标注变坡点的高程。如图 6-3 所示的路线纵断面图中，在 K3 +100 处设有一个凹形曲线，在 K3 +400 处设有一个凸形曲线。

⑤桥涵构筑物

图样中还应标出桥梁、涵洞、立体交叉和通道等人工构造物。当路线上有桥涵时，应在地面线上边和设计线下边，并对正桥涵的中心桩号，用符号“┬┬”和“○”分别表示桥梁和涵洞，同时，应在设计线上方或下方的空白处对准桥涵的中心位置，用细实线画竖直引出线和水平标注线，并注写桥涵的名称、规格和中心里程桩号。

⑥水准点

沿线设置的水准点，都应按其所在位置，在设计线上方或下方的适当位置画细竖直引出线，并标注水准点的桩号、编号、里程，以及水准点与路线的相对位置。

(2)资料表部分

路线纵断面图的资料表是与图样上下对应布置的。资料表的内容可根据不同设计阶段和不同道路等级的要求而增减，通常包括下述八栏内容。

①概况

在该栏中标出沿线的地质情况，为设计施工提供简要的地质资料。

②坡度/坡长

指设计线的纵向坡度及其长度。该栏中每一分格表示一种坡度，对角线表示坡向，其上部的数值为坡度数值，正值为上坡，负值为下坡；其下边的数值为该坡路段的长度，单位是 m。如图 6-3 所示，由“坡度/坡长”可看出 K3 +400 处为平坡(0.0%)与下坡(2.9%)的变坡点，因此设凸曲线一个。若为平坡时，应在分格中间画一条水平线，线上标注的坡度数值为 0，线下标注该平坡路段的长度。该栏中各分格竖线应与各变坡点的桩号对齐。

③挖深

在该栏中对正各挖方路段的桩号，将其地面高程与设计高程之差值标出，单位是 m。

④填高

在该栏中对正各填方路段的桩号，将其设计高程与地面高程之差值标出，单位是 m。

⑤设计高程

在该栏中对正各桩号，将其设计高程标出，单位是 m。

⑥地面高程

在该栏中对正各地面中心桩号，将其高程标出，单位是 m。

⑦桩号

指各桩点在路线上的里程数值，按测量所得的数据，一一将各点的桩号数值填入该栏中。对于平、竖曲线的各特征点、水准点、桥涵中心点以及地形突变点等，还需增设桩号。

⑧平曲线

该栏是路线平面图的示意图。栏中中间的水平细实线表示路线直线段，向左或向右转弯的曲线段分别用下凹“”或上凸“”的细实线折线表示，并在其上标注交角点编号、圆曲线半径和偏角度数。由此，结合纵断面情况，可想象出该路段的空间情况。

路线平面图与纵断面图一般安排在两张图纸上，有时也可放在同一图纸上。对于高等级公路，由于平曲线半径较大，平面图与纵断面图长度相差不大，故放在同一张图纸中相互对照，更为方便。

2. 画路线纵断面图应注意的问题

(1)路线纵断面图宜画在透明方格纸的反面，以防止擦线时把方格线擦掉。方格纸上的格子一般纵横方向按 1mm 为单位分格，每 5mm 处印成粗线。用方格纸画，既可省用比例尺、提高绘图速度，又便于进行检查。

(2)与画路线平面图一样，从左向右按里程顺序分段画出。

(3)纵断面图的标题栏绘在最后一张图或每张图的右下角，注明路线名称、纵/横比例等。每张图右上角应有角标，注明图纸序号、总张数及起止桩号。

(三)路基横断面图

路基横断面图是在路线中心桩处作一垂直于路线中心线的断面图。

路基横断面图用来表达各中心桩处横向地面起伏以及设计路基横断面情况。工程上要求在每一中心桩处，根据测量资料和设计要求顺次画出每一个路基横断面图，用来计算公路路基土石方量并作为路基施工时的依据。

1. 路基横断面图的形式

根据设计线与地面线的相对位置的不同，路基横断面有三种基本形式。

(1)填方路基

即路堤，设计线全部在地面线以上，如图 6-4a)所示。在图下注有该断面的里程桩号、中心线处的填方高度 H_T(m)以及该断面的填方面积 A_T(m^2)。另外还标注路基中心高程和路基边坡坡度。

(2)挖方路基

即路堑，设计线全部在地面线以下，如图 6-4b)所示。在图下注有该断面的里程桩号、中心线处的挖方高度 H_w(m)、挖方面积 A_w(m^2)、路基中心高程和路基边坡坡度。

(3)半填半挖路基

这种路基是前两种路基的综合，设计线一部分在地面线以下，另一部分在地面线以上，如图 6-4c)所示。在图下注有该断面的里程桩号、中心线处的填高 H_T(m)或挖高 H_w(m)、填方

面积 A_T(m^2)、挖方面积 A_w(m^2)以及路基中心高程和路基边坡坡度。

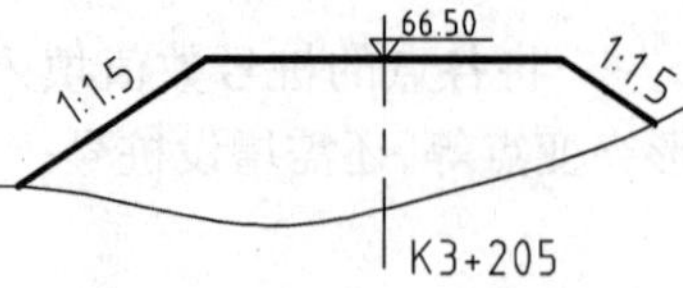

H_T=3.28m, A_T=39.36m^2

a) 填方路基

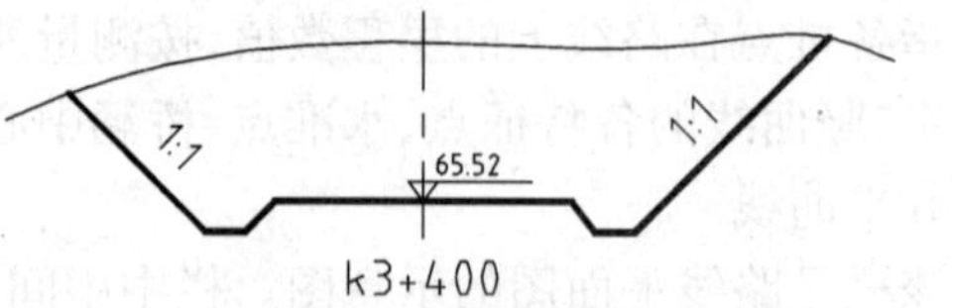

H_W=3.42m, A_W=51.30m^2

b) 挖方路基

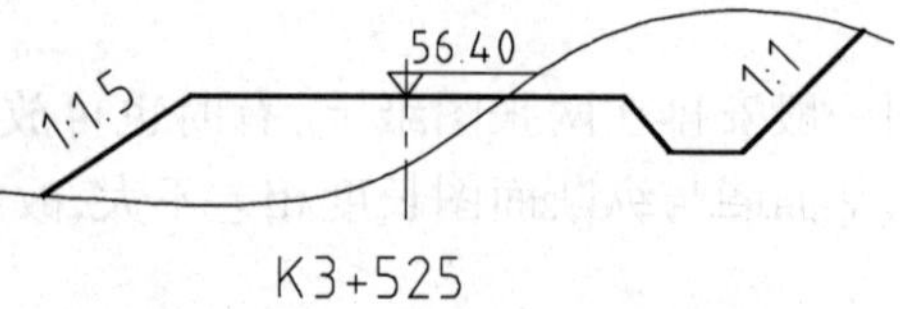

H_T=1.10m，A_T=10.46m^2，　A_W=8.73m^2

c) 半填半挖路基

图 6-4　路基横断面的基本形式

2. 画路基横断面图应注意的问题

(1)画路基横断面图使用透明方格纸,以便于计算断面的填挖方面积,便于施工放样。

(2)路基横断面图的纵横方向采用同一比例,一般用 1∶200,也可用 1∶100 和 1∶50。按横断面的桩号顺序自下而上,从左至右依次画出,地面线画细实线,设计线画粗实线,如图 6-5 所示。

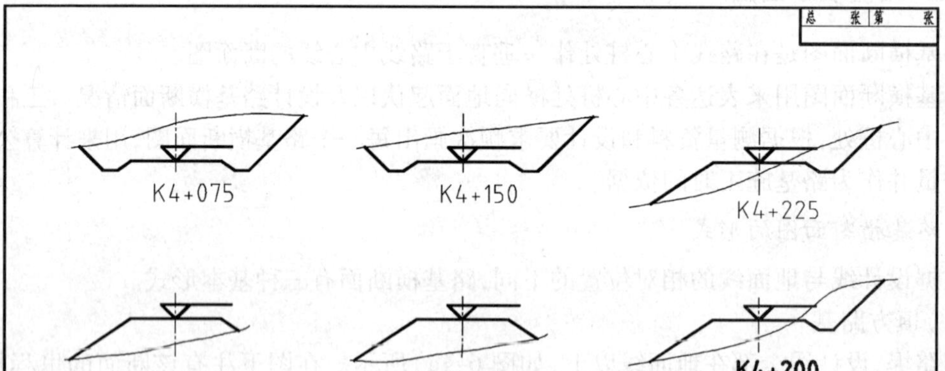

图 6-5　路基横断面

(3)每张路基横断面图的右上角应写明图纸序号及总张数。在最后一张图的右下角绘制图标。

二 城市道路路线工程图

城市中沿街两侧建筑红线之间的空间范围为城市道路用地。城市道路一般由机动车道、非机动车道、人行道、分隔带、绿化带、交叉口和交通广场以及各种设施组成。在交通高度发达的现代化城市,还建有架空高速道路、地下道路等。

城市道路的线形设计结果也是通过平面图、纵断面图和横断面图表达的。它们的图示方法与公路路线工程图相同,但由于城市道路所处的地形一般比较平坦,且城市道路的设计是在城市规划与交通规划的基础上实施的,交通性质和组成部分比公路复杂,尤其是行人和各种非机动车较多,各种交通工具和行人的交通问题都需要综合考虑予以解决,因此体现在横断面图上的设计比公路复杂。

(一)横断面图

城市道路横断面图是道路中心线法线方向的断面图。城市道路横断面由车行道、人行道、绿化带和分离带等部分组成。

1. 城市道路横断面布置的基本形式

根据机动车道和非机动车道不同的布置形式,城市道路横断面的布置有以下四种基本形式。

(1)"一块板"断面

把所有车辆都组织在同一车行道上行驶,但规定机动车在中间,非机动车在两侧,如图 6-6a)所示。

(2)"两块板"断面

用一条分隔带或分隔墩从道路中央分开,使往返交通分离,但同向交通仍在一起混合行驶,如图 6-6b)所示。

(3)"三块板"断面

用两条分隔带或分隔墩把机动车和非机动车交通分离,把车行道分隔为三块:中间为双向行驶的机动车道,两侧为方向彼此相反的单向行驶非机动车车道,如图 6-6c)所示。

(4)"四块板"断面

即在"三块板"断面的基础上增设一条中央分隔带,使机动车分向行驶,如图 6-6d)所示。

四种形式的横断面都有它们各自的优缺点和适用条件,必须根据具体情况,结合地区特点、交通性质、占地和拆迁等因素综合考虑,反复研究及进行技术经济比较后才能选定。另外,随着城市交通的不断发展和变化,城市道路横断面形式也应随之发生相应的变化。

2. 横断面图的内容

横断面设计的最终结果用标准横断面设计图表示。图中要表示出横断面各组成部分的位置和宽度,以及排水方向和横坡等。

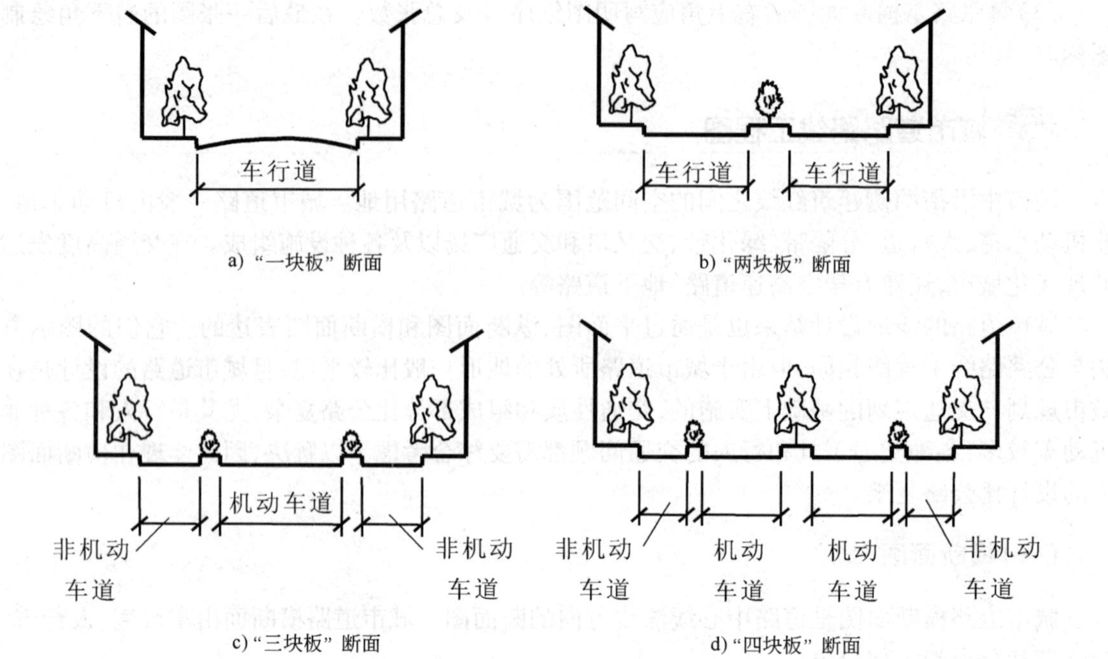

图 6-6　城市道路横断面布置的基本形式

图 6-7 所示为广州市林和庄路近期标准横断面设计图。为清楚表示高差变化情况，高度方向（纵向）采用 1:50，水平方向（横向）采用 1:200 的绘图比例。由图可知该路段采用的是“四块板”断面形式，使机动车与非机动车分道单向行驶。两侧为人行道，中间有五条绿化带。图中还表示了各组成部分的宽度以及结构设计要求。

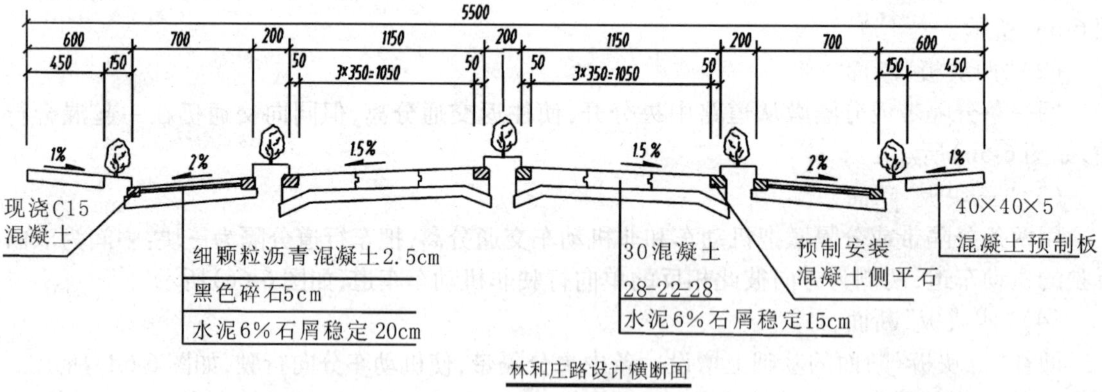

图 6-7　标准横断面设计图

除了需绘制近期标准横断面设计图之外，对分期修建的道路还要画出远期规划标准横断面设计图。为了便于土石方量计算和施工放样，与公路横断面图相同，需绘出各个中线桩的现状横断面，并加绘设计横断面图，标出中线桩的里程和设计高程，称为施工横断面图。

（二）平面图

城市道路平面图与公路路线平面图相似，它用来表示城市道路的方向、平面线形和车行道布置以及沿路两侧一定范围内的地形和地物情况。

如图6-8所示，为广州市带有环形平面交叉口的一段城市道路平面图。它主要表示了环形交叉口和西段东莞庄的平面设计情况。

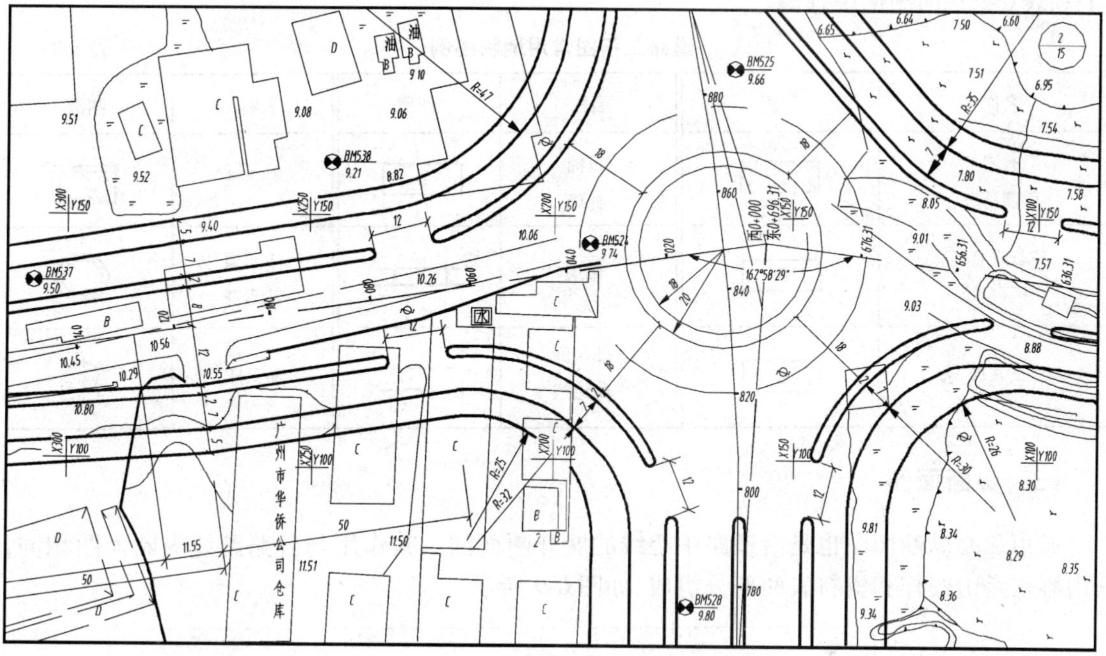

图6-8　广州市东莞庄路某交叉口平面图

城市道路平面图的内容可分为道路和地形、地物两部分。

1. 道路情况

(1)道路中心线用点画线表示。为了表示道路的长度，在道路中心线上标有里程桩号。图中可以看出：西段道路是将西段道路中心线与东段道路中心线的交点作为西段道路里程的起点。

(2)道路的走向，可用坐标网或指北针来确定。本图是用坐标网来确定的。西段道路的走向随着里程增加为西偏南方向。

(3)城市道路平面图所采用的绘图比例较公路路线平面图大(本图采用1∶500)，因此车、人行道的分布和宽度可按比例画出。由图可看出，在交叉口西段50m长的道路中，机动车道宽度为12m加8m，非机动车道宽度为7m，人行道为5m，中间有两条分隔带，宽度为2m。所以该路段为“三块板”断面布置形式。

(4)图中可以看出，自机动车道为12m加8m处始向西50m路段，机动车道宽度逐渐变小。说明此路段为宽度渐变段，道路的平面线形为折线形。

(5)图中还画出了用地线的位置，它是表示施工后的道路占地范围。

为了控制道路高程，图中还标出了水准点的位置。

2. 地形和地物情况

城市道路所在的地势一般比较平坦。地形除用等高线表示外,还用大量的地形点表示高程。

北段道路是新建道路,因此占用了沿路两侧的一些工厂用地。该地区的地物情况可在表 6-1 和表 6-2 平面图例中查得。

道路工程图常用地物图例 表 6-2

名称	图例	名称	图例	名称	图例
只有屋盖的简易房		石棉瓦房	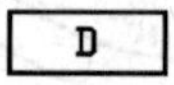	贮水池	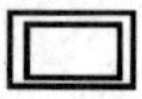
砖石或混凝土结构房屋	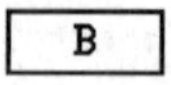	围墙		下水道检查井	
砖瓦房	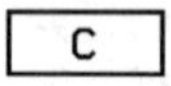	非明确路边线		通讯杆	

(三)纵断面图

城市道路纵断面图也是沿道路中心线的展开断面图。其作用与公路路线纵断面图相同,其内容也是由图样和资料表两部分组成,如图 6-9 所示。

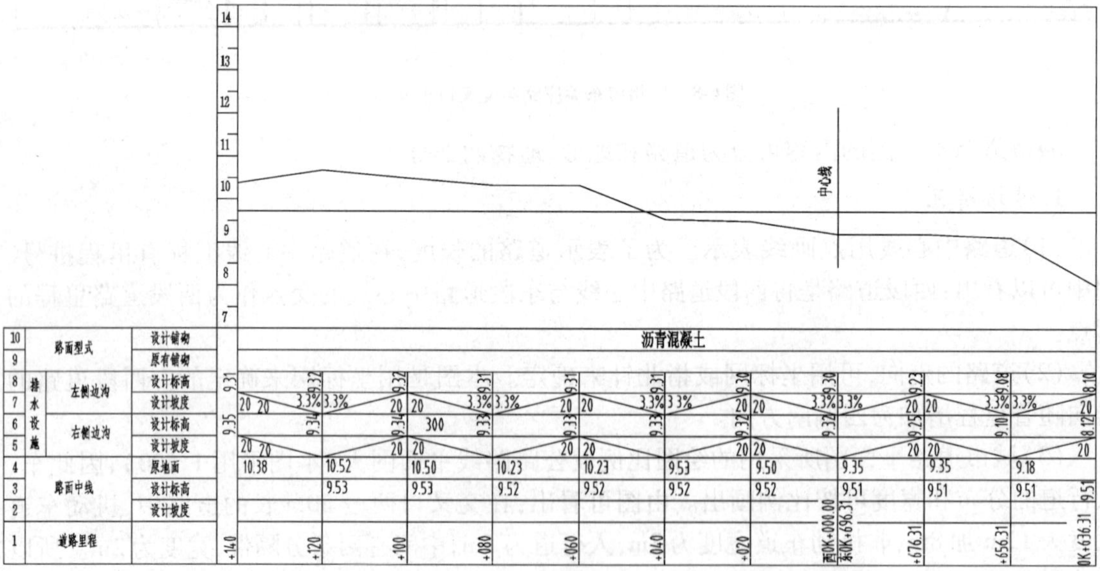

图 6-9 广州市东莞庄路某交叉口纵断面图

1. 图样部分

城市道路纵断面图的图样部分完全与公路路线纵断面图的图示方法相同。如绘图比例竖直方向较横向方向放大 10 倍来表示等(本图水平方向采用 1:500,则竖直方向采用 1:50)。

2. 资料表部分

城市道路纵断面图的资料部分基本上与公路路线纵断面图相同,不仅与图样部分上下对应,而且还标注有关的设计内容。

城市道路除作出道路中心线的纵断面图之外,当纵向排水有困难时,还需作出街沟纵断面图。对于排水系统的设计,可在纵断面图中表示,也可单独设计绘图。

第二节　桥梁工程图

桥梁工程图是桥梁施工的重要技术依据。桥梁工程图包括:桥位图、全桥布置图、桥墩图、桥台图、桥跨结构图以及钢筋布置图,有时还有桥上附属设备图、桥下附属工程图等。

一 全桥布置图

桥梁一般由桥墩、桥台、梁和附属设备组成,如图 6-10 所示。

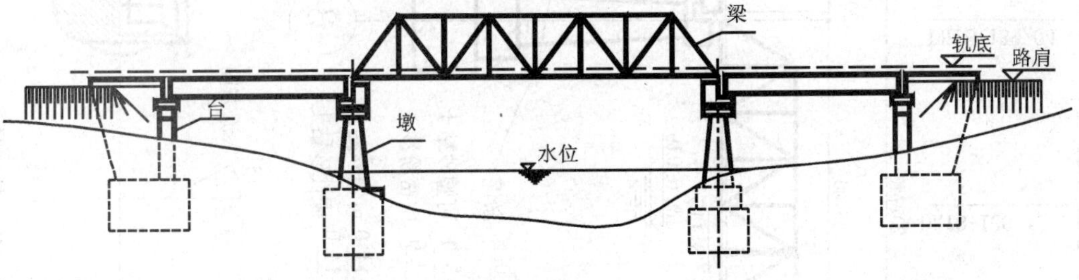

图 6-10　桥梁示意图

图 6-11 所示为全桥布置图,主要表示全桥的概貌及有关技术资料,它是简化了的全桥主要轮廓的投影图,由立面图和平面图组成。立面图是由线路的垂直方向向桥孔投影而得到的,它最能反映桥的全貌。平面图是由上向下投影,并假想将桥跨及其以上的设备全部去除后得到的,因此,它只能反映出桥墩、桥台的位置及其主要轮廓。

从立面图可知,该桥是五孔、中间孔是跨度为 64m 的钢梁,两侧的 4 孔是跨度为 32m 的预应力钢筋混凝土梁,中心里程为 DK18 + 106. 42。图中还标出了全桥各主要部位的高程及河床横断面,这些都表示出桥梁各部分在竖直方向的位置关系。

图中的 6. 019m 是按平均百年一遇的最高水位而定的设计水位。

桥的全长是指两桥台背间距离,立面图上所标的 209. 740m 即是桥长。为了校核桥的全长,可用桥终点里程 DK18 + 211. 29 减去起点里程 DK18 + 001. 55;也可根据梁长、孔数、梁缝、桥台长度进行换算:桥全长 = 4 × 32600 + 4 × 100 + 2 × 120 + 65100 + 2 × 6800 = 209740mm

桥台通常按其位置命名,如在北原线上可以称北台、原台。

由平面图可知该桥河水的流向、桥墩桥台的位置以及墩台类型。桥墩为圆端形,桥台为"T"形,桥台均采用扩大基础。

桥的地质资料是通过钻探得到的,在线路中心里程 DK18 + 088 附近有一个钻孔,钻探结果在立面图上的"地质柱状图"中表示,通过该图可以看出地层的土质情况及每层的深度。

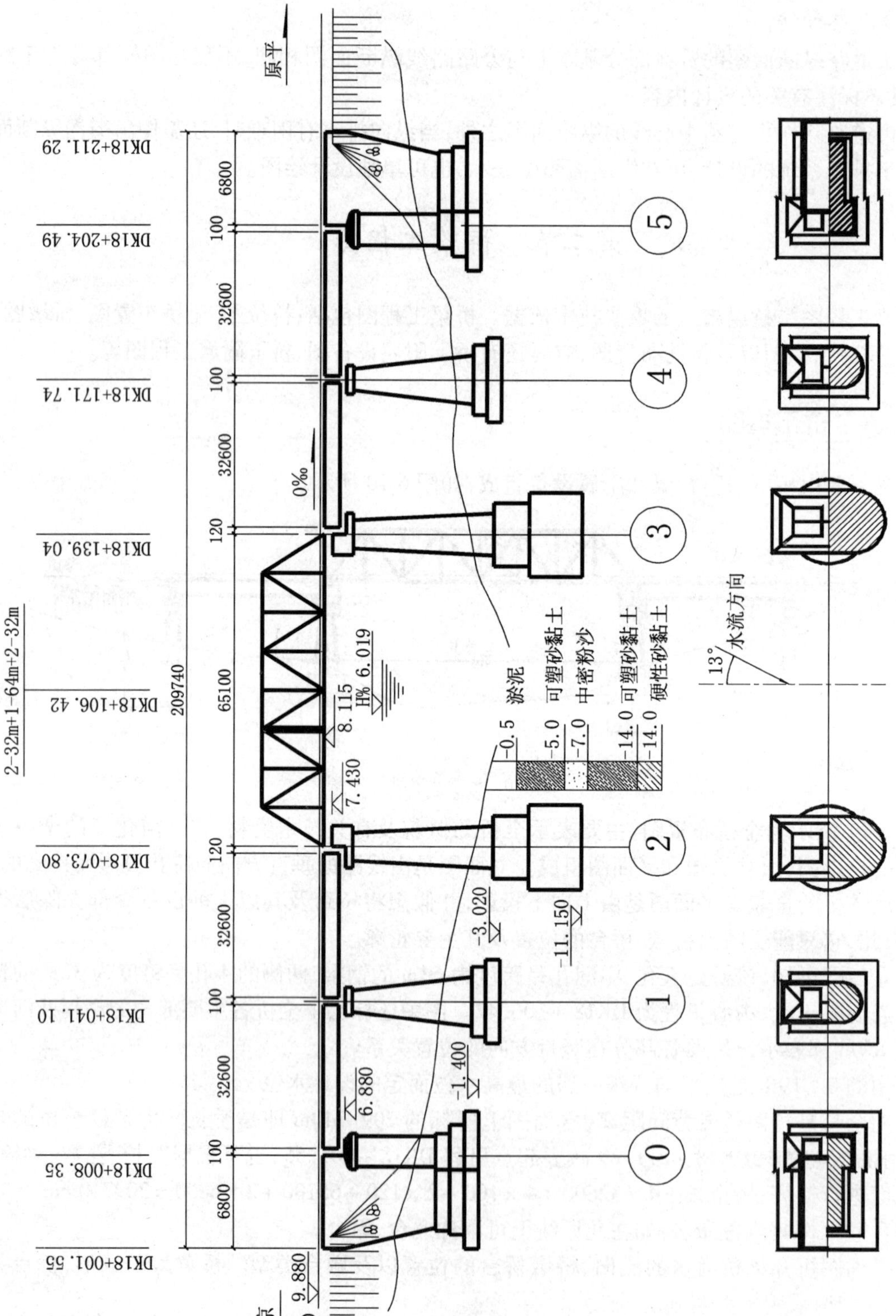
2-32m+1-64m+2-32m
209740
DK18+001.55
DK18+008.35
DK18+041.10
DK18+073.80
DK18+106.42
DK18+139.04
DK18+171.74
DK18+204.49
DK18+211.29
6800
100
32600
120
65100
北京
原平
9.100
9.880
6.880
-1.400
-3.020
-11.150
7.430
8.115
H% 6.019
0‰
-0.5 淤泥
-5.0 可塑砂黏土
-7.0 中密粉沙
-14.0 可塑砂黏土
-14.0 硬性砂黏土
0
1
2
3
4
5
13°
水流方向

图6-11 全桥布置图

二 桥墩图

桥墩是桥的重要组成部分之一,它起着中间支承的作用,将梁及梁上所受的荷载传递给地基。

桥墩的类型,一般以墩身的断面形状来分,常用的有圆端形桥墩、矩形桥墩和尖端形桥墩等,如图 6-12 所示。

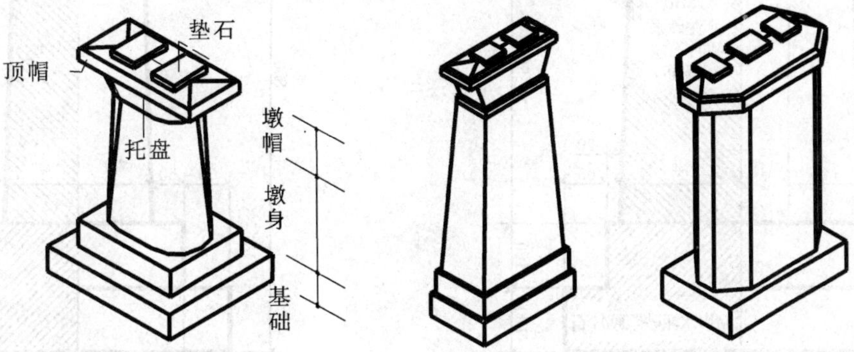

a) 圆端形桥墩　b) 矩形桥墩　c) 尖端形桥墩

图 6-12　桥墩类型

(一) 桥墩的构造

桥墩由基础、墩身和墩帽三部分组成,如图 6-12a) 所示。墩身是桥墩的主体。墩帽在桥墩的上部,由顶帽和托盘两部分组成。顶帽的顶面为斜面,作排水用。为了安放桥梁支座,其上有两块支承垫石。

(二) 桥墩的表达

表示桥墩的图样有桥墩图、墩帽图和墩帽钢筋布置图。

1. 桥墩图

图 6-13 所示为圆端形桥墩图,由正面图、平面图和侧面图组成。三个图均为半剖视图。

(1) 正面图

在桥墩图中,顺着路线方向投影而得到的图形称为正面图。正面图的左半部分是桥墩的外形图,它表示桥墩的正面形状和尺寸,其中点画线是平面与曲面的分界线(在标准图中用粗实线表示这种分界线)。右半部分是 3－3 剖视图,其剖切位置和投影方向表示在侧面图中。主要用来表示桥墩各部分所用的材料,不同材料的分界线画成虚线。

(2) 平面图

平面图的右半部分是外形图,主要表示桥墩的平面形状和尺寸。顶帽的排水坡倾斜于水

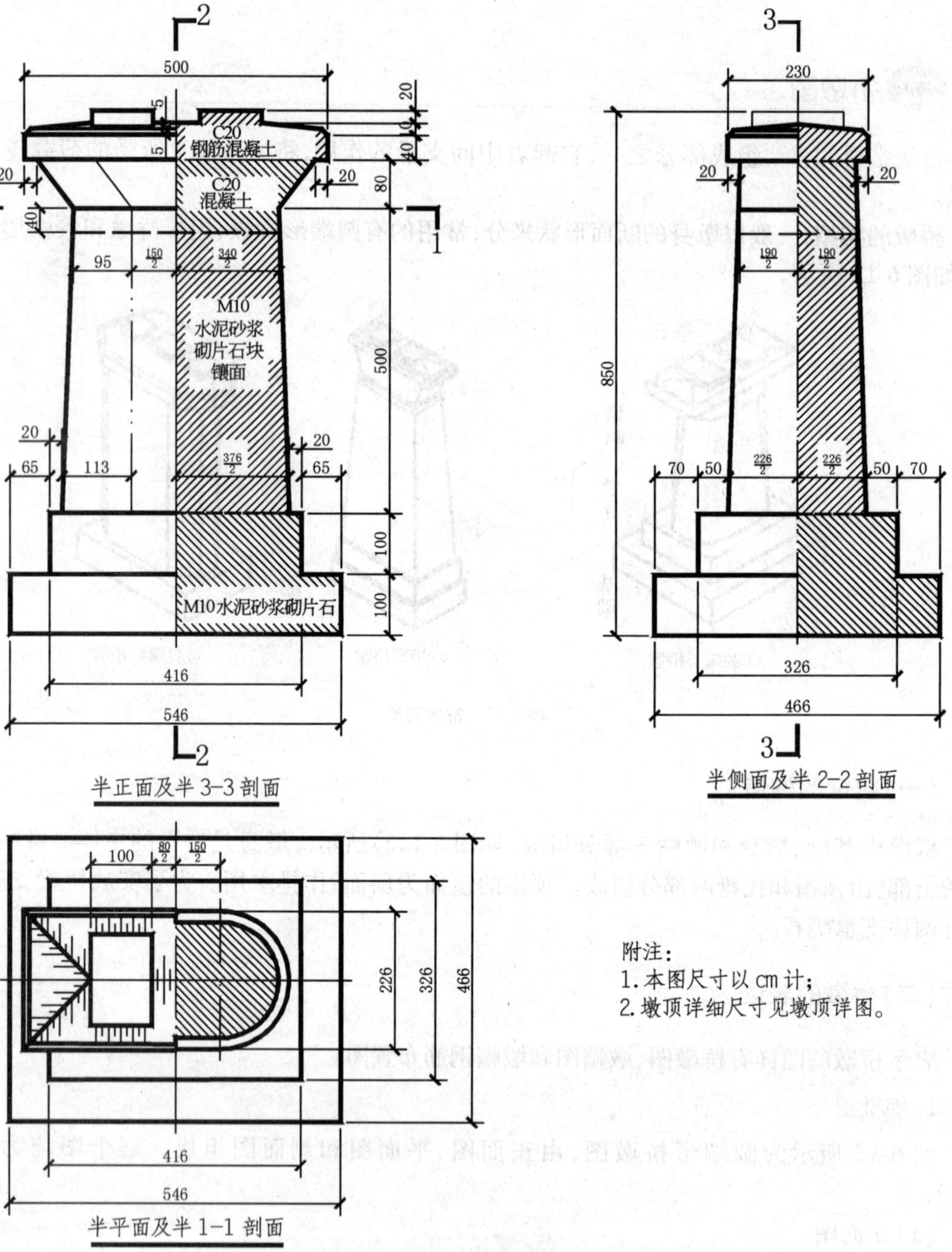

图 6-13　圆端形桥墩图

平面，用示坡线表示。示坡线是长短相间的细实线，图线密的一边高，示坡线方向是倾斜面的最大坡度线方向。右半部分是 1－1 剖视图，剖切位置和投影方向表示在正面图中，它表示墩身的顶面、底面和基础的平面形状和尺寸。

（3）侧面图

侧面图是一个半外形和半 2－2 剖视图，剖切位置和投影方向表示在正面图中。侧面图表示桥墩侧面的形状和尺寸以及桥墩各部分所用的材料。

2. 墩帽图

由于桥墩图比例较小，墩帽部分的细节及尺寸表示不清楚，所以用较大的比例画出墩帽图，如图 6-14 所示。

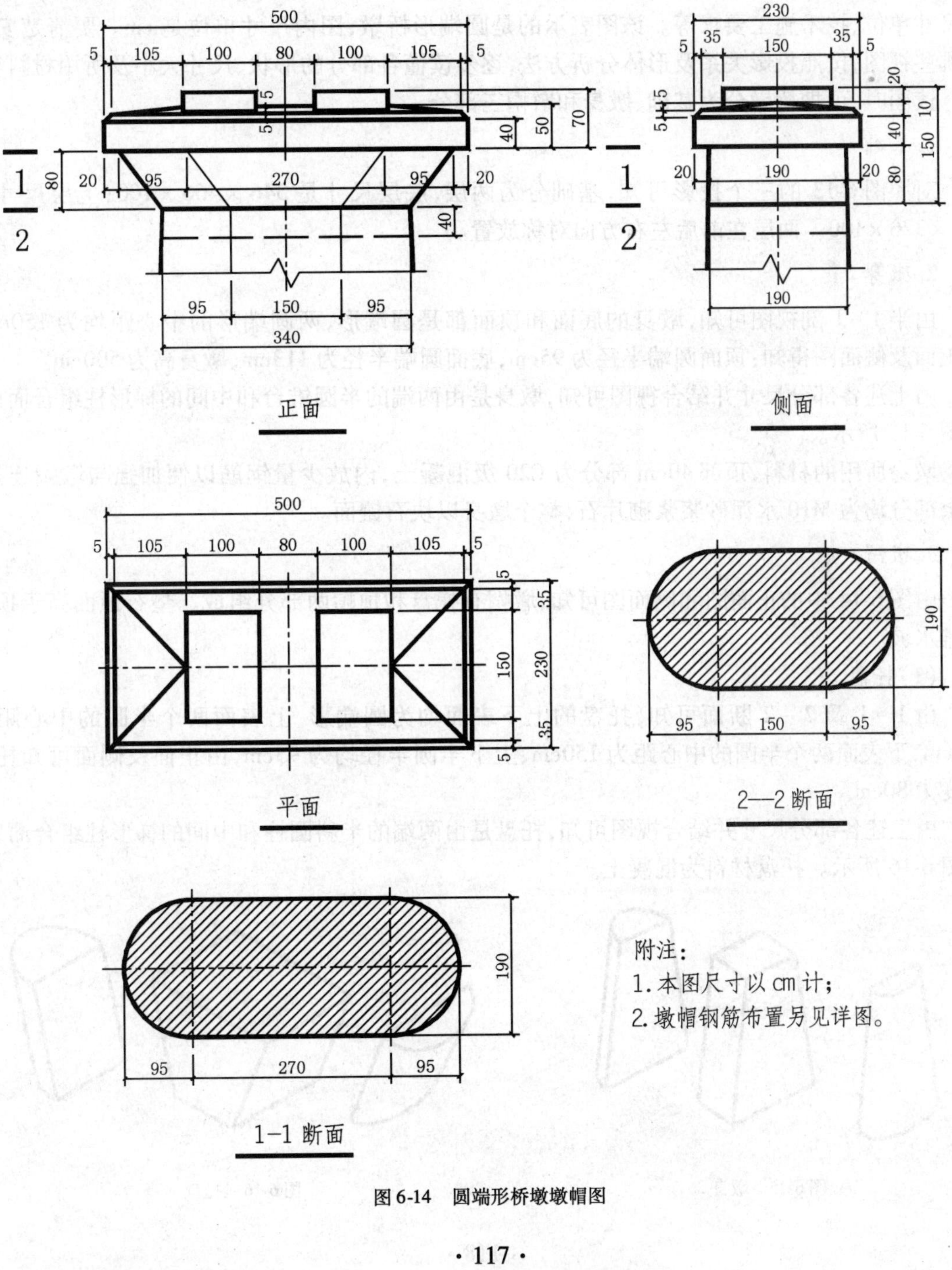

图 6-14　圆端形桥墩墩帽图

墩帽图一般由五个投影组成，其中正面图、平面图和侧面图是外形图，主要表示顶帽的形状和尺寸，托盘的宽度和长度。另外两个断面图主要表示托盘的顶面和底面的形状、尺寸。

(三)桥墩图的阅读

从图 6-13 所示的桥墩图中，可以了解桥墩的形状和各部分尺寸大小。读图时，首先要看标题栏和附注说明。从标题栏中可知桥墩的名称、比例、桥墩的类型等，从说明中可得知桥墩的尺寸单位、技术施工要求等。该图表示的是圆端形桥墩，图内尺寸单位是 cm。要清楚安排了哪些视图，按照投影关系及形体分析方法，逐步读懂各部分的形状、尺寸大小及所用材料等。

读图时，可把桥墩分为基础、墩身和墩帽三部分。

1. 基础

对照图 6-13 的三个投影可知，基础分为两层，底层尺寸是 $546 \times 466 \times 100$；上层尺寸是 $416 \times 326 \times 100$。两层在前后左右方向对称放置。

2. 墩身

由半 1 - 1 剖视图可知，墩身的底面和顶面都是圆端形，两圆端形的中心距均为 150cm。由正面及侧面图得知：顶面圆端半径为 95cm，底面圆端半径为 113cm，墩身高为 500cm。

由上述各部分尺寸并结合视图可知，墩身是由两端的半圆锥台和中间的梯形柱组合而成，如图 6-15 所示。

墩身所用的材料，顶部 40cm 部分为 C20 级混凝土，内放少量钢筋以便加强与墩帽连接，其余部分均为 M10 水泥砂浆浆砌片石，整个墩身以块石镶面。

3. 墩帽

由图 6-14 中的正面图和侧面图可知，墩帽有托盘和顶帽两部分组成。垫石顶面高于顶帽的排水坡。

(1)托盘

由 1 - 1 及 2 - 2 断面可知，托盘的上下表面均为圆端形，上表面两个半圆的中心距为 270cm，下表面两个半圆的中心距为 150cm，上下半圆半径均为 95cm，由正面及侧面可知托盘高度为 80cm。

由上述各部分尺寸并结合视图可知，托盘是由两端的半斜圆柱和中间的梯形柱组合而成，如图 6-16 所示。托盘材料为混凝土。

图 6-15　墩身

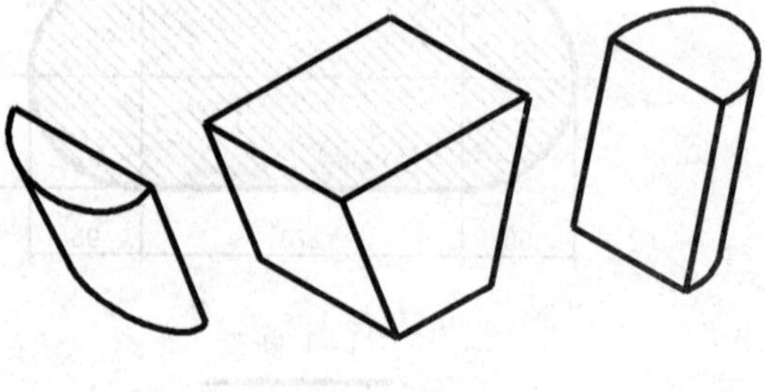

图 6-16　托盘

(2)顶帽

由图6-14的正面图、平面图及侧面图可知,顶帽是矩形板,长500cm、宽230cm,上表面是四面排水的倾斜平面,中间最厚处是50cm的抹角。其他详细尺寸都标示在三个基本的投影图内。

由图6-14的三个基本的投影可知,在顶帽上部有两块垫石,各长100cm,宽150cm,上表面高出顶帽20cm。整个顶帽形状如图6-17所示,顶帽材料为钢筋混凝土。

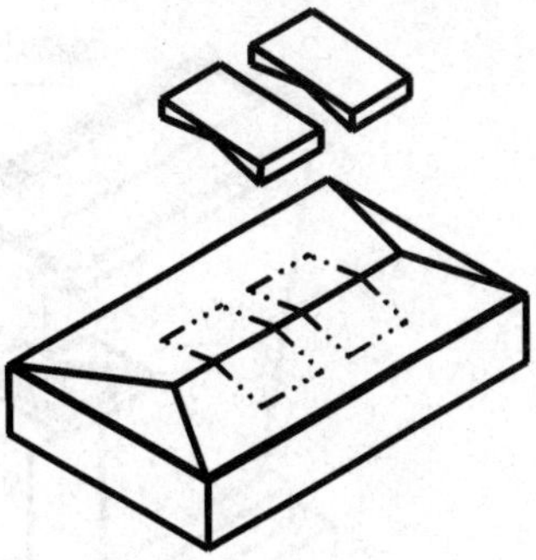

图6-17 顶帽

由图6-13的三个基本的投影图可知,桥墩的各组成部分在前后、左右方向是对称的。综合以上各部分,即可得出整个桥墩的形状。

(四)土建工程图尺寸标注的特点

土建工程图样上的尺寸标注,除了在组合体尺寸基本注法外,还有一些特殊要求。

1. 重复尺寸

为了施工时看图方便,希望各部分尺寸不通过计算就能够直接读出,同时也要求在一个投影图中将物体尺寸尽量标注全,这样图中尺寸就会出现重复,如图6-13中桥墩的基础尺寸(长、宽)均标注两次。

2. 测量需要的尺寸

施工时,测量的尺寸一般都要直接注出,以便施工时不再另行计算。如图6-14中墩帽顶面各细部尺寸,托盘部分平面与曲面交线的尺寸等。

3. 特殊要求的尺寸

特殊要求的尺寸及建筑物与外界联系的尺寸,常用的如高度,它以高程的形式标注,如图6-11中梁底高程、支承垫石高程等,它们以m为单位。

4. 对称尺寸

对称部分的图形,往往只画一半,如图6-22中的平面图,它采用半平面半基顶剖视图,为了将全部尺寸表示出来,常用1/2的形式给出,如340/2、380/2,说明其全宽度为340、380cm,而图中只标注其一半。

三 桥台图

桥台是桥梁两端的支柱,除支承桥跨外,还起到阻挡路基端部填土的作用。桥台的形式很多,常见的有T形桥台、U形桥台和耳墙式桥台等,如图6-18所示。

(一)桥台的构造

虽然桥台的形式不同,但都是由基础、台身和台顶(包括顶帽、墙身和道碴槽)所组成。现以图6-18a)所示的T形桥台为例,介绍其组成和构造。

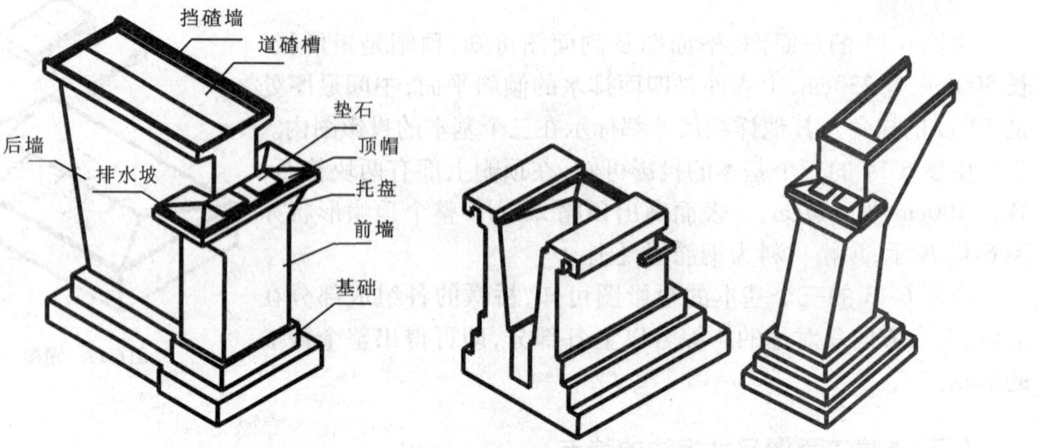

a) T 形桥台的构造　　b) U 形桥台　　c) 耳墙式桥台

图 6-18　桥台类型

1. 基础

基础在桥台最下面,共三层,由三块大小不等的 T 形板叠加而成。

2. 台身

台身在基础上面,由前墙、后墙及托盘组成。托盘是用来承托台帽的。

3. 台顶

台顶在桥台的上部,由顶帽、墙身和道碴槽三部分组成。顶帽在前墙托盘上面,在其顶面有两块支承垫石。墙身是后墙的延续部分。整个桥台最上面为道碴槽。

如图 6-19 所示,道碴槽两边最高的是挡碴墙,内侧有凹进去的斜防水层槽。两端是较低的端墙,其内侧也有凹进去的防水层槽。道碴槽中部是一个凹槽,在槽底的水平面上填有混凝土垫层,垫层做成中间向两边倾斜的平面,垫层上面铺设防水层,防水层四边嵌入防水层槽内。在挡碴墙内放置 100mm 直径的泄水管,以便将道碴槽内积水排除桥台以外。

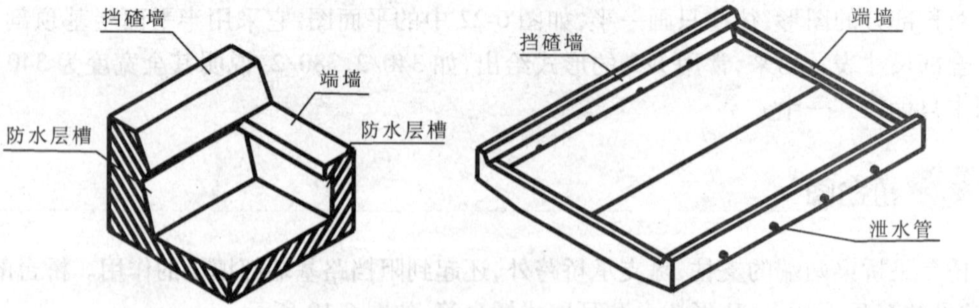

图 6-19　道碴槽

附属工程:这里主要指保护桥头填土不致受河水冲刷的锥体护坡。它与桥台紧密相连,其实际形状相当于两个 1/4 个椭圆锥体,分设于桥台两侧。台身的大部分都为其所覆盖和包容。

(二)桥台的表达

桥台图一般由桥台总图、台顶构造图及钢筋布置图等图样来表示。图6-20是一T形桥台的桥台总图,它由侧视图、半平面和半基顶剖视图、半正面和半背面图所组成。

习惯上,把与线路垂直方向的称为桥台的侧面,从桥孔顺着线路方向的称为桥台的正面,从路基顺线路方向的称为桥台的背面。

1. 侧面图

它是从桥台侧面与线路垂直的方向投影而得到的。它能较好的表达桥台的外形特征,并反映出钢轨底面及路肩的高程,因而将其安排在正立面图的位置。图中应注明轨底、路肩、地面线的高程,还应标注线路的中心里程(图中未示),从而确定桥台的位置。坡度为1:1的细实线表示桥台两侧锥体护坡与台身的交线,锥体护坡本身则未表示,以显露桥台的形状。前墙内的虚线表示材料分界线。

2. 半平面半基顶剖视图

半平面主要表示道碴槽和顶帽的平面形状及尺寸。半基顶剖面图是沿基础顶面剖切而得到的剖视图,剖切位置在图中用文字写明,不再在图中标注。它主要表示台身底面和基础的平面形状及尺寸。

3. 半正面和半背面图

它是从桥台的正面和背面分别进行投影,两个方向所看到的情况不同。但同一桥台的正面或背面的桥台高度、宽度总是相同的,所以各画一半,组合在一起,中间用点画线分开。这种图叫组合图,它们主要表示桥台正面和背面的形状和尺寸。半正面和半背面图上要用细双点画线示出轨枕和道碴。

(三)桥台图的阅读

识读T形桥台图(图6-20和图6-21)的方法、步骤如下。

1. 看标题栏及附注说明

首先读标题栏、标注,从中了解桥台类型、图样比例、尺寸单位、各部分使用的材料等,然后根据各图形间的投影关系,分析研究桥台各部分的形状和大小。从附注说明中可知台顶部分另有详图。

2. 看桥台总图是由哪些视图组成及它们的表示方法和作用

图6-20由侧面图、半平面图及半基顶剖视图、半正面和半背面图组成。

3. 分析桥台各部分结构形状

按照投影规律,并根据桥台的各组成部分,逐步分析并读出它们的形状和大小。

(1)基础

由图6-20基本投影可知,桥台基础共有三层,每层厚100cm。基础的平面形状是T形,底层总长980cm,最宽处为740cm。从图中可读出其他详细尺寸。

(2)台身

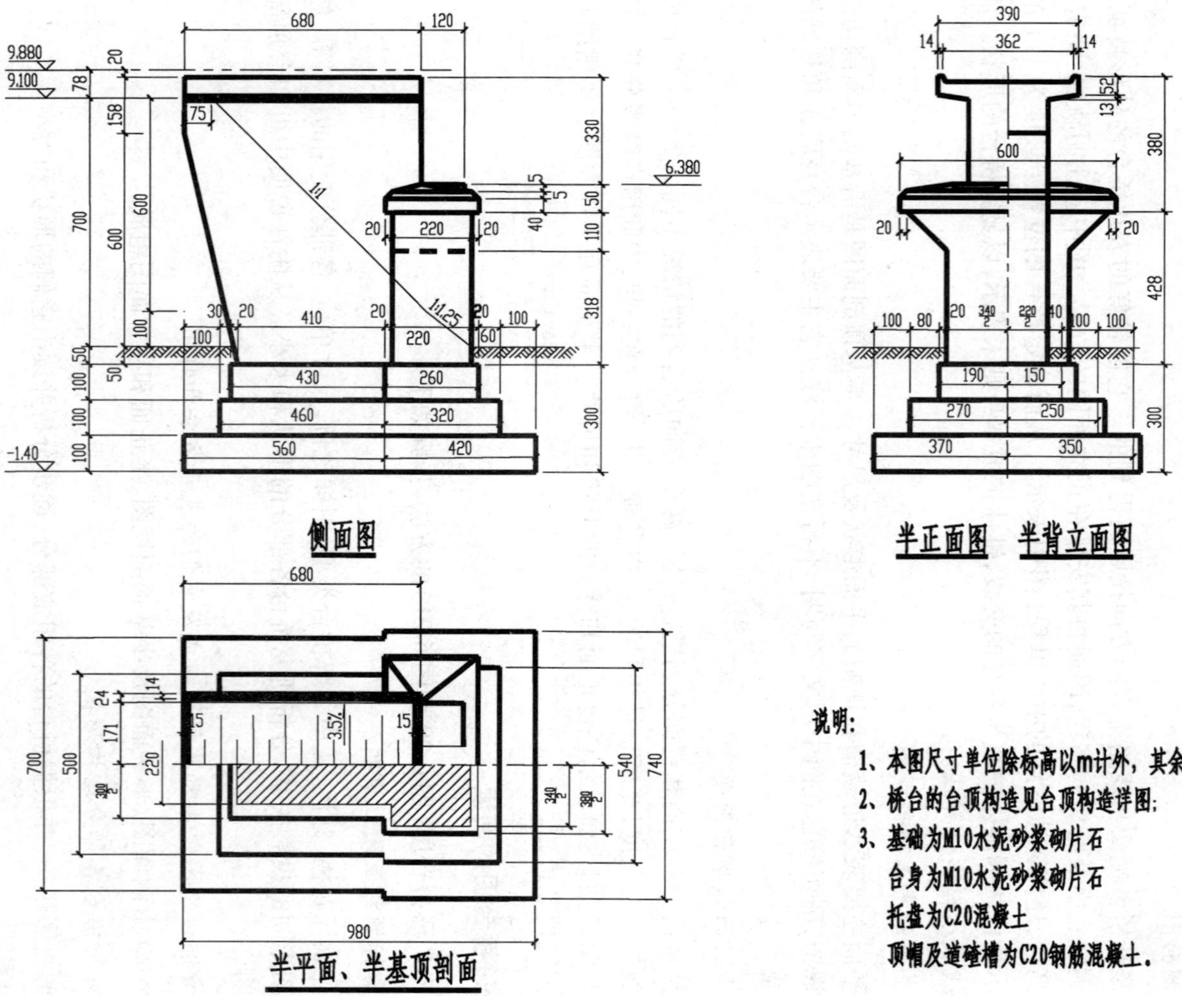

说明：

1、本图尺寸单位除标高以m计外，其余均以cm计；
2、桥台的台顶构造见台顶构造详图；
3、基础为M10水泥砂浆砌片石
台身为M10水泥砂浆砌片石
托盘为C20混凝土
顶帽及道碴槽为C20钢筋混凝土。

图 6-20　T形桥台总图

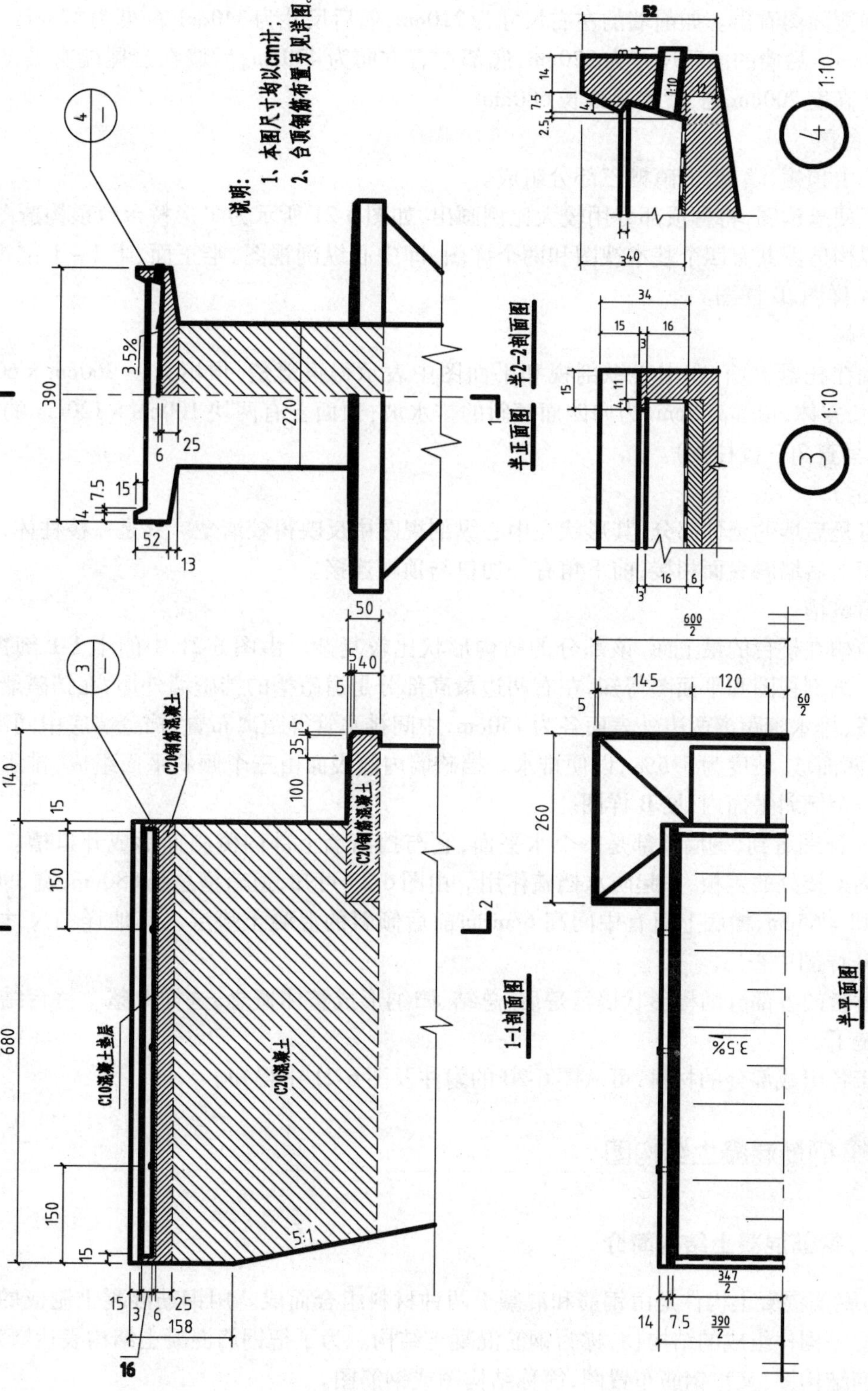

说明：
1、本图尺寸均以cm计；
2、台顶钢筋布置另见详图。

图 6-21 T 形桥台台顶构造图

台身分为前墙、后墙和托盘三部分，前、后墙下表面形状可由半基顶剖视图看出，高度可由正面图和侧面图看出。如前墙的左右尺寸为220cm，前后尺寸为340cm，高度为428cm，托盘高度为110cm。后墙的前后尺寸为220cm，底部左右方向为430cm；后墙在台尾端有坡度为5:1的斜面至高度700cm处，后墙顶部长680cm。

(3)台顶

台顶由顶帽、墙身、道碴槽三部分组成。

为了便于读图，将台顶部分用较大比例画出，如图6-21所示为T形桥台台顶构造图。

台顶构造图共有四个基本视图和两个详图，即中心纵剖视图、半正面、半1－1剖视图、平面图和A详图、B详图。

①顶帽

顶帽在托盘上面，在中心纵剖视和平面图中表示得很清楚，顶帽为一260cm×600cm×45cm的长方体，顶部高5cm，为向四面倾斜的排水坡；顶面上有两块100cm×120cm的矩形支承垫石(呈直角三棱柱体)。

②墙身

墙身是后墙的延伸部分，其形状在中心纵剖视图中反映得较清楚。其是一棱柱体，后表面有一斜面与后墙斜表面相接，前下角有一切口与顶帽连接。

③道碴槽

道碴槽在桥台的最上面，该部分的结构形状比较复杂。由图6-21中的半1-1剖视图，并结合中心纵剖视图和平面图得知，左右两边最高部分是道碴槽的挡碴墙外形，在挡碴墙下部设有排水管，排水管距离两边外表面各为150cm，中间排水管等距离布置，挡碴墙底中间高，两边低，形成两面坡，坡度为3.5%，以便排水。挡碴墙内侧表面由三个倾斜平面组成，排水管设在最下边一个倾斜平面内，见B详图。

从A详图看到，胸墙顶部是一个水平面，它与挡碴墙上部内侧斜面形成开口槽。该槽为安放与梁连接处的盖板，并起防水挡碴作用。由图6-23可知，道碴槽总长680cm，宽390cm，高为52＋13＝65cm，槽底上面有中间高6cm向前后倾斜的混凝土垫层。其他详细尺寸可从A详图和B详图中查出。

将桥台的各部分结构形状搞清楚后，总结、归纳形成整体概念，这样对整个桥台结构形状也就清楚了。

关于各组成部分的材料，可从图6-20的附注及图6-21中得知。

四 钢筋混凝土结构图

(一)钢筋混凝土结构简介

(1)钢筋混凝土构件是由钢筋和混凝土两种材料组合而成。用钢筋混凝土制成的板、梁、桥墩和桩等构件组成的结构物，称为钢筋混凝土结构。为了把钢筋混凝土结构表达清楚，需要画出钢筋结构图，又称钢筋布置图，简称结构图或钢筋图。

(2)混凝土的抗压强度较高，但其抗拉强度很低，而钢筋具有良好的抗拉强度，且与混凝土有良好的黏结力,其热膨胀系数与混凝土接近。因此,在混凝土中配置一定数量的钢筋,使之与混凝土结合成一整体,即钢筋混凝土,两者协同作用,共同承担外力。

(二)钢筋的基本知识

1. 钢筋的种类和符号

(1)按作用分类

①受力筋(主筋):承受主要拉力、压力的钢筋。

②架立筋:固定箍筋的位置并构成构件内的钢筋骨架。

③分布筋:一般布置在板类构件中,与板的受拉力垂直布置,一起构成钢筋骨架。

④箍筋(钢箍):固定受力筋的位置,并承受部分剪力。一般梁中都布置有箍筋。

⑤其他:根据构件的构造要求和施工安装需要配置的钢筋,如构造筋、吊环等。

钢筋混凝土结构中的钢筋如图 6-22 所示。

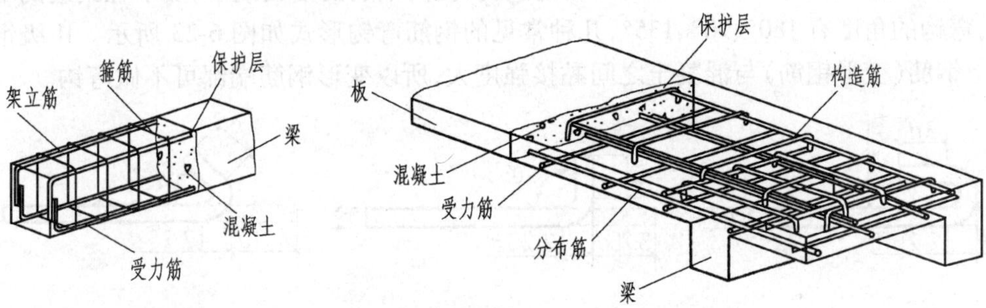

a) 梁中的钢筋　　b) 板中的钢筋

图 6-22　钢筋混凝土结构中的钢筋

(2)按材料分类

①光圆钢筋:即Ⅰ级钢筋,为避免钢筋在受力时被拉出,两端设置弯钩。

②变形钢筋:表面带有螺纹(人字纹、月牙纹等),包括Ⅱ级钢筋,Ⅲ级钢筋,Ⅳ级钢筋,变形钢筋,两端不设置弯钩。

(3)按钢筋的加工工艺的不同分类

土木工程中,常用的钢筋按加工工艺的不同分为热轧钢筋、冷拉钢筋。对热轧钢筋,按其强度分为 HPB235(I)、HRB335(II)、HRB400(III)、RRB400(III)四种。其中 HPB235 为普通碳素钢筋,HRB335、HRB400、RRB400 均为普通低合金钢。钢筋级别越大强度越高,但塑性越低。

(4)钢筋的符号

钢筋分普通钢筋和预应力钢筋两类。普通钢筋是指用于钢筋混凝土结构中的钢筋和预应力混凝土结构中的非预应力钢筋。常用的普通钢筋代号为:I 级钢筋ϕ,II 级钢筋Φ,III 级钢筋Φ,IV 级钢筋Φ,V 级钢筋Φ'。热轧光面钢筋 HPB,热轧带肋钢筋 HRB,余热处理钢筋 RRB。(注:钢筋生产一般分为冷拉钢筋,热轧钢筋和热处理钢筋。热处理钢筋因为在钢筋加工后期还通过热处理对内部组织进行调质处理,所以质量较高,但同时成本也高。热轧钢筋利用轧钢后的余热对钢筋进行热处理,节约了热处理成本,是新型的钢筋热处理工艺。)

2. 钢筋的保护层和弯钩

为了防止钢筋锈蚀和保证钢筋与混凝土紧密黏结，构件都应具有足够的混凝土保护层。混凝土保护层指钢筋外缘至构件表面的厚度，常见受力钢筋混凝土保护层最小厚度见表6-2。

受力钢筋混凝土保护层厚度（单位：mm）　　表6-2

构件名称		保护层厚度 c
板和墙	截面厚度 $h \leqslant 100$	10
	截面厚度 $h > 100$	15
梁和柱		25
基础	有混凝土垫层	35
	无混凝土垫层	70

为了加强光圆钢筋与混凝土之间的黏接强度，提高钢筋的锚固效果，要求在钢筋的端部做成弯钩，弯钩的角度有180°、90°、135°，几种常见的钢筋弯钩形式如图6-23所示。II级钢筋或II级以上钢筋（变形钢筋）与混凝土之间黏接强度大，所以变形钢筋端部可不做弯钩。

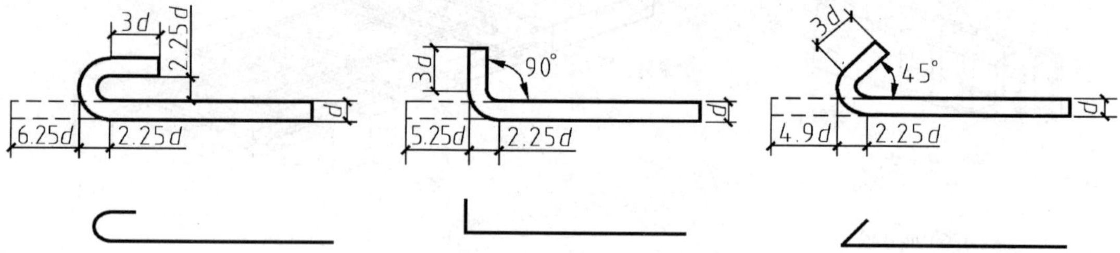

a)180° 弯钩　　b)90° 弯钩　　c)135° 弯钩

图6-23　常见的几种钢筋弯钩形式

3. 钢筋的图例

一般钢筋常用的表示图例见表6-3。

钢筋常用图例　　表6-3

序号	名　称	图　例	说　明
1	钢筋横断面	•	
2	无弯钩的钢筋端部	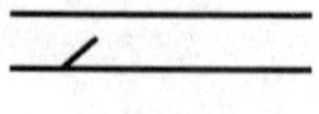	下图表示长短钢筋投影重叠时，可在短钢筋的端部用45°短画线表示
3	带半圆形弯钩的钢筋端部		
4	带直钩的钢筋端部		

续上表

序号	名　称	图　例	说　明
5	带丝扣的钢筋端部		
6	无弯钩的钢筋搭接		
7	带半圆弯钩的钢筋搭接		
8	带直钩的钢筋搭接		
9	套管接头(花篮螺钉)	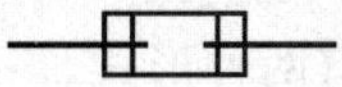	

(三)钢筋图的表示法

1. 钢筋图的图示特点

(1)钢筋混凝土结构图主要是表达构件内部钢筋的布置情况,所以假想混凝土为透明体,用细实线绘出构件的外形轮廓,用粗实线(钢箍为中实线)或黑圆点(钢筋断面)绘出内部钢筋,以突出钢筋的表达。

(2)钢筋弯钩和净距的尺寸都比较小,画图时不能严格按照比例来画。为避免线条重叠,要考虑适当放宽尺寸,以清楚为度,称为夸张画法。

(3)配筋图一般包括平面图、立面图、断面图,有时还需列出钢筋表。若构件形状复杂且有预埋件时,还需要绘出构件外形图,即模板图。钢筋图不一定要三个投影图都画出,而是根据需要决定,例如钢筋混凝土梁的钢筋图,一般不画平面图,只用立面图和断面图来表达。在构件的配筋剖面图和断面图中,钢筋混凝土构件的材料图例不必画出。

2. 钢筋的编号和标注方法

在钢筋结构图中为了区分各种类型和不同直径的钢筋,要求对每种钢筋加以编号并在引出线上注明其规格和间距。

(1)钢筋编号

在钢筋混凝土构件中,由于钢筋数量较多,为了区别其规格、品种,形状、尺寸不同的钢筋均应编号。

①编号次序按钢筋的直径大小和钢筋的主次来分:直径大的编在前面,直径小的编在后面;受力钢筋编在前面,箍筋、架立筋、分布筋等编在后面。

②钢筋的编号用1、2、3…顺序表示,数字写在直径为6~8mm的细实线圆圈内,并用引出线引到相应的钢筋上,如图6-24a)所示。也可以在钢筋的引出线上加注字母“N”,如图6-24c)所示。

③若有几种类型的钢筋投影重合时,可以将几种钢筋的号码并列写出,如图6-24b)所示。

④如果钢筋数量很多,又相当密集,可采用表格法。即在用细实线画的表格内注写钢筋的编号,以表明图中与之对应的钢筋,如图6-24d)所示。

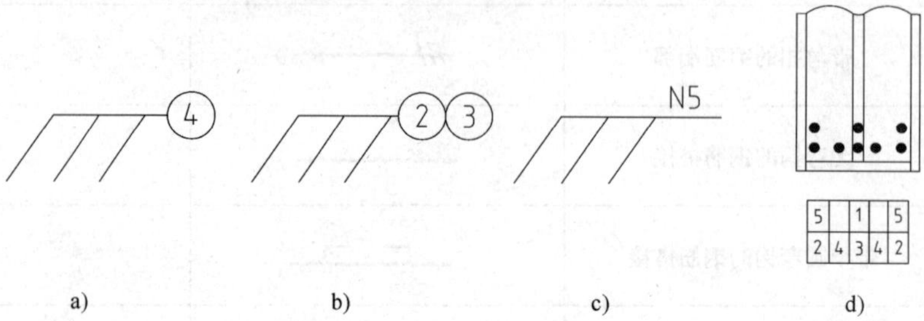

图6-24 钢筋的编号注法

(2)钢筋的标注

在配筋图中钢筋的标注方法有两种形式。一种形式的标注内容有钢筋的数量、级别、直径[图6-25a)];另一种形式的标注内容有级别、直径、等距符号、相邻钢筋的中心间距[图6-25b)]。

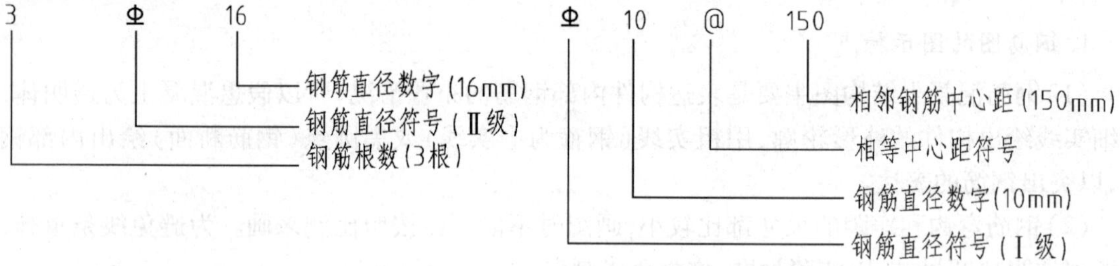

a)标注形式(一)　　b)标注形式(二)

图6-25 钢筋的标注方法

如$\frac{6\phi10}{l=139@12}$①,表示编号1的钢筋为Ⅰ级钢筋,直径为10mm,共6根,下料长度为139mm,@12表示钢筋轴线之间的距离是12mm。

钢筋编号及标注示例如图6-26所示。

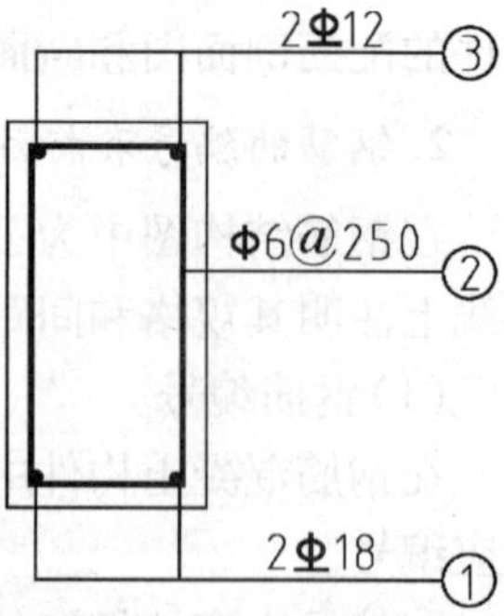

图6-26 钢筋编号及标注示例

3.钢筋成型图

在钢筋结构图中,为了能充分表明钢筋的形状以便于配料和施工,还必须画出每种钢筋加工成型图,图中应注明钢筋的符号、直径、根数、弯曲尺寸和下料长度等。有时为了节省图幅,可把钢筋成型图画成简略图放在钢筋数量表内。

4.钢筋数量表

在钢筋结构图中,一般还附有钢筋数量表,内容包括钢筋的编号、直径、每根长度、根数、总长及重量等,必要时可加画略图。

(四)钢筋图识图举例

如图 6-27 所示为一钢筋混凝土梁的结构详图,下面以此为例简要介绍钢筋混凝土结构图的识读内容及方法。

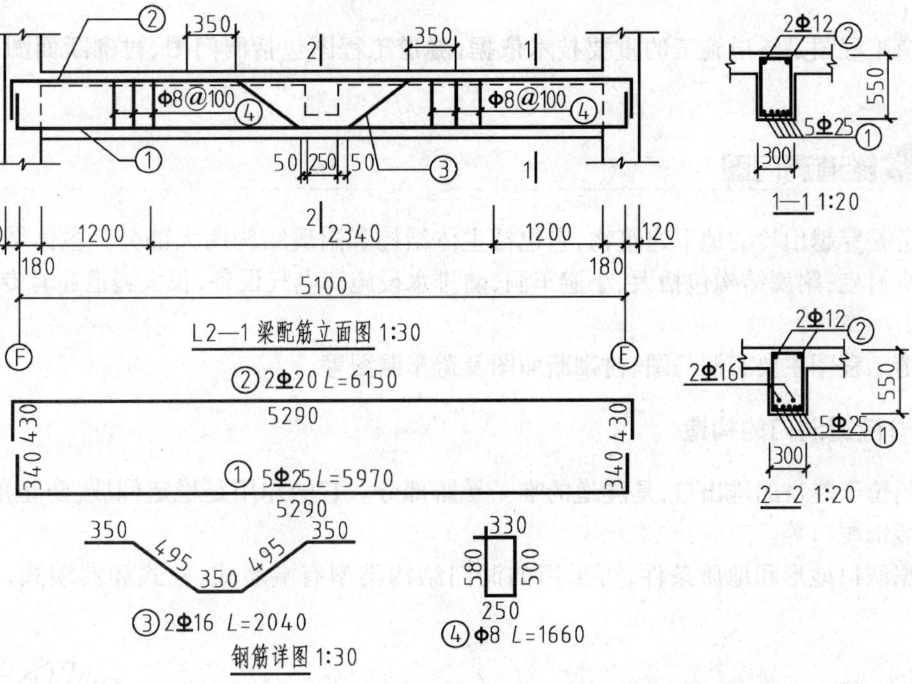

钢 筋 表

编号	简 图	直径	长度	根数	备注
1		Φ25	5970	5	
2		Φ20	2040	2	
3		Φ16	6150	2	
4		Φ8	1660	50	

图 6-27　钢筋混凝土梁结构详图

梁的结构详图一般包括梁配筋立面图、断面图、钢筋详图以及钢筋表等。立面图主要表达梁的轮廓尺寸、钢筋位置、编号及配筋情况;梁断面图主要表达梁截面尺寸、形状,箍筋形式及钢筋的位置、数量,其剖切位置应选择梁截面尺寸及配筋有变化处。

如图 6-27 所示的钢筋混凝土梁结构详图中,立面图主要表达了梁中配置的钢筋的直径、等级、编号及摆放位置等;1-1 断面图主要表达了该断面中钢筋的摆放位置、梁截面尺寸等,如①号 5 Φ 25 钢筋配置在梁的下部,②号 2 Φ 12 的钢筋配置在梁的上部,梁高为 550mm,梁宽为

300mm；钢筋详图主要表达了梁中钢筋的长度尺寸，如①号钢筋总长5970mm；钢筋表中列出了各编号钢筋的规格、长度、根数等信息。

第三节　隧道工程图

隧道工程图是隧道施工的重要技术依据，隧道工程图包括洞门图、衬砌断面图及避车洞图等。

一　隧道洞门图

隧道是穿越山岭的地下建筑物，它包括主体结构和附属结构两大部分。主体结构包括洞门和洞身衬砌；附属结构包括大、小避车洞，防排水设施和电气设备，长大隧道还有专门的通风设备等。

隧道工程图主要有洞门图、衬砌断面图及避车洞图等。

（一）隧道洞门的构造

洞门位于隧道的进出口，是隧道的唯一暴露部分。它的作用是稳定仰坡、防止落石、引离流水和装饰洞口等。

根据洞口地形和地质条件，可采用的洞门结构类型有端墙式、柱式和翼墙式，如图6-28所示。

a）端墙式　　b）柱式　　c）翼墙式

图6-28　隧道洞门

下面以翼墙式洞门为例说明隧道洞门的构造。

翼墙式洞门主要由洞门端墙、翼墙和排水系统组成。

端墙用来保持仰坡稳定，阻挡仰坡落石和雨水侵入洞口线路，它以10:1的坡度向线路两侧倾斜。其顶面坡度与山体仰坡一致，并在墙上设有排除墙后地下水的泄水孔，墙顶设有排水沟。

洞顶地表水通过端墙顶水沟、翼墙顶排水沟流入路堑侧沟，洞内水通过洞内排水沟流入路堑侧沟内排除。

(二)隧道洞门的表达

表示隧道洞门各个部分的形状尺寸的图样叫隧道洞门图。下面以翼墙式隧道洞门为例说明隧道洞门图的内容,如图6-29和6-30所示。

1. 正面图

正面图是沿着线路方向对隧道洞门进行投射而得到的投影。它表明洞门衬砌的形状和主要尺寸,端墙的高度和长度,端墙与衬砌的相对位置,端墙顶水沟的坡度,翼墙倾斜度,端墙顶水沟与翼墙顶排水沟的连接情况以及洞内排水沟的位置、形状等。

2. 平面图

平面图主要表示洞门处各排水沟走向及连接情况。

3. 1-1 剖视图

1-1 剖面图是沿着隧道中心线剖切而得到的。它表明端墙的厚度和倾斜度,端墙顶水沟的断面形状和尺寸以及翼墙顶的坡度等。

4. 2-2 断面图和3-3 断面图

这两个断面图用来表明翼墙的厚度及倾斜度,翼墙顶排水沟的断面形状和尺寸,翼墙基础或底部水沟的形状和尺寸等。

5. 排水系统详图

排水系统详图主要表示各排水沟的详细构造及做法,隧道内外水沟的连接等,如图6-29所示。

(三)隧道洞门图的阅读

1. 首先阅读标题栏和附注

从标题栏中主要了解隧道洞门的类型、各部建筑材料及尺寸单位等有关内容。

2. 查明表达该洞门的视图的数量及来源

如图6-29和6-30所示,表达洞门共用两个基本视图(正面图和平面图)、一个1-1剖视图、两个断面图(2-2、3-3)以及排水沟详图等,其中1-1剖视图的剖切位置和投影方向在正面图中注出,2-2、3-3断面图的剖切位置表示在1-1剖视图中。

3. 弄清洞门各组成部分的形状和尺寸

(1)端墙

由正面图和1-1剖视图可知,端墙以10:1的坡度向洞身方向倾斜,其长度尺寸为1028cm,墙厚(水平方向)为80cm。墙顶上部除后边之外其余三边均做成10cm×10cm的抹角。

在端墙顶的背后设有水沟,由正面图可知水沟自墙的中间向两端倾斜,其坡度 $i=0.05$,沟身为40cm,断面形状如1-1剖视图所示。在端墙顶水沟的两端设有厚30cm、高200cm的短墙,其形状用虚线表示在正面图及1-1剖视图中。沟中的水通过埋在端墙体内的水管流到墙面上的凹槽里,然后流入翼墙顶排水沟排走。

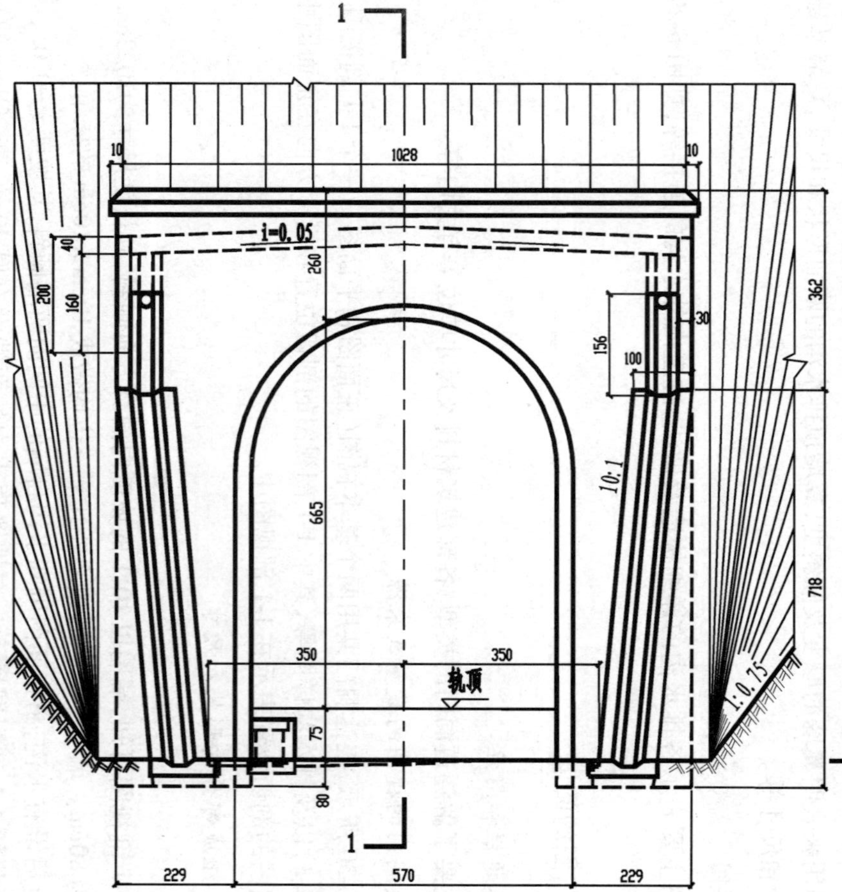

正面

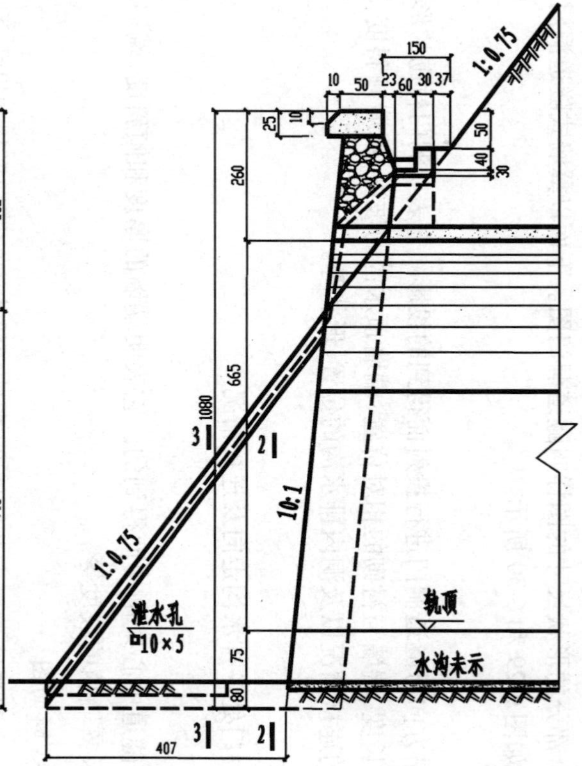

1-1剖视图

图 6-29　翼墙式隧道洞门图（一）

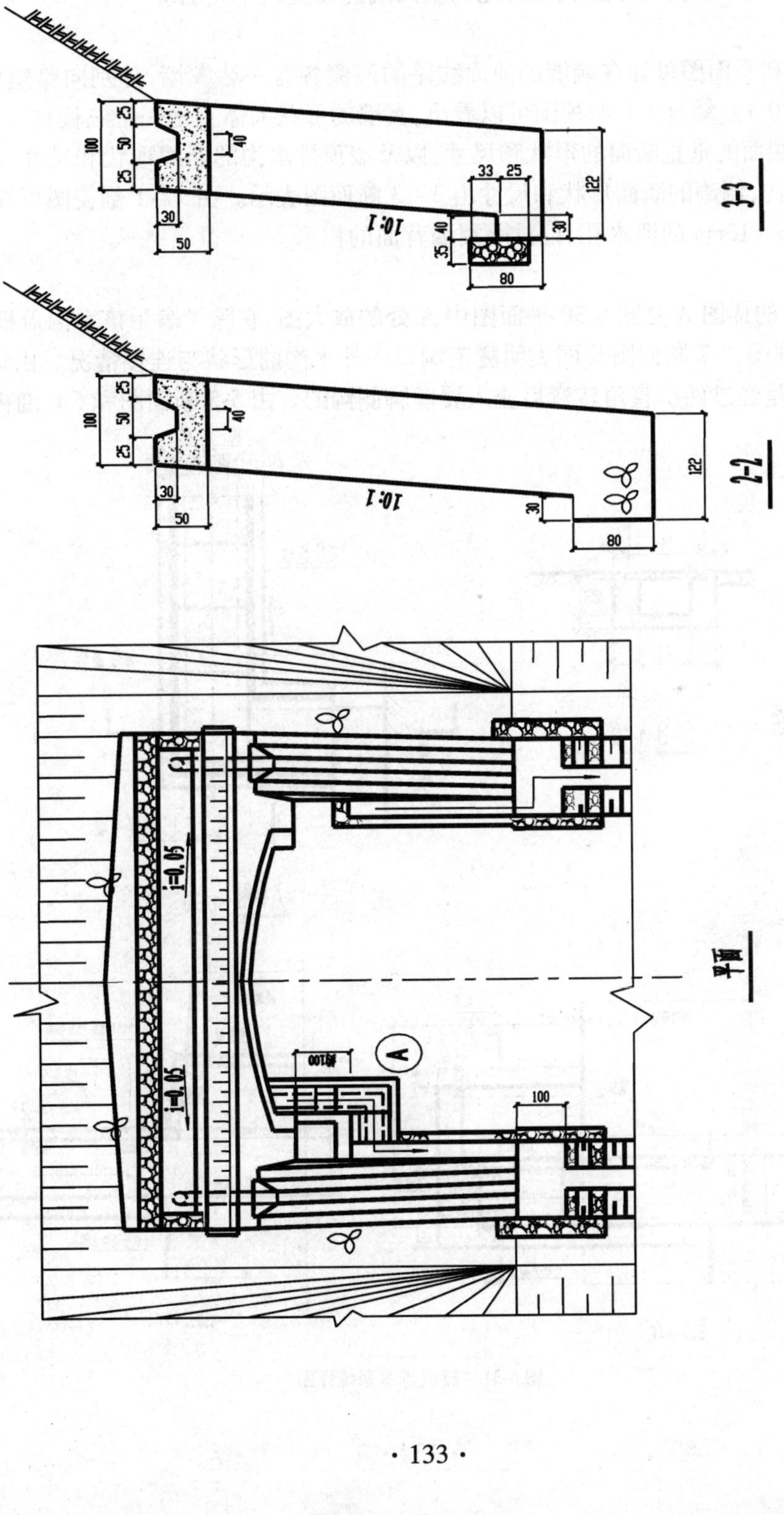

图 6-30 翼墙式隧道洞门图（二）

端墙顶水沟靠洞门一侧的沟壁不是侧垂面，而是双曲抛物面。因为此沟壁的上边线为端墙顶的侧垂线，而下边线为正平线(这样才能使向两端倾斜的沟底面宽 60cm 保持不变)，上下边线不在同一个平面内。如此设置后，此沟壁两端的坡度比中间的陡一些。

(2)翼墙

由正面图和平面图可知在端墙的前面线路的两侧各有一堵翼墙，分别向路堑两边的山坡倾斜，坡度为 10:1。结合 1-1 剖视图可以看出，翼墙的形状大体上是一个三棱柱。从 2-2 和 3-3 断面图可知端面的垂直断面的形状和尺寸，以及墙顶排水沟的断面形状和尺寸，由平面图可知翼墙脚有侧沟，侧沟的断面形状和尺寸由 3－3 断面图表示。由 1－1 剖视图可知，翼墙内还设有一个 10cm × 15cm 的泄水孔，以排除翼墙背面的积水。

(3)侧沟

图 6-31 中的详图 A 是图 6-30 平面图中 A 处的放大图，它除了表示该水沟盖板设置外，还与 6-6、8-8 剖视图，7-7 断面图共同表明隧道洞口内外水沟的形状与连接情况。由详图 A 可知洞内侧沟的水是经过两次直角转弯后流入翼墙脚侧沟的。由 5-5 断面图和 6-6 剖视图可知洞

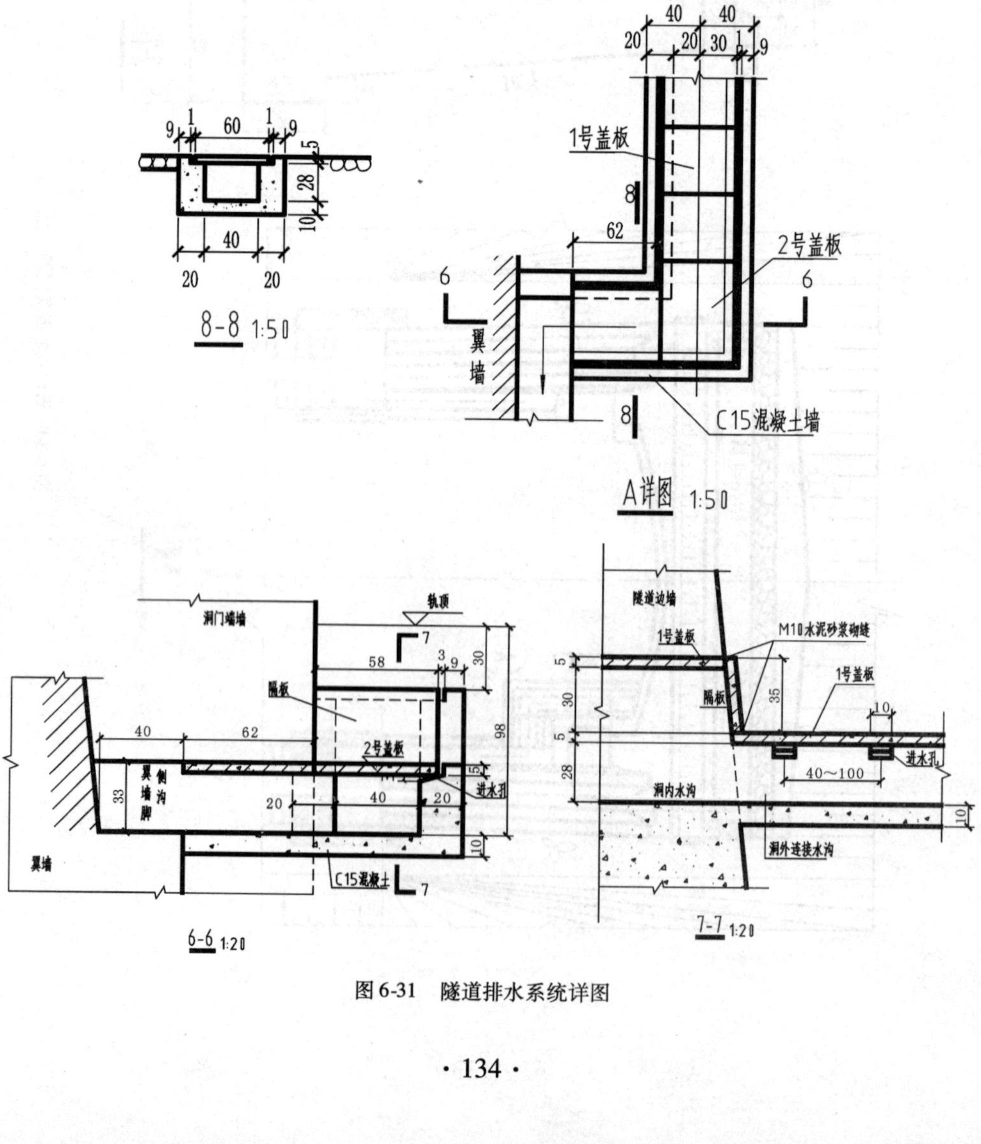

图 6-31　隧道排水系统详图

内外侧沟断面形状均为矩形的混凝土沟槽，沟宽 40cm，洞内沟深为 98 - 30 = 68cm，洞外沟身为 28 + 5 = 33cm。由 8-8 剖视图可知，洞内外侧沟的沟底在同一平面上，在洞口处侧沟边墙高度变化的地方有隔板封住，以防道碴掉入沟内，洞内外侧沟上部盖有钢筋混凝土盖板，且洞外侧沟的边墙上设有进水孔，每间隔 40 ~ 100cm 设一个。

从图 6-30 的平面图可以看出，翼墙顶排水沟和翼墙脚排水沟的水先流入汇水坑，然后再从路堑侧沟排走。图 6-32 中的 4 - 4 剖视图分别表示左、右两翼墙前端部各水沟与汇水坑的连接情况和尺寸。5-5 断面图表示路堑侧沟的断面形状及尺寸。它们的剖切位置均标注在图 6-32 的汇水池平面图中。由 5-5 断面图的剖切位置可知，5-5 断面图的右边一半表明靠近汇水坑处的铺砌情况，而左边一半则表明离汇水坑较远处的铺砌情况。

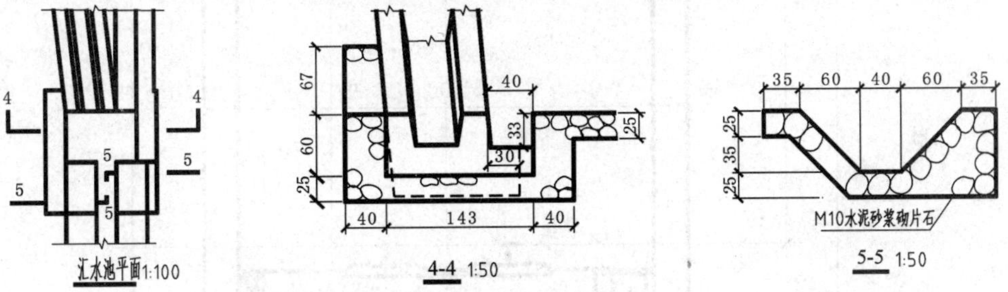

图 6-32 隧道外侧沟

二 隧道衬砌断面图

铁路隧道是地下建筑物，其洞内衬砌主要承受围岩的压力，因此洞内衬砌根据围岩类别的不同分为不同的结构类型。用横断面图来表示洞内衬砌的图称为隧道衬砌断面图。如图 6-33 所示的是直边隧道衬砌断面图（此外还有曲边墙式）。由此图可知，两侧边墙基本上是长方体，只是墙顶面有 1:6.08 的坡度，此坡面也称拱圈的起拱线，应通过相应的圆心。拱圈由三段圆弧组成，相互间圆滑连接。底部左侧是洞内，右侧为电缆沟。最下部是混凝土铺底，有 $i = 0.03$ 的坡度斜向侧沟一边，以便于排水。图中垂直方向的定位尺寸均是以轨顶线为基准而标注的。

三 避车洞图

隧道内有大、小两种避车洞，是供维修人员和运料小车避让列车用的。大避车洞还可堆放一些必要的维修材料和工具。它们沿线路方向交错设置在隧道两侧的边墙上，通常每侧相隔 300m 设置一个大避车洞，在每侧大避车洞之间每间隔 60m 设置一个小避车洞。

避车洞图包括大、小避车洞位置图（如图 6-34 所示）和大、小避车洞详图（如图 6-35、图 6-36 所示）。

大、小避车洞位置图表示隧道内大、小避车洞交错设置的情况。由于隧道纵向尺寸比横向尺寸大得多，为节省图幅，纵横方向可采用不同的比例，纵向常用 1:2000，横向常用 1:200 等比例。避车洞示意画出。

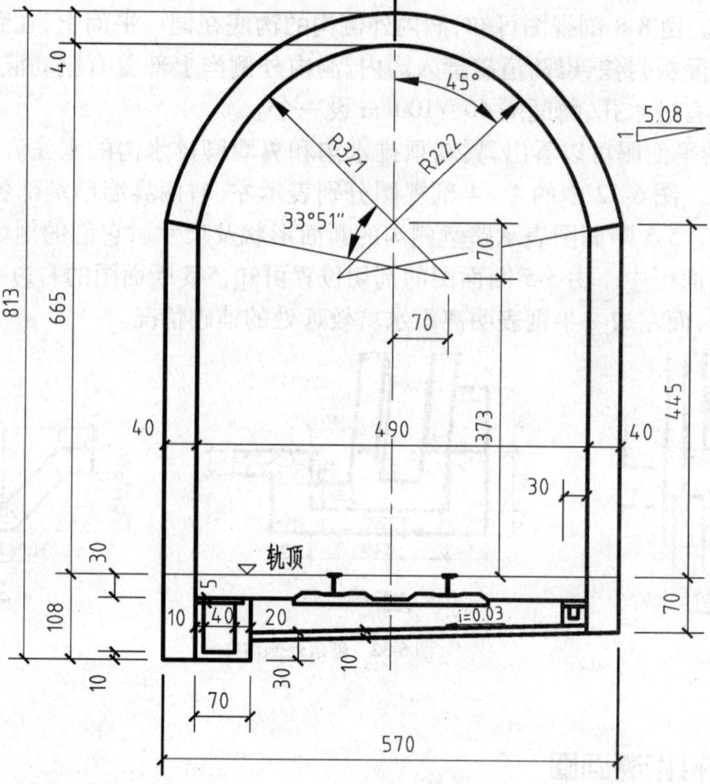

图 6-33　隧道衬砌断面图

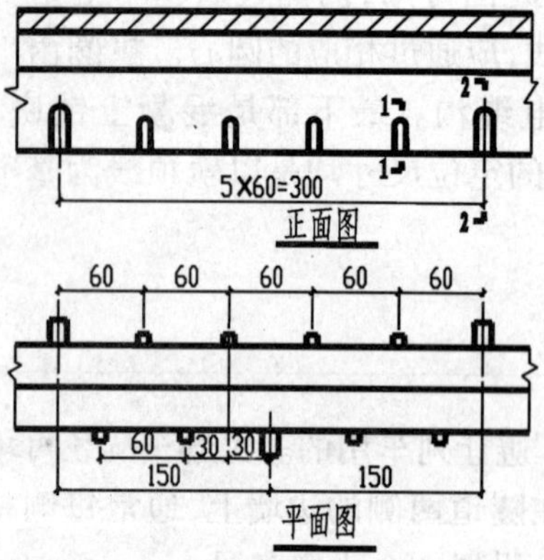

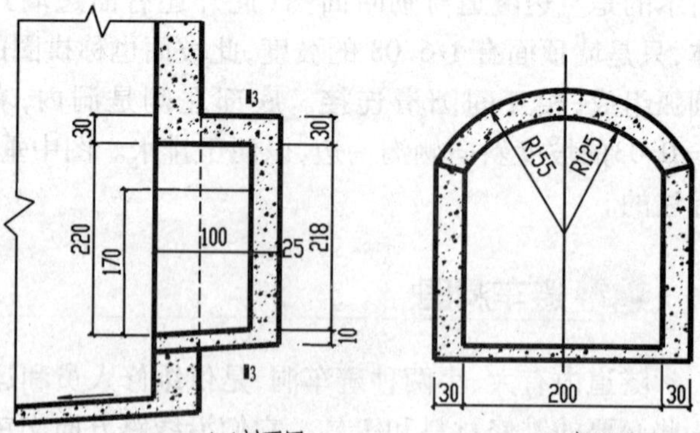

图 6-34　大、小避车洞位置图　　　　　　　　图 6-35　小避车洞图

大、小避车洞详图表示大、小避车洞的详细形状、构造和尺寸等。由图 6-36 可知，大避车洞宽 4m，深 2.5m，中心高 2.8m；由图 6-35 可知，小避车洞宽 2m，深 1m，中心高 2.2m。大小避车洞均用混凝土衬砌。

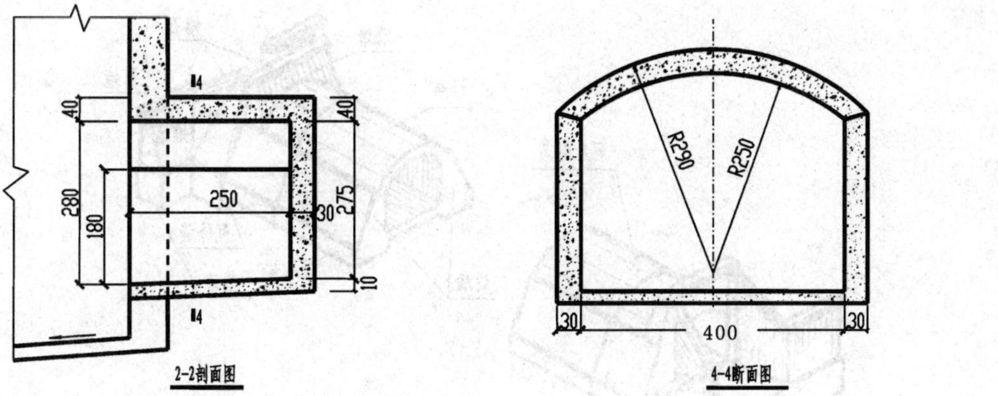

图 6-36　大避车洞图

第四节　涵洞工程图

涵洞工程图是涵洞施工的重要技术依据，其中，涵洞工程图是以涵洞构造总图的形式表达的。

一　涵洞的构造

（一）涵洞的类型

涵洞是一种埋设在路堤下面，用来排泄小量水流或通过小型车辆和行人的建筑，涵洞上面有回填土，一般涵洞填土高度不小于 1m（自拱顶至轨底）。涵洞具有比小桥施工容易、养护方便等优点。

涵洞按洞身断面形状可分为拱涵、圆涵和盖板箱涵等类型，如图 6-37a）、6-37b）、6-37c）所示。

（二）拱涵的组成

涵洞虽然有多种类型，但其主要组成部分基本相同。拱涵是常见的一种涵洞，它主要由洞身、洞口两部分组成。洞口的两端部分叫做出、入口，洞身埋在路基内，如图 6-37a）所示。

1. 洞身

涵洞的洞身由若干管节组成。在入口处第一管节为抬高节（也有不设抬高节的），它由基础、边墙、拱圈和端墙组成。中间为洞身节。因抬高节与洞身节的高度不同，因此，与抬高节相邻的洞身节设有挡墙。各管节彼此之间用沉降缝断开，对沉降缝作防水处理。洞身上部覆盖防水层或黏土保护层。

2. 出口和入口

涵洞出口和入口的形状是相似的，都是由基础，雉墙、翼墙和帽石组成，只是各部分尺寸大

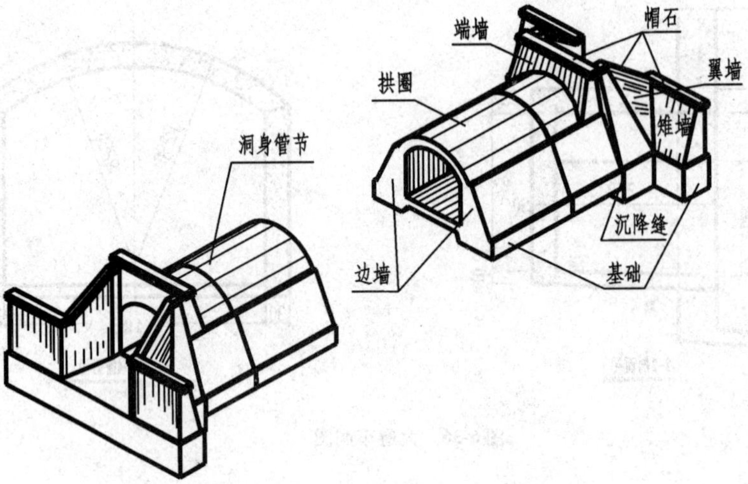

a) 拱涵

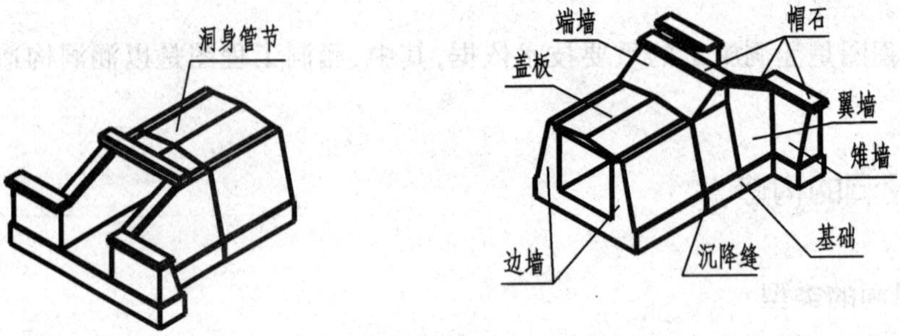

b) 盖板箱涵

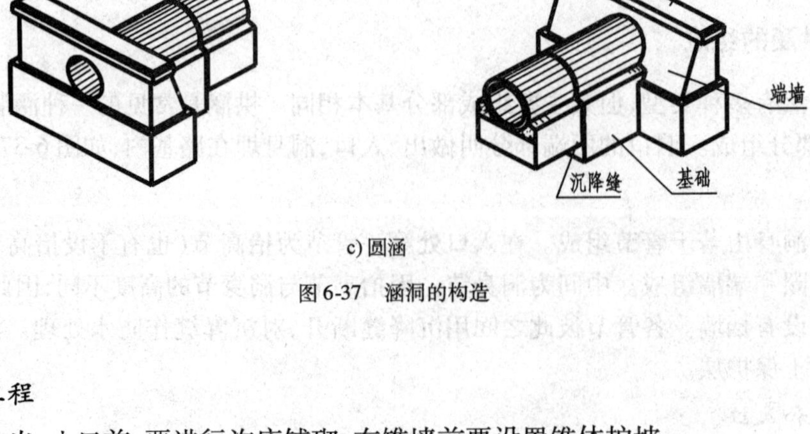

c) 圆涵

图 6-37　涵洞的构造

小不同。

3. 附属工程

在洞口的出、入口前，要进行沟床铺砌，在雉墙前要设置锥体护坡。

二 涵洞工程图

(一)拱涵的表达

涵洞一般用总图来表达,需要时可单独画出涵洞某一部分的构造详图。拱涵总图一般由中心纵剖视图、半平面半基顶剖视图、出入口正面图以及剖视图等组成,如图6-38所示。

1. 中心纵剖视图

它是沿涵洞中心线剖切后画出的全剖视图,图中可以显示出涵洞的总节数、每节长、总长度、沉降缝宽度、出入口的长度和各种基础的厚度(深度)、净孔高度、拱圈厚度以及覆盖层厚度等。图中还表示了涵洞的流水坡度、基础顶面高程、路基的坡度、洞口锥体护坡的纵向坡度及地面铺砌等。因涵洞洞身较长,所以用断开画法把涵洞中部形状相同的一些洞身节略去不画,而用尺寸中的 n 来说明节数。

2. 半平面半基顶剖视图

半平面图主要表示各管节的宽度、出口的形状和尺寸、帽石的位置、端墙与拱圈上表面的交线等。半基顶剖视图是过边墙底面剖切而得到的,主要表示边墙、出入口的底面形状和尺寸、基础的平面形状和尺寸等。

3. 出、入口正面图

出、入口正面图,就是涵洞的右、左侧立面图。为了看图方便,将左侧立面图(入口正面图)绘制在中心纵剖视图的左边,右侧立面图(出口正面图)绘制在中心纵剖视图的右边。它们表示出入口的正面形状和尺寸、锥体护坡的横向坡度及路基边坡的片石铺砌高度等。必须注意的是,各图布置均应保持投影关系。

4. 剖视图

涵洞翼墙和管节的横断面形状及其有关尺寸,上述三个视图都未能反映出来,因此,在涵洞的适当位置进行横向剖切,作出剖视图。为了表示不同位置的断面形状,要画出足够的剖视图。由于涵洞前后对称,所以各剖视只需画出一半,也可以把形状接近的剖视图结合在一起画出,如2-2剖视图与3-3剖视图。

5. 拱圈详图

拱圈详图是表明拱圈的形状和尺寸的图。

(二)拱涵图的阅读

图6-38所示为拱涵总图,其识读方法、步骤如下。

1. 首先阅读标题栏和说明,从中得知涵洞的类型、孔径、孔数、是否有抬高节、基础形式及比例、尺寸单位、材料。

2. 看清所采用的视图及其相互关系。

3. 按照涵洞的各组成部分,看懂它们的结构形状,明确其尺寸大小。

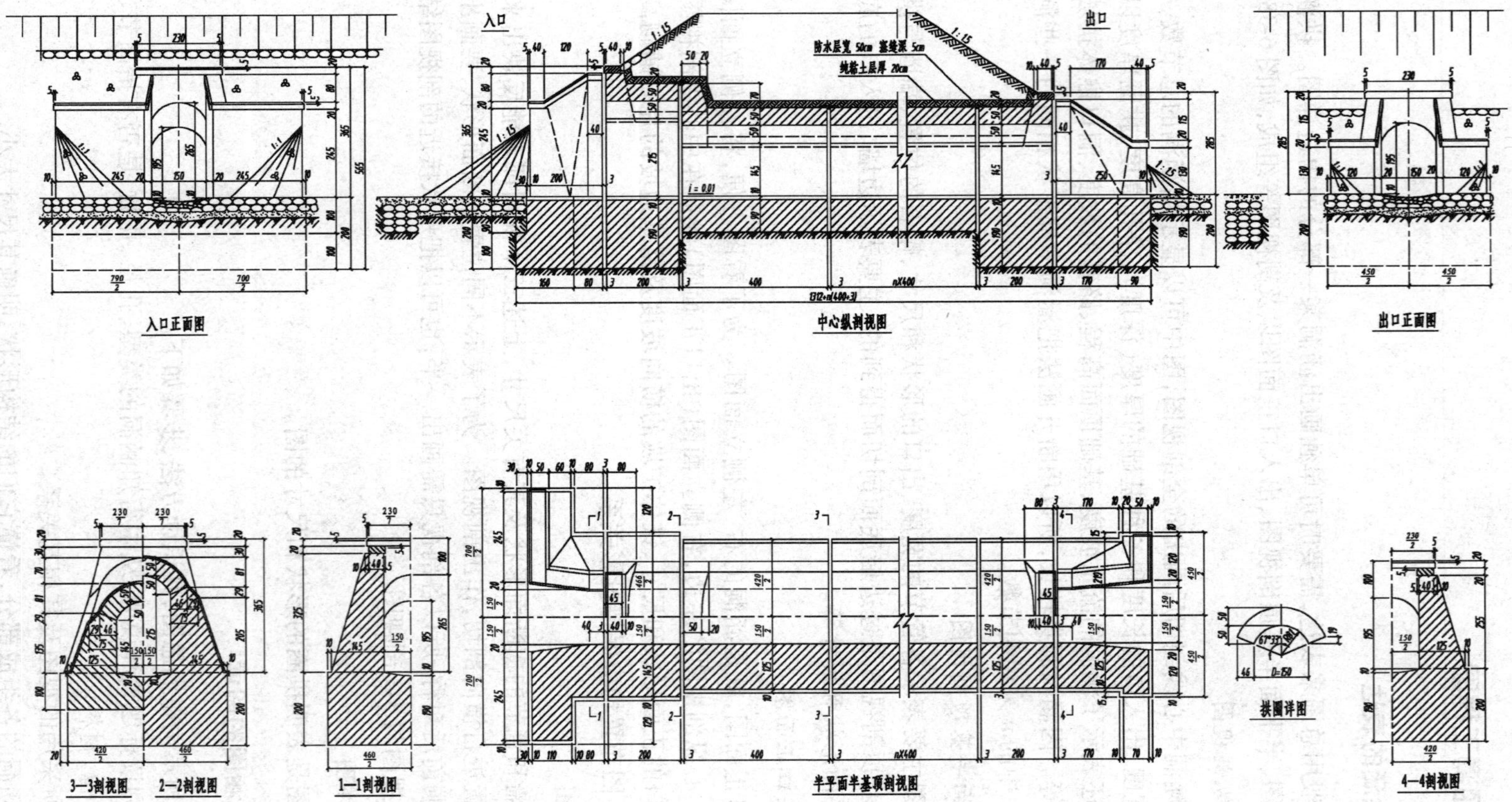
入口
出口
防水层宽 50cm 塞缝泥 5cm
纯黏土层厚 20cm
i = 0.01
1312+n(400+3)
nX400
入口正面图
中心纵剖视图
出口正面图
3—3剖视图
2—2剖视图
1—1剖视图
半平面半基顶剖视图
拱圈详图
4—4剖视图

图 6-38　拱涵总图

(1)洞身

洞身可分为洞身节和抬高节两部分。与抬高节相邻的洞身节设有挡墙。

①洞身节

由中心纵剖视图、半平面半基顶剖视图和3－3剖视图可知:洞身节每节长400cm,净孔高为145＋50＝195cm,沉降缝为3cm,缝外铺设50cm宽的防水层;基础为一400cm×420cm厚的圆拱,其尺寸大小由拱圈图中得知。

挡墙的上墙,在洞身节拱顶以上部分,为圆柱体被倾斜平面所截,形成一椭圆曲线,挡墙的拱圈与边墙间有一斜面相接。

②抬高节

抬高节应结合2-2剖视图进行识读。抬高节的基础、边墙与洞身节相似,但尺寸略大;拱圈与洞身节相同;抬高节的净孔高为215＋50＝265cm;端墙的三角都做成斜面,右侧面与拱圈相交,截交线为一椭圆曲线;端墙的尺寸大小可以由图中得知;端墙顶部有一45cm×240cm×20cm的长方形帽石,它的三面有5cm的抹角。

在紧靠出口的一节,也设有端墙,其形状、大小与抬高的端墙相同,仅其尺寸有所差异。

在识读洞身过程中必须注意的是:在洞身外侧,边墙顶部有一垂面,它的投影在中心纵剖视图中为两水平虚线;在平面图中为两条与中心轴线平行的粗实线,则是其外表面两交线的投影;半平面图中的曲线,是端墙及挡墙截交线(椭圆曲线)的投影;边墙的内起拱线的投影在中心纵剖视图中是位于水平虚线下方的粗实线,在半平面图中则是一条与中心轴线平行的虚线。

(2)出口和入口

①入口

入口应结合入口正面图及1-1剖视图、半平面及半基顶剖视图,可以看出:基础是T形,厚200cm;左端做成台阶,分两级,每级高100cm、宽30cm;基础顶面有深10cm的弧形槽。

两翼墙前后对称设置,右端面对齐。两翼墙内侧面均由两平面组成,右边为40cm长的正平面;外侧面的两个平面中,一个是梯形侧垂面,另一个是一般位置的三角形平面;上表面由一个长方形及一个平行四边形垂面组成。

两雉墙的断面形状是梯形,由中心纵剖视图中的虚线表示,雉墙外端面是正平面,内端面与翼墙内侧面重合。

帽石位于翼墙和雉墙顶部,宽为45cm、厚20cm的长条形,上边有5cm抹角。

②出口

出口形状与入口一样,仅仅是尺寸不同,读者可自行分析。

综合上述,即可想象出如图6-38所示的整个出入口的结构形状。

(3)锥体护坡和沟床铺砌

从中心纵剖视图、入口正面图和出口正面图中可以看到锥体护坡和沟床铺砌的构造。锥体护坡是1/4椭圆锥体,顺路基边坡的坡度为1:1.5,顺雉墙面的坡度为1:1。出入口外的锥顶高度由路基边坡与雉墙端面的交点确定。沟床铺砌由出入口起延伸到锥体护坡之外,其端部砌筑垂裙,具体尺寸另有详图表示。

通过上述分析,即可想象出该涵洞的整体形状和各部分尺寸大小。

◀本章小结▶

本章主要介绍了道路、桥梁、隧道、涵洞工程的图示内容、特点以及识读及绘制方法。

读图的方法和要点是：首先了解路线、桥梁、隧道、涵洞工程的组成，然后掌握各种工程图的图示内容和特点。在读图过程中，要特别注意路线平面图、路线纵断面图和路基横断面图之间的关系；桥梁、隧道、涵洞工程图的内容及视图配置的特点等。

第七章　钢结构图

[学习要求]

了解钢结构的基本知识，熟悉型钢的标注方法、钢结构的连接方式和尺寸标注方法；掌握钢桁梁图和钢屋架结构图的图示内容、特点与识读方法。

[重点]

钢桁梁图和钢屋架结构图的图示内容、特点与识读方法。

[难点]

钢结构节点图的分析与识读。

在土建工程中，钢屋架、钢梁、钢脚手架等都是由各种型钢经加工组拼而成，所以将这些结构物统称为钢结构。近几年，随着科技的发展和钢材品质的不断进步，钢结构的重要性被大多国家和地区所肯定，在欧洲、美洲、日本、中国台湾等地，厂房的兴建几乎全部采用钢结构。最近10年，在美国，大约70%的非民居和两层及以下的建筑均采用了轻钢钢架体系。在我们国家，这几年钢结构也得到了飞速发展，主要用于桥梁、大跨度建筑、高层建筑、厂房和大型公共工程。

第一节　概　　述

一　钢结构特色

钢结构与钢筋混凝土相比，具有以下几个特色。

1. 钢结构自重小，耐地震力好

钢结构与钢筋混凝土自重之比约为1∶1.6，而地震力＝质量×地震加速度，故重量愈轻，地震力也愈少。所以钢结构自重小，耐地震力更有效。

2. 大跨度钢结构对梁深及柱间跨度，有较佳之优势

如一般钢筋混凝土的梁深及跨度比约为1∶12，而钢结构则为1∶24。

3. 现场施工方便快捷，加工质量有保证，施工工期短

预制加工钢结构的构件可以在工厂制造，而不必在施工现场加工，不但保证了钢结构的加工质量，而且减少了人工、运输和管理等的费用，施工工期也比钢筋混凝土缩短许多。

4. 可以热处理，坚固耐用

用适当的成分调配及热处理后，可增高钢结构的强度及韧性，大大提高工程的安全性。

5. 设计弹性大,而且计算结构准确

高难度的大跨距及特殊造型,均采用钢结构设计而突破。钢结构由于材质均匀,钢材强度一致,为其他材料所不及。

6. 外形新颖、美观大方

采用的配套材料,如彩色钢板、铝合金、玻璃幕墙等色彩多变化的时代产品,可彼此搭配,塑造出美观大方的建筑物。

二 型钢及标注方法

钢结构是用钢板、热轧型钢或冷加工成型的薄壁型钢制造而成的结构,型钢是由厂家按标准规格(型号)轧制而成的,所以,型钢(角钢、工字钢、槽钢、方钢、圆钢、扁钢、钢板等)的断面形状和尺寸都是定型的。《建筑结构制图标准》(GB/T 50105—2001)中对型钢的标注方法做了规定,如表7-1所示。

常用型钢的标注方法 表7-1

序号	名 称	截 面	标注方法	说 明
1	等力角钢		∟ $b \times t$	b 为肢宽; t 为肢厚
2	不等边角钢		∟ $B \times b \times t$	B 为长肢宽; b 为短肢宽 t 为肢厚
3	工字钢		I N　Q I N	轻型工字钢加注Q字; N为工字钢的型号
4	槽钢		[N　Q [N	轻型槽钢加注Q字; N为槽钢的型号
5	方钢		□ b	—
6	扁钢	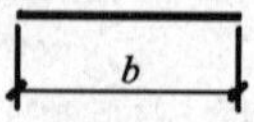	— $b \times t$	—
7	钢板		$-\frac{b \times t}{l}$	$\frac{宽 \times 厚}{板长}$
8	圆钢		$\phi\ d$	—
9	钢管		$DN\times\times$ $d \times t$	内径 外径×壁厚

续上表

序号	名　称	截　面	标注方法	说　明
10	薄壁方钢管		B□ $b \times t$	薄壁型钢加注 B； t 为壁厚
11	薄壁等肢角钢		B∟ $b \times t$	
12	薄壁等肢卷边角钢		B $b \times a \times t$	
13	薄壁槽钢		B[$h \times b \times t$	
14	薄壁卷边槽钢		B $h \times b \times a \times t$	
15	薄壁卷边 Z 形钢	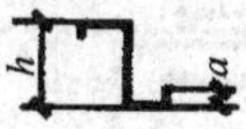	B $h \times b \times a \times t$	
16	T 形钢		TW×× TM×× TN××	TW 为宽翼缘 T 形钢 TM 为中翼缘 T 形钢 TN 为窄翼缘 T 形钢
17	H 形钢		HW×× HM×× HN××	HW 为宽翼缘 H 形钢 HM 为中翼缘 H 形钢 HN 为窄翼缘 H 形钢

三 钢结构的连接

钢结构是将若干个构件和部件通过一定的方法连接起来，钢结构主要的连接方法有焊接、铆接和螺栓连接三种，其中螺栓连接又分为普通螺栓连接和高强螺栓连接。焊接是目前最常用的连接方法。

（一）焊接

焊接是将被连接的金属件在连接部位加热，使其与焊条一起熔化连接起来，成为不可分割的整体。两构件的焊接结合处即为焊缝。焊接是目前钢结构最主要的连接方式，被广泛应用。

1. 焊接一般有三种形式

对接——连接构件位于同一平面；

搭接——连接构件不位于同一平面；

丁字连接——构件以一定角度互相连接，常为直角。

焊缝代号：在钢结构施工图中用焊缝代号标明焊缝的位置、形式、尺寸和辅助要求。焊缝代号主要由图形符号、补充符号和引出线等部分组成，如图 7-1 所示。

图形符号表示焊缝的基本形式，补充符号表示焊缝某些特征的辅助要求。引出线由箭头线和基准线组成。箭头指向焊缝，表示焊缝的位置；基准线一般画成横线，在它的上侧和下侧标注各种符号和尺寸等。有时在横线的末端加一尾部符号，作为其他说明，如图 7-2 所示。

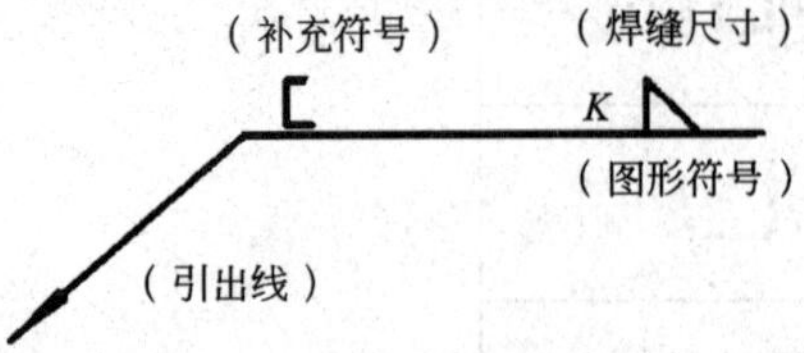

图 7-1　焊缝代号

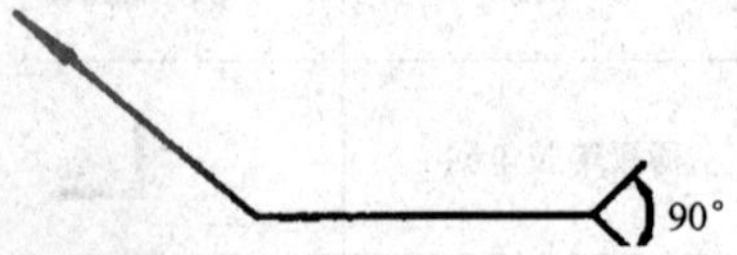

图 7-2　引出线的尾部

几种常用的图形符号和补充符号，如表 7-2 所示。

几种常用的焊缝图形符号和补充符号　　表 7-2

焊缝名称	焊缝形式	图形符号	符号名称	焊缝形式	辅助符号	标注方式
V 形焊缝		V	三面焊缝符号	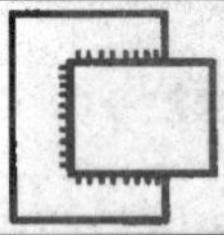		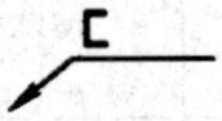
I 形焊缝		‖	周围焊缝符号			
角焊缝		◺	现场焊缝符号	—		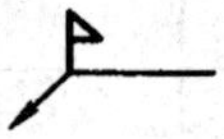
塞焊缝		⊓	相同焊缝符号	—		

2. 焊缝的标注方法（表 7-3）

焊缝的标注方法　　表 7-3

	示 意 图	标 注 方 法	说　明
单面焊缝	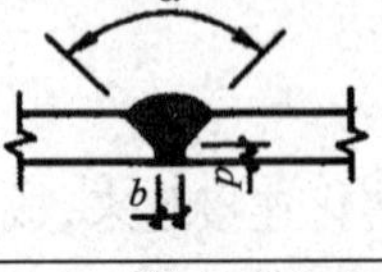	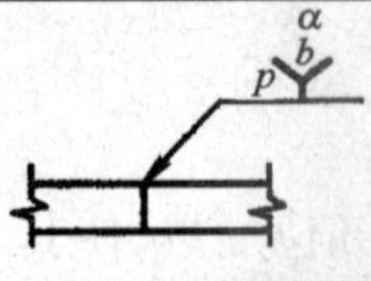	当箭头指向焊缝所在的一面时，应将图形符号和尺寸标注在横线的上方
	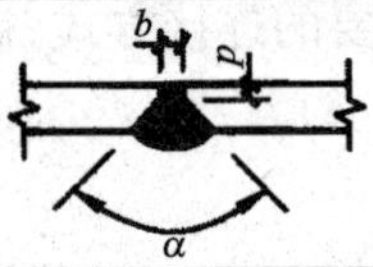	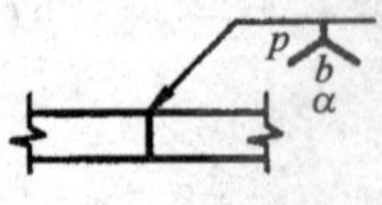	当箭头指向焊缝所在另一面（相对应的那面）时，应将图形符号和尺寸标注在横线的上方
	—	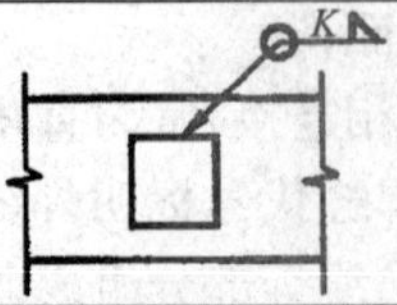	表示环线工作件周围的焊缝时，其围焊焊缝符号为圆圈，绘在引出线的转折处，并标注焊角尺寸 K

续上表

	示 意 图	标 注 方 法	说　明
	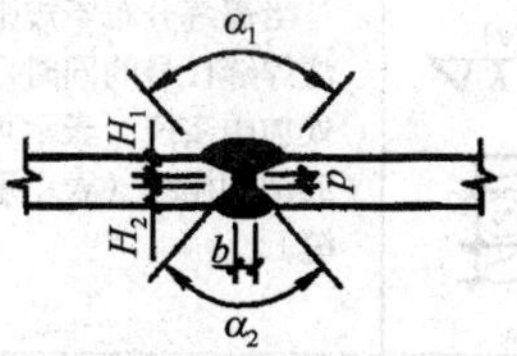	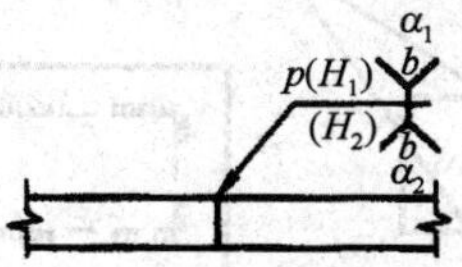	当两面的焊缝尺寸不相同时，应在横线的上、下都标注符号和尺寸。上方表示箭头一面的符号和尺寸，下方表示另一面的符号和尺寸
双面焊缝	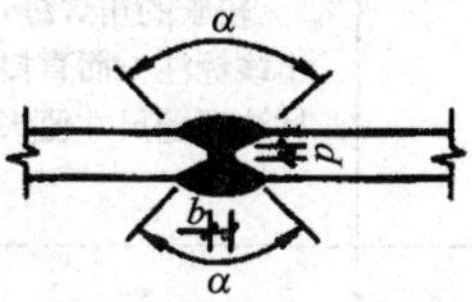	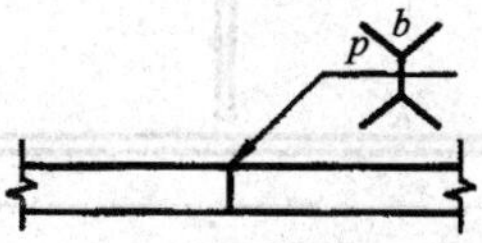	
	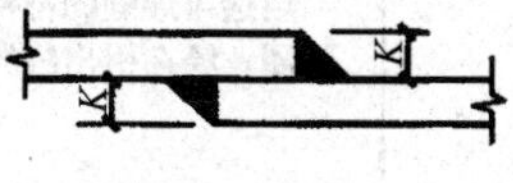	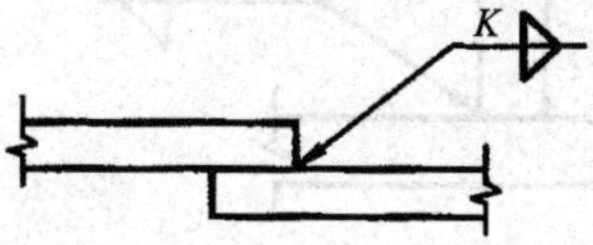	当两面的焊缝尺寸相同时，只需在横线上方标注焊缝的符号和尺寸
	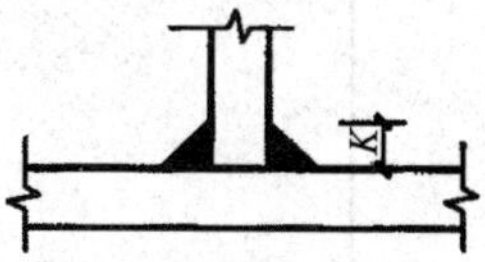	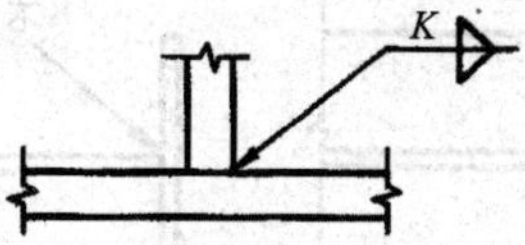	
3个以上焊件的焊缝	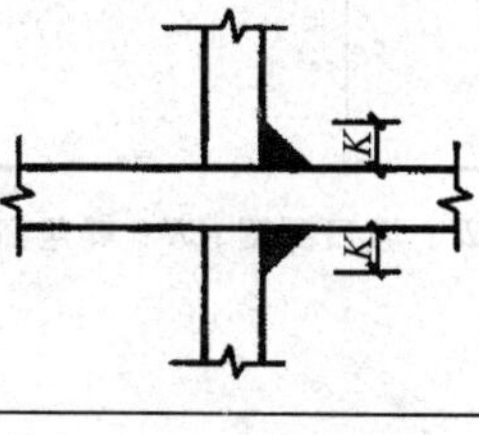	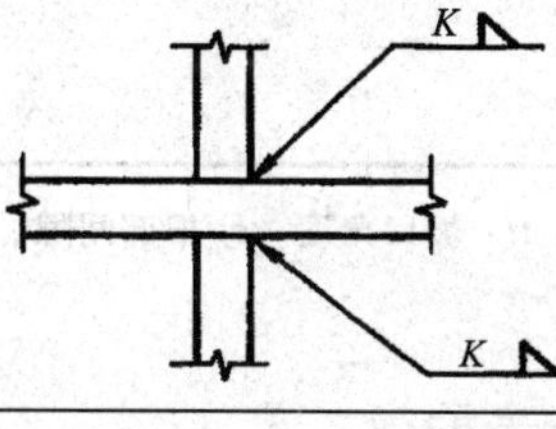	3个和3个以上的焊件相互焊接的焊缝，不得作为双面焊缝标注。其焊缝符号和尺寸应分别标注
1个焊件带坡口的焊缝	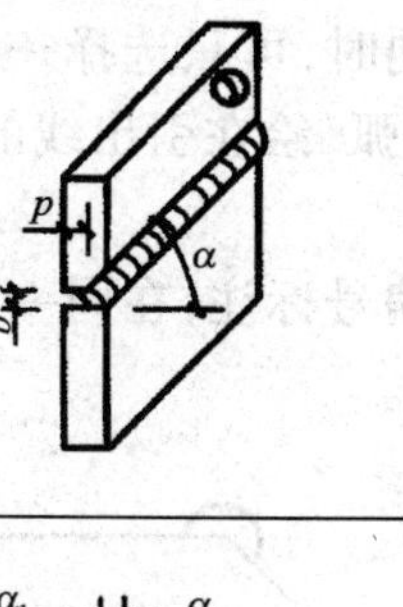	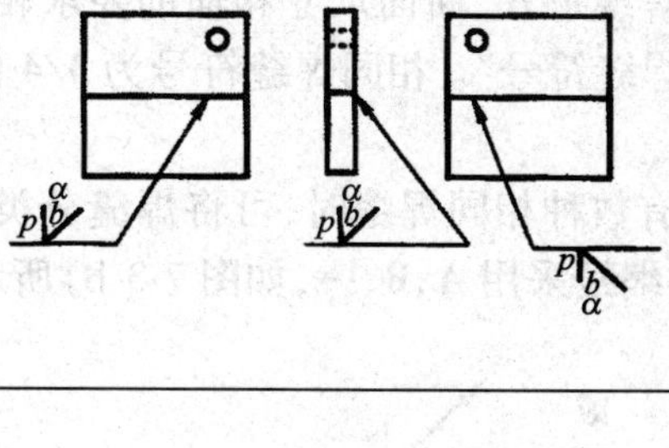	相互焊接的2个焊件中，当只有1个焊件带坡口哩（如单面V形），引出线箭头必须指向带坡口听焊件
不对称坡口焊缝	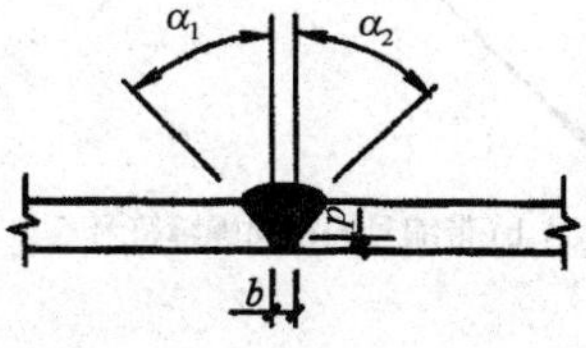	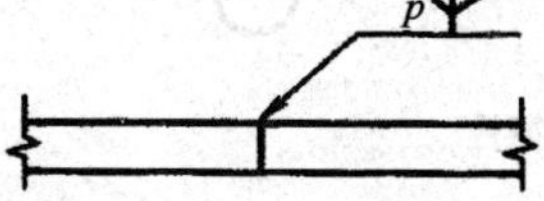	相互焊接的两个焊件，当为单面带双边不对称坡口焊缝时，引出线箭头必须指向较大坡口的焊件

续上表

	示 意 图	标 注 方 法	说 明
不规则焊缝	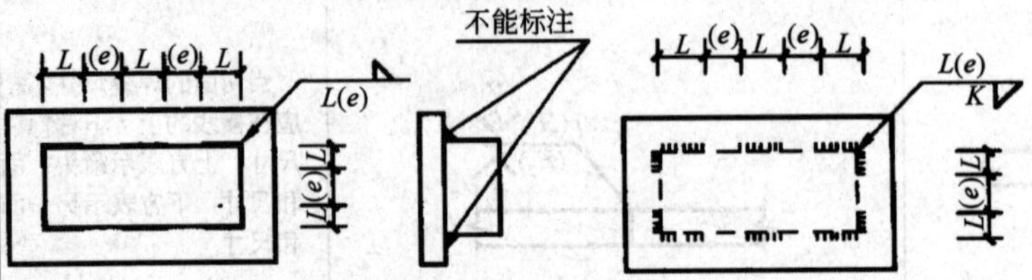		当焊缝分布不规则时，在标注焊缝代号的同时，宜在焊缝处加中实线（表示可见焊缝）或加细栅线（表示不可见焊缝）
较长焊缝	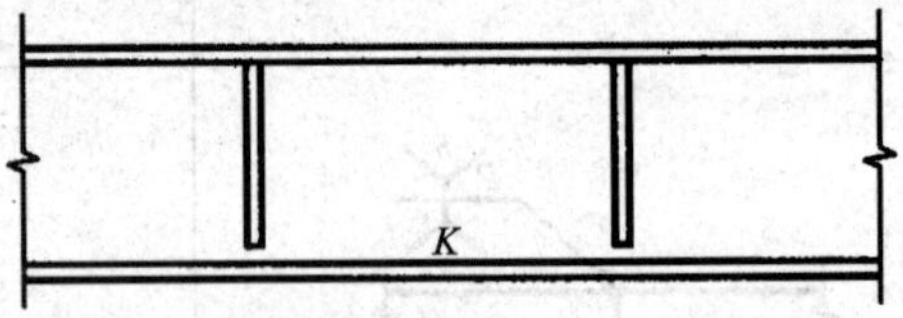		较长的角焊缝，可不用引出线标注，而直接在角焊缝旁标注焊缝尺寸值 K
熔透角焊缝	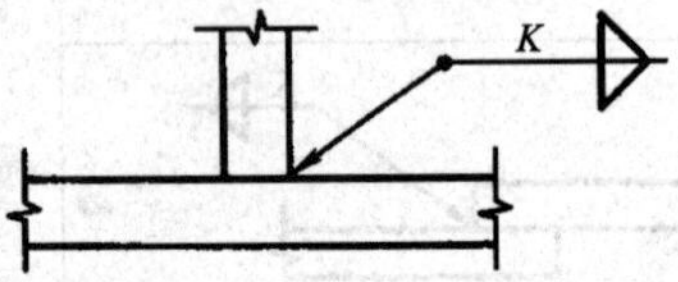		熔透角焊缝的符号为涂黑的圆圈，绘在引出线的转折处
局部焊缝	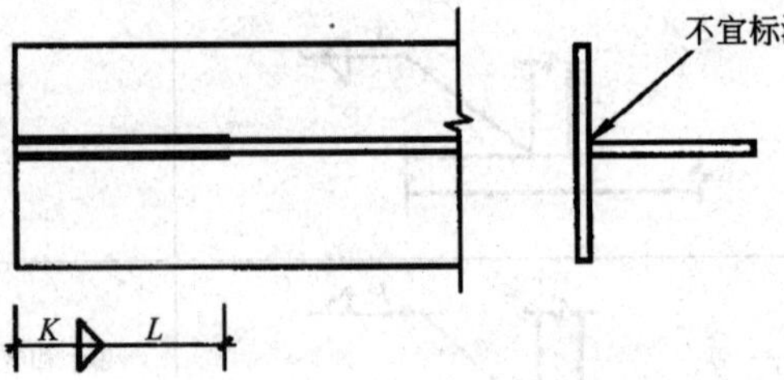		—

注：表中的焊缝尺寸符号含义如下：α：坡口角度；b：根部间隙；p：钝边；H：坡口深度；K：焊角高度；L：焊缝长度。

相同焊缝符号应按下列方法表示：

(1)在同一图形上，当焊缝形式、断面尺寸和辅助要求相同时，可只选择一处标注焊缝的符号和尺寸，并加注"相同焊缝符号"。相同焊缝符号为3/4圆弧，绘在引出线的转折处，如图7-3a)所示。

(2)在同一图形上，当有数种相同焊缝时，可将焊缝分类编号标注，在同一类焊缝中可选择一处标注焊缝代号，分类编号采用A、B、…，如图7-3 b)所示。

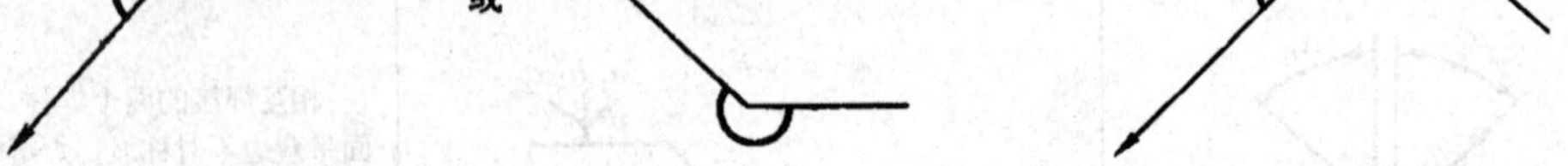

a) 不带编号的相同焊缝符号　　b) 带编号的相同焊缝符号

图 7-3　相同焊缝符号

(3) 要在施工现场进行焊接的焊件焊缝，应标注“现场焊缝”符号。现场焊缝符号为涂黑的三角形旗号，绘在引出线的转折处，如图 7-4 所示。

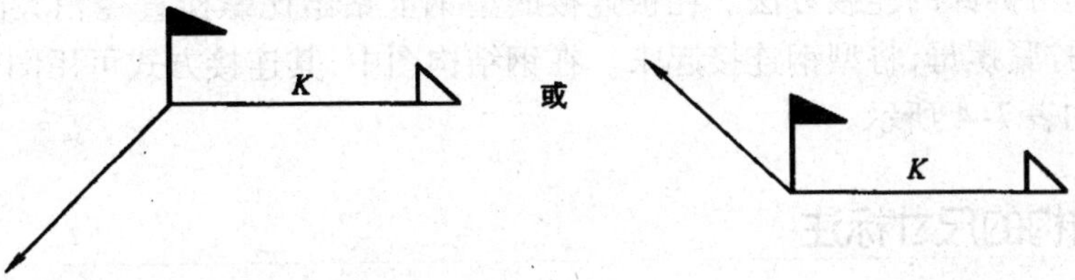

图 7-4　现场焊缝的表示方法

(二)铆接

铆接是用铆钉将两块或两块以上的型钢、金属板连接在一起。铆接时，首先将被连接的型钢钻出较铆钉直径稍大的铆钉孔，并将预先加热的铆钉插入孔内，最后用铆钉枪冲打铆钉尾端，使其冲打成铆钉头形状。

铆接有工厂连接及现场连接两种。铆钉按其头部的形状分半圆头、埋头、半埋头等多种，通常多用半圆头铆钉。在钢结构图中，铆接的表示方法如表 7-4 所示。

螺栓、孔、电焊铆钉的表示方法　　表 7-4

序号	名　称	图　例	说　明
1	永久螺栓	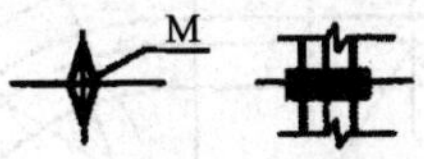	1. 细“+”线表示定位线； 2.M 表示螺栓型号； 3.ϕ 表示螺栓孔直径； 4.d 表示膨胀螺栓、电焊铆钉直径； 5. 采用引出线标注螺栓时，横线上标注螺栓规格，横线下标注螺栓孔直径
2	高强螺栓	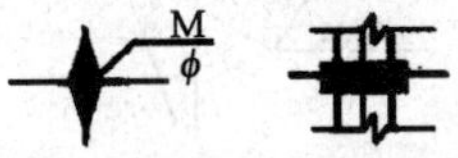	
3	安装螺栓	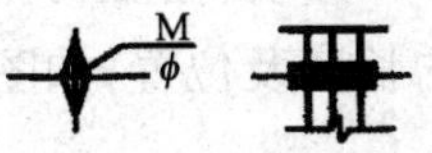	
4	胀锚螺栓	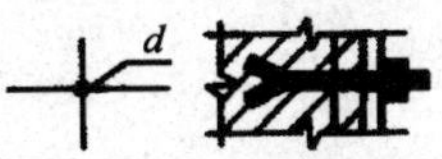	
5	圆形螺栓孔	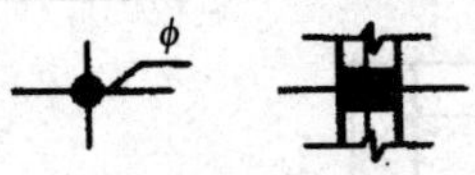	
6	长圆形螺栓孔	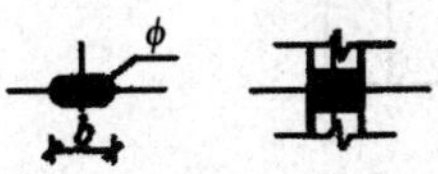	
7	电焊铆钉	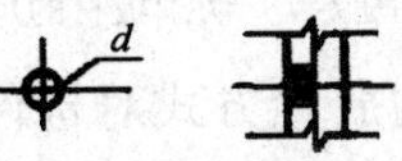	

(三)螺栓连接

螺栓连接是可拆卸的连接方法。在被连接的型钢上钻出比螺栓直径稍大的孔,将螺杆插入,垫以垫圈并拧紧螺母,将型钢连接起来。在钢结构图中,其连接方式可用图例表示。螺栓、孔的表示方法如表7-4所示。

四 钢结构的尺寸标注

钢结构的尺寸标注除符合一般的标注规定外,还应遵守《建筑结构制图标准》(GB/T 50 105—2001)中关于尺寸标注的有关规定。

(1)当两构件的两条重心线相距很近时,为便于区别,应在交汇处将其各自向外错开,如图7-5所示。

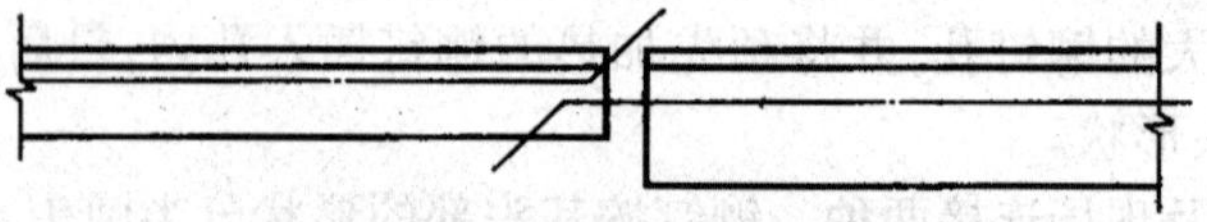

图7-5 两条重心线相距很近时的标注

(2)弯曲构件的尺寸应沿其弧度的曲线标注弧的轴线长度,如图7-6所示。

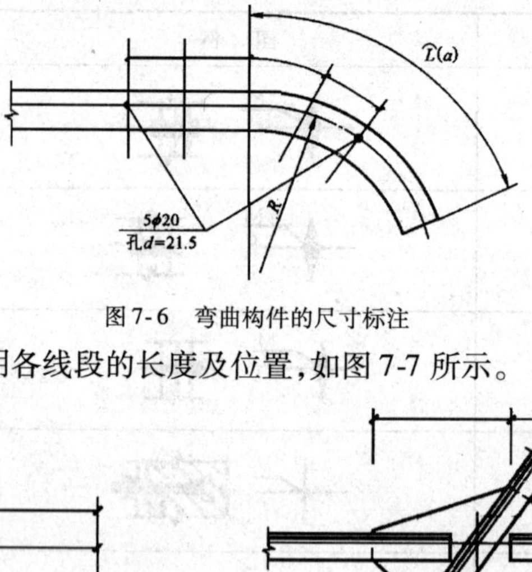

图7-6 弯曲构件的尺寸标注

(3)切割的板材,应标明各线段的长度及位置,如图7-7所示。

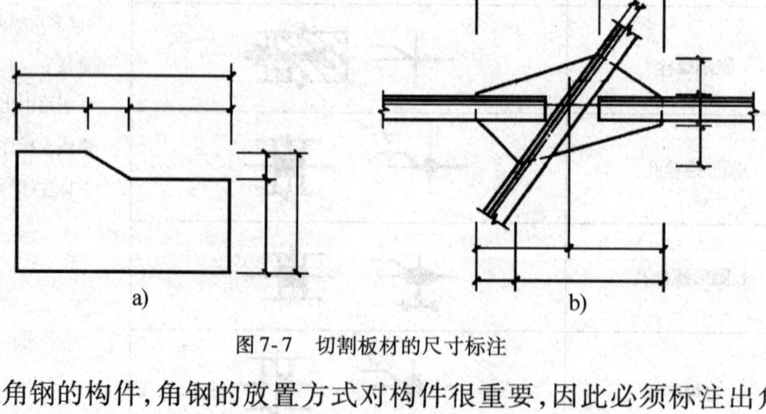

图7-7 切割板材的尺寸标注

(4)不等边角钢的构件,角钢的放置方式对构件很重要,因此必须标注出角钢一肢的尺寸,如图7-8中的下弦杆,标出长肢的尺寸 B,就确定了角钢的放置方式。

(5)节点尺寸,应注明节点板的尺寸和各杆件螺栓孔中心或中心距,以及杆件端部至几何中心线交点的距离，如图 7-8 、图 7-9 所示。

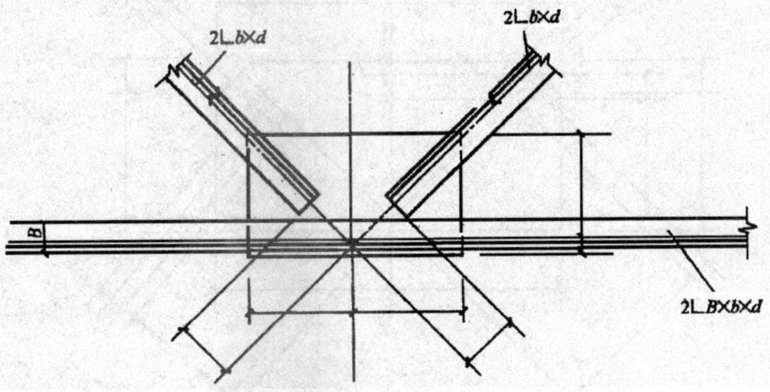

图 7-8 节点尺寸和不等边角钢的标注方法

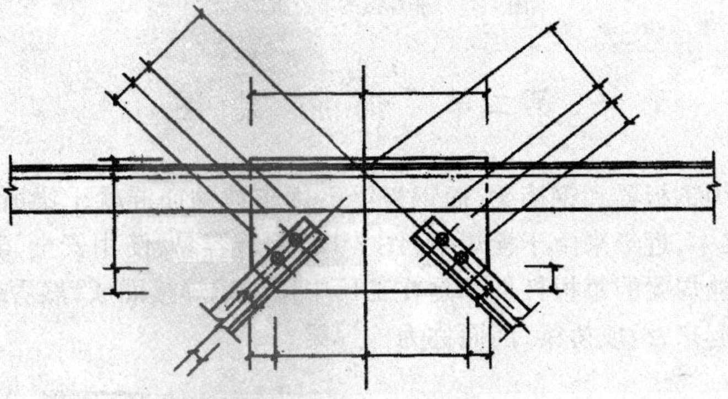

图 7-9 节点尺寸的标注方法

(6)双型钢组合截面的构件是通过缀板连接的，因此在图中应注明缀板的数量及尺寸，如图 7-10 所示。引出横线上方标注缀板的数量及缀板的宽度、厚度，引出横线下方标注缀板的长度尺寸，其中，n 表示缀板的数量，b、t、L 分别表示缀板的宽度、厚度和长度尺寸。

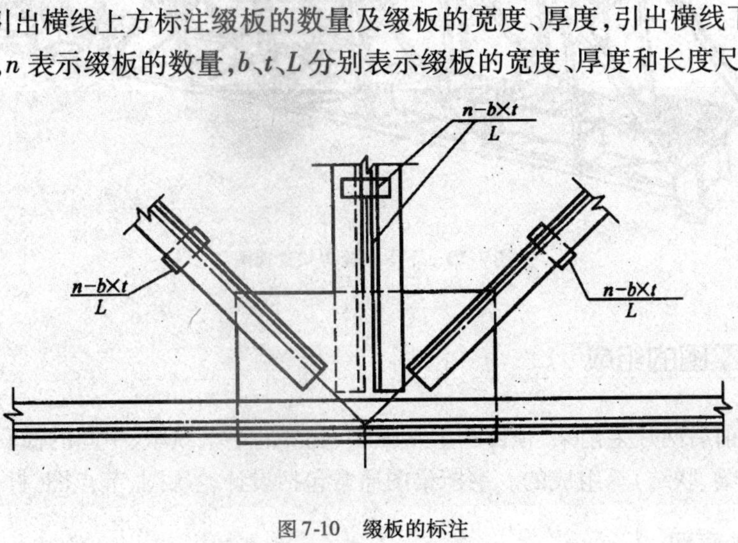

图 7-10 缀板的标注

(7)非焊接的节点板，应注明节点板的尺寸和螺栓孔中心与几何中心线交点的距离，如图 7-11 所示。

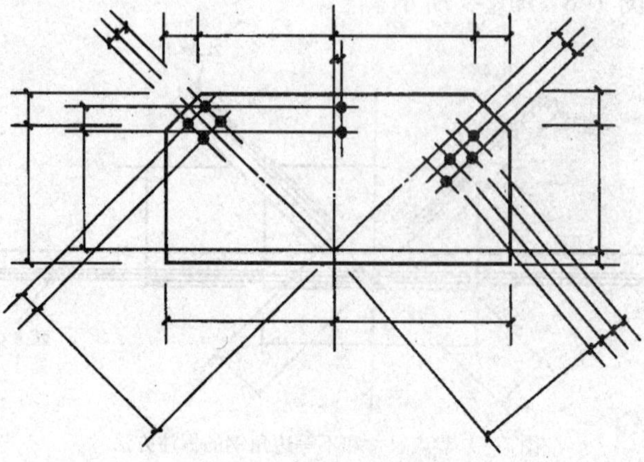

图 7-11　非焊接的节点板的标注

第二节　钢 桁 梁 图

常用的钢梁分为钢板梁和钢桁梁，而钢板梁已逐步被钢筋混凝土梁所代替。钢桁梁常用于大、中跨度的桥梁中，近年来由于栓焊梁（图 7-12）制造容易、使用安全、养护方便、造价低廉而得到普遍推广。栓焊梁的每根杆件都是在工厂中用型钢焊接而成，然后运到工地，再用高强度螺栓将杆件连接起来，组成桥梁，因而称为栓焊梁。

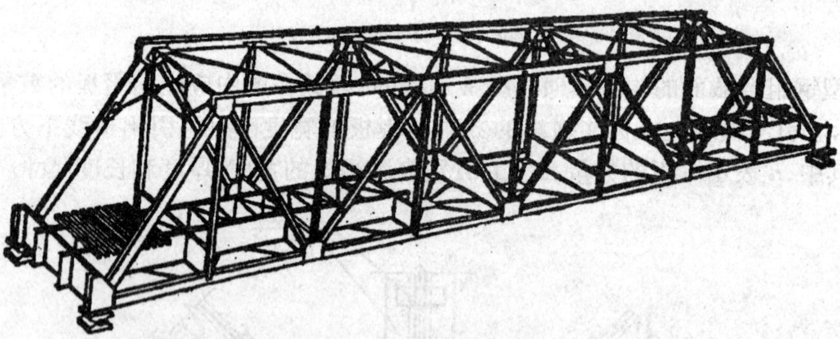

图 7-12　下承式栓焊梁透视图

一 钢桁梁图的组成

钢桁梁是由前后两片主桁架、顶部的上平纵联、底部的下平纵联、中间的横联、两端的桥门架和桥面（纵梁、横梁、联结）等组成的。钢桁梁图通常包括设计轮廓图、节点图、杆件图和零件图。

（一）设计轮廓图

设计轮廓图是整个钢桁梁的示意图，一般只画出各杆件的中心线。如图 7-13 所示是跨度为 64m 下承式钢桁梁的设计轮廓图，它是由主桁图、上平纵联图、下平纵联图、横联图、桥门架五个投影图组成。

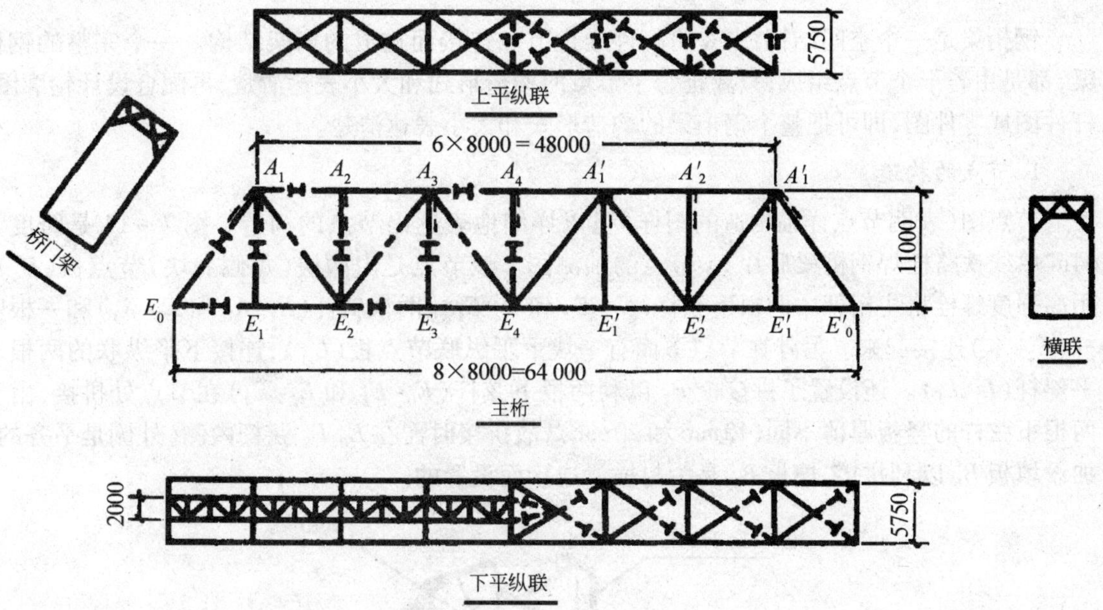

图 7-13　设计轮廓图

1. 主桁图

主桁图是桁架梁的立面图,它表示前后两片主桁架的总体形状和大小。图中标出了各节点的代号和各杆件的断面形状,虚线表示两端桥门架和中间横联所在的位置。

2. 上平纵联图

上平纵联是指钢桁梁上弦杆平面内的纵向联结系,简称上平纵联。上平纵联图是上平纵联的平面图,通常把上平纵联图画在主桁图的上面,表示桁梁顶部上平纵联的结构形式和大小。图中也画出了各杆件的断面形状。

3. 下平纵联图

下平纵联是指钢桁梁下弦杆平面内的纵向联结系,简称下平纵联。下平纵联图是下平纵联的平面图,通常把下平纵联图画在主桁图的下面。图的右半部表示下平纵联的结构形式和尺寸,以及各杆件的断面形状。图的左半部表示桥面系的纵横梁位置和结构形式,纵梁间距为 2 000mm。

4. 横联图

横联是指设置在主桁各竖杆平面内的联结系,简称横联。横联图是桁架梁断面图,主要表示两片主桁架之间横向联系的结构通常把横联图画在主桁图的两侧。

5. 桥门架

在梁端所设置的横向联结系称为桥门架。桥门架图是按垂直于桥门平面方向进行投影而得到的一个辅助投影图,通常将其画在与主桁图中桥门有投影联系的位置,反映桥门的实形。

(二)节点详图

钢桁梁是一个空间结构,它是将杆件通过节点连接而构成的桁架结构。一个完整的钢桁梁,都是由若干个节点组成,只要把每个节点的构造形式和大小表达清楚,再配合设计轮廓图、杆件图或零件图,即可把整个钢桁梁的构造形式和大小表达清楚。

1. 节点的构造

节点图(表明节点详细构造的图样)可以详细地表达出节点的构造。图 7 - 14 是跨度为 64m 单线铁路栓焊钢桁梁后片 E_2 节点的轴测图。该节点是由两块(每侧一块)节点板(D_4),用高强度螺栓将主桁架中两根下弦杆(E_0- E_2 和 E_2-E_4)、两根斜杆(E_2- A_1 和 E_2- A_3)和一根竖杆(E_2- A_2)连接起来。另外在节点下面有一块下平纵联节点板(L_{11}),连接下平纵联的两根水平斜杆(L_2、L_3)。还设置了拼接板 P_5 以利两根下弦杆(E_0- E_2 和 E_2- E_4)在节点处拼接,由于两根下弦杆的竖板厚薄不同(12mm 和 20mm),故拼接时需在 E_0-E_2 弦杆内侧(外侧是平齐的)加设填板 B_6 以利拼接,填板 B_9 是为与横梁连接而设置的。

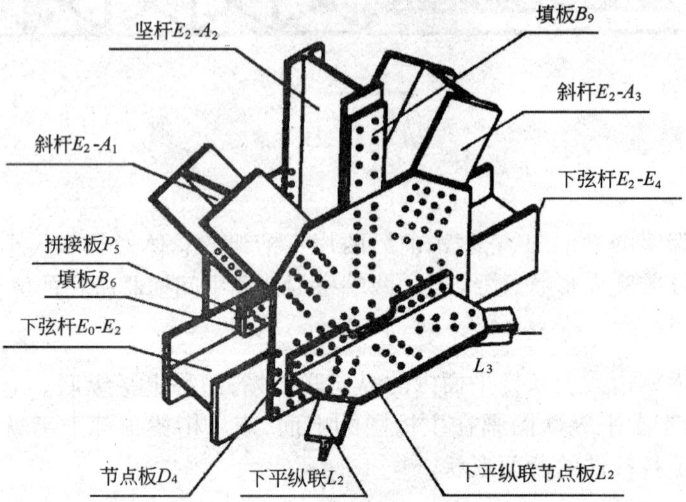

图 7-14　E_2 节点轴测图

2. 节点详图的主要内容

节点详图通常用较大的比例(1∶10、1∶20)画出。在节点详图的右上部用较小的比例(1∶1000)画出主桁简图,表示出各杆件的相对位置和总体尺寸,并用圆圈标出所取 E_2 节点在整个桁架中的位置。节点详图一般由两个基本投影和各杆件的断面图组成,如图 7-17 所示。

(1)正面图

正面图是假定人站在两主桁之间,正对着该节点画出的,它表明了各杆件的连接情况。在节点的正面图下部,为了防止遮挡,而把下平纵联的两根水平斜杆(L_2、L_3)拆去,只画出下平纵联的节点板(L_{11})。在钢结构图中,这种表示方法叫拆卸画法。采用拆卸画法所画出的投影图中,突出了主要内容,而把与投影面倾斜且在其他投影图中又能表达清楚的杆件拆去不画。

(2)平面图

平面图是把竖杆 E_2-A_2 和斜杆 E_2-A_1、E_2-A_3 拆除后画出的。图中表明了下弦杆 E_0-E_2 和 E_2-E_4 的连接情况，图中示出了拼接板、填板的位置，还反映了下平纵联的两根斜杆与主桁架的连接。

(3)断面图

断面图画在正面图各杆件轴线上，表明各杆件的断面形状、尺寸及组合方式，并在图旁边标注出钢板数量、大小及编号。

(4)尺寸标注

节点详图中的尺寸，基本可分为三种：一种是确定各杆件或零件大小的尺寸；另一种是确定螺栓或孔洞位置的尺寸，用一般尺寸标注形式注写；第三种是确定杆件位置的尺寸。

在节点图中，有时把邻近的几个节点画在同一张图纸上，节点之间的杆件断面没有变化时，常采用断开画法。

3. 节点详图的特点

(1)在节点详图中，常用单线条、小比例画出主桁简图。

(2)用黑圆点表示螺旋孔，用细实线表示该孔的中心位置。平面图中用45°细实线表示填板。

(3)斜杆的斜度，用画在其轴线上的直角三角形来确定。

(4)为了使图样清晰，常采用拆卸画法。

(三)杆件图和零件图

通常将上、下弦杆及各种位置的竖杆、斜杆等称作杆件，将节点板、拼接板、填板等称作零件。表示杆件和零件形状、尺寸及连接方法的图样叫做杆件图和零件图。图 7-15 为下弦杆 E_2-E_4 的杆件图。由于杆件较长，且断面形状不变，因此采用了断开画法。在平面图中，由尺寸 6×1000 可知，在该长度内有七个 ϕ50 泄水孔，其间距为 1000mm，整个杆件左右对称，有十四个泄水孔。

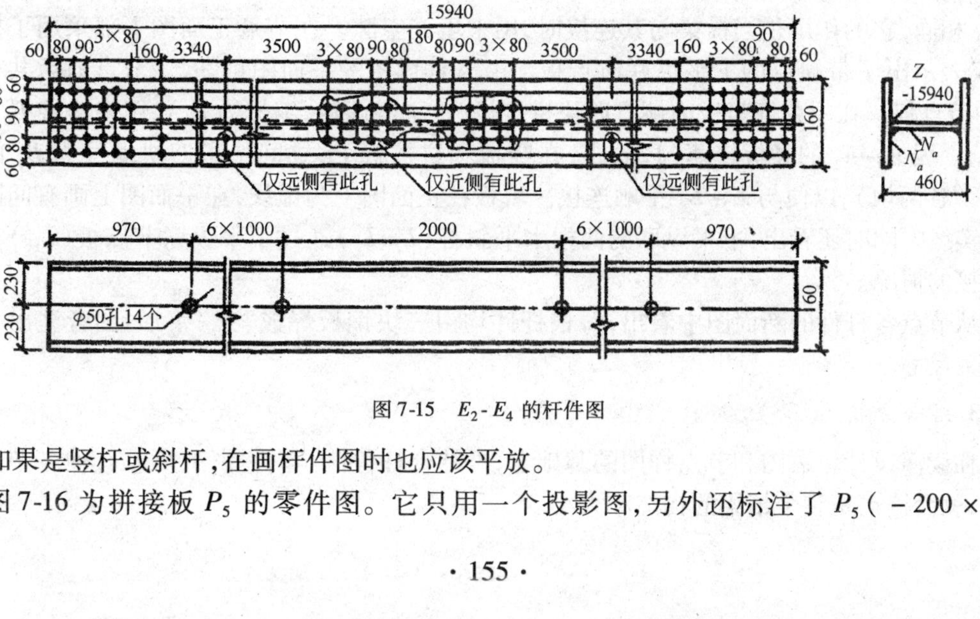

图 7-15　E_2-E_4 的杆件图

如果是竖杆或斜杆，在画杆件图时也应该平放。

图 7-16 为拼接板 P_5 的零件图。它只用一个投影图，另外还标注了 P_5(−200×20×

1100),就能完全清楚地表达其形状和大小。

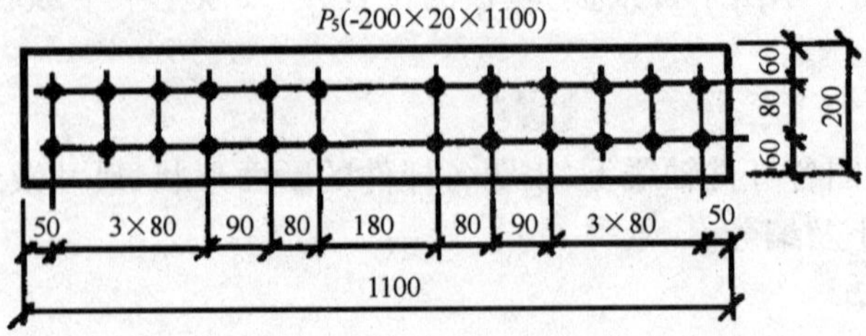

图 7-16　P_5 的零件图

二 钢桁梁图的识读

1. 读设计轮廓图

图 7－15 表示跨度为 64m 下承式栓焊钢桁梁的设计轮廓图。从图中可以看出主桁架、上平纵联、下平纵联、横联、桥门架的构造形式和每个杆件的断面形状,还可以看出每片主桁架的节点数。桁梁跨度为 64000mm,高是 11000mm,宽是 5750mm。

2. 读节点详图

在读懂轮廓图的基础上,将不同的节点逐个分析,弄清其构造与大小,同时分析各杆件、零件之间的相对位置以及它们用何种方法连接。

图 7-17 为该桁梁的 E_2 节点详图。

在主桁简图上标明了节点代号,如上弦节点为 A_1、A_2、…,下弦节点为 E_0、E_1、E_2、…,共十六个节点。对称于跨中(A_4、E_4)的各个节点构造相同。

E_2 节点在主桁简图上用细实线圆圈圈出,以表示所取 E_2 节点在整个桁架中的位置。

E_2 节点详图的正面图表明了各杆件的位置、断面尺寸及连接情况。这些杆件是用编号为 D_4 的节点板,通过高强度螺栓连接的。在节点上面的竖杆上有一块 B_9 的填板,其厚度与节点板 D_4 相同,它的作用是当横梁与其连接时,用来填充空隙。在节点正面图下部采用了拆卸画法,仅表示出了带缺口的下平纵联节点板。由节点详图的平面图可知,该节点前后共有两块 D_4 的节点板。在下弦杆竖板内侧有四块拼接板(上下各两块,编号为 P_5),用来连接 E_0- E_2 和 E_2- E_4。因 E_0- E_2 的竖板较薄(12mm),在竖板和拼接板 P_5 之间垫了四块编号为 B_6 的填板(上、下各两块),以便与 E_2- E_4 平顺连接。填板在正面图上为虚线,在平面图上画有间隔均匀的细实线。同时还看出,下平纵联的两根水平斜杆(L_2、L_3)通过下平纵联节点板(L_{11})与下弦杆连接的情况。

从节点各杆件的断面图中看出,每根杆件均由三块钢板焊成"工"字形,图旁注出了它们的有关尺寸。

3. 综合分析

在读懂设计轮廓图和节点详图的基础上,再结合杆件图、零件图,并联系其他各节点综合分析,就会搞清楚整个桁梁的构造和大小。

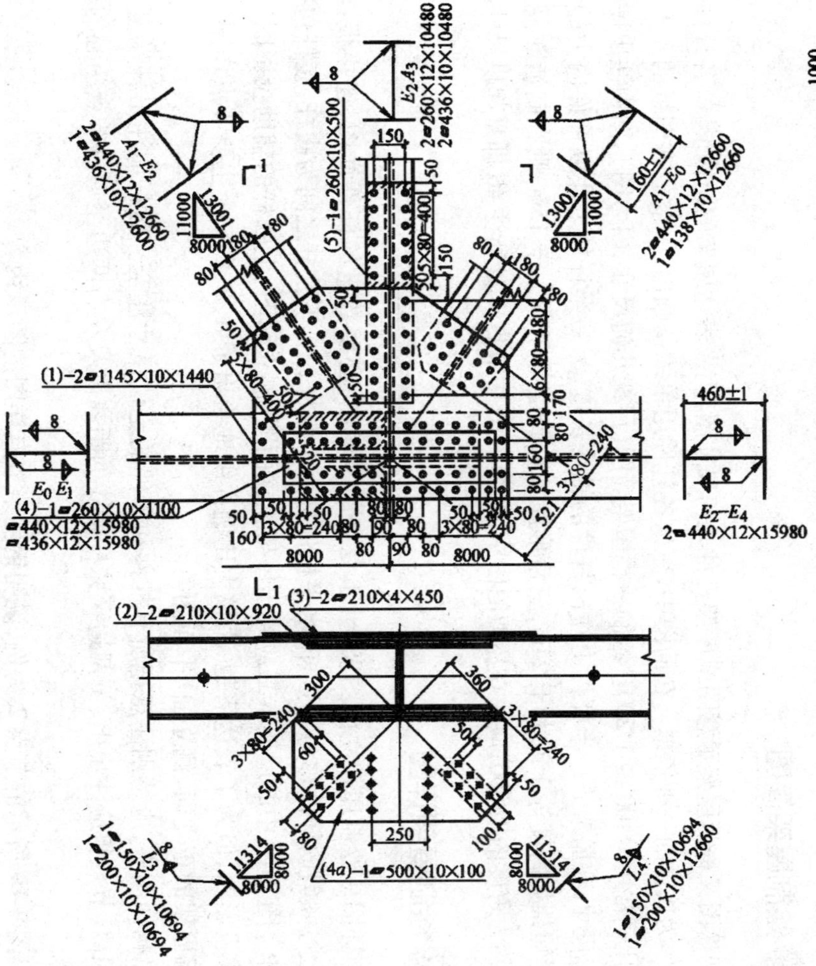

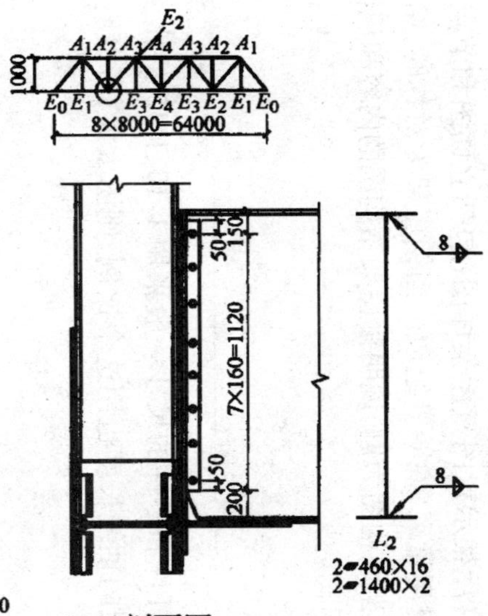

1—1剖面图

说明：

1. 本图尺寸均以 mm 计。
2. 图中符号：

   ⊕表示 $\phi22$ 的高度螺栓孔

   焊缝高度为 6mm 和 8mm，都是半自动焊。
3. 未注明长度的焊缝，均全长焊接。
4. 材料：16 锰钢。
5. 各构件细部尺寸在构件图中表达。

图7-17　钢桁梁E_2节点图

第三节　钢屋架结构图

钢屋架结构图是表示钢屋架的形式、大小、型钢的规格、杆件的组合及连接情况的图样，是制作钢屋架的依据。钢屋架结构图由屋架简图（屋架示意图）、屋架详图（包括立面图和节点图）、连接板详图、预埋件详图、杆件详图，以及钢材用量表、说明等组成。当钢屋架为对称时，结构详图可绘制半榀屋架。现以图 7-18 所示某钢屋架结构图为例，说明钢屋架结构图的内容和识读。

绘制钢屋架结构详图的内容和要求如下。

一　绘制比例的确定

钢屋架结构详图一般用两种比例绘制，杆件和零件的尺寸一般采用 1∶10、1∶15 的比例，才能将屋架的节点细节表示清楚。但如果屋架的轴线长度也用这个比例，则图太大，所以屋架的轴线长度常用 1∶20、1∶30 的比例。

二　绘制屋架简图

屋架简图又称为屋架示意图或屋架杆件几何尺寸图，用来表达屋架的结构形式、各杆件的计算长度，作为放样的一种依据。在简图中，屋架各杆件用单线条画出，一般放在图纸的左上角或右上角，比例常用 1∶100 或 1∶200。绘制一榀屋架简图（屋架几何尺寸、内力图），图中注出屋架的主要外形尺寸，在屋架的一半杆件上注出杆件的轴线长度，另一半杆件上注以杆件内力的计算值。梯形屋架如跨度等于或大于 24m，三角形屋架如跨度等于或大于 15m，则在制造时需要起拱，拱度约为跨度的 1/500，应注在屋架简图中，如图 7-20 中节点 *B* 处所注 40 即是起拱尺寸。

三　绘制屋架详图

屋架详图应绘制屋架立面图及上、下弦杆的平面图，必要数量的杆件详图、连接板详图。一般将上边倾斜的杆件称为上弦杆，水平杆件称为下弦杆，上、下弦杆之间为腹杆，腹杆包括竖杆和斜杆。图 7-18 中的屋架本来应绘出屋架正立面图、侧立面图、上弦杆的辅助投影图、下弦杆的镜像投影图，但为了表达清楚，用较大比例详细地绘出了 *A*、*B*、*C* 三个主要节点详图，而未绘出整榀屋架的正立面、侧立面、平面图等。

在结构详图中，应特别注意把所有杆件和零件的定位尺寸注全。腹杆应注出杆端至节点中心的距离，节点板应注出上、下两边至弦杆轴线的距离以及左右两边至通过节点中心的垂线的距离等。

现以图 7-19 所示的节点 2 为例，说明钢屋架节点详图的图示内容。

节点 2 是下弦杆和三根腹杆的连接点。整个下弦杆共分三段，节点 2 位于左段和中段的连接处。图中详细标注了杆件的编号、规格和大小。从这些标注中可以看出，下弦杆左段②和右段③均由两根不等边角钢∟75×50×6 组成，接口处相隔 10mm 以便焊接。斜杆④是两根等边角钢∟56×5，竖杆⑤由两根等边角钢∟56×5 组成，斜杆⑥是两根等边角钢∟56×6。这些杆件的组合形式都是背靠背，并且同时夹在一块节点板⑨上，然后焊接起来。

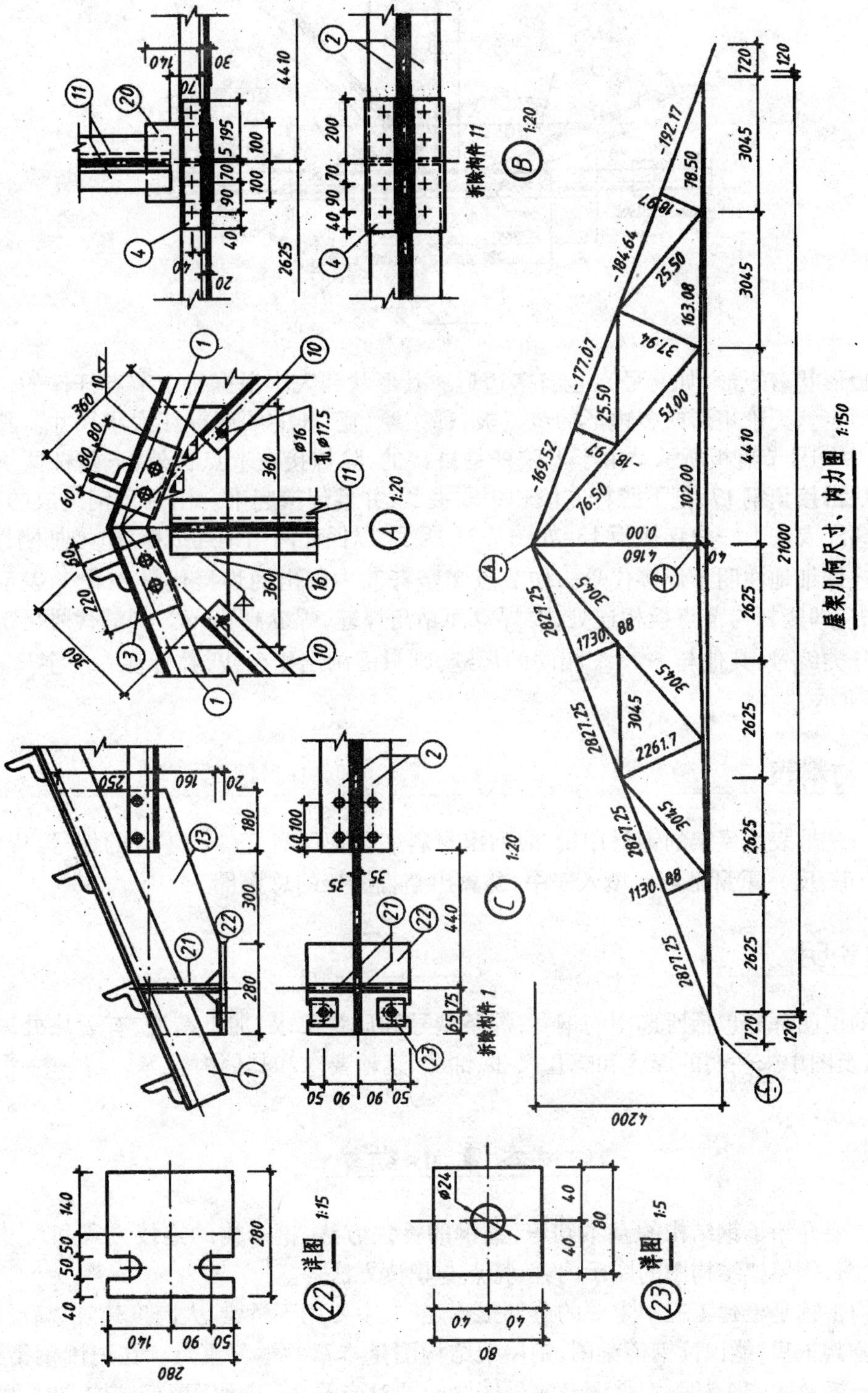

图7-18 屋架简图及节点详图

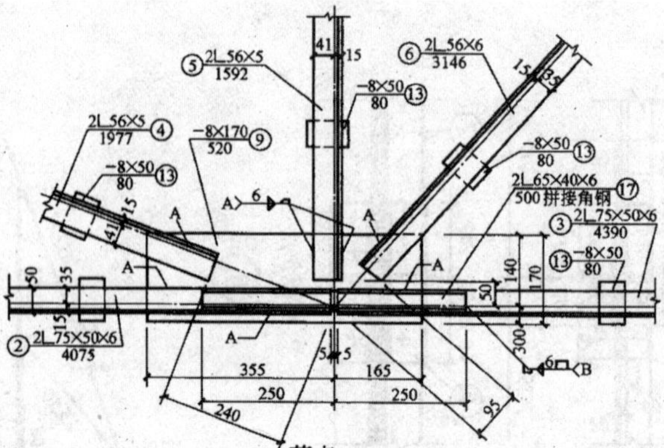

节点2 1:10

图7-19 节点2详图

节点板形状有矩形（如⑨号），也有多边形。其形状和大小根据每个节点杆件的位置以及焊接长度而定。无论矩形或多边形的节点板，都按厚、宽、长的顺序标注大小尺寸。其标注法如图7-21中⑨号节点板所示。由于下弦杆是拼接的，除焊接在节点板外，下弦杆两侧面要分别加上一块拼接角钢17，把下弦杆左段和中段夹紧，并且焊接起来。由两角钢组成的杆件，每隔一定距离还要夹上一块连接板13，如图7-21所示，以保证两角钢连成整体，增加刚性。

图中还详细地注明了焊接代号。如节点2竖杆⑤中画出的焊接代号 A>6 表示指引线所指的地方，即竖杆与节点板相连处，要焊双面贴角焊缝，焊缝高6mm。焊缝代号尾部的字母A是焊缝分类编号，其他与 A>6 相同的焊缝，则只需画出指引线，并标注一个字母A即可，如图7-21所示。

四 材料表

为更清楚地表达屋架的钢材用量，应列出材料表。把所有杆件和零件的编号、规格尺寸、数量（区别正、反）、重量都依次填入表中，并算出整榀屋架的总重量。

五 说明

图中的说明部分包括所选用的钢号，焊条型号和质量要求，加工精度，有无热处理和施工时要求，以及图中未注明的焊缝和螺孔尺寸、油漆、运输要求和其他内容等。

本章小结

本章主要介绍了钢结构的基本知识，型钢的标注方法、钢结构的连接方式和尺寸标注方法；钢桁梁图、钢屋架结构图的图示内容、特点与识读方法等。

钢结构工程是土建工程中主要的分部工程之一，主要用于桥梁、大跨度建筑、高层建筑、厂房和大型公共工程，能识读钢桁梁图、钢屋架结构图是本章的学习重点。在识读钢桁梁图时，应注意钢桁梁总图、节点图、杆件图及零件图之间的对应关系；识读钢屋架结构图时，则要注意屋架详图与节点图的关系及表达内容的不同。

第八章　房屋施工图

[学习要求]

了解房屋的组成、房屋施工图的分类；熟悉相关制图标准中关于图线、常用符号、构配件图例、尺寸标注等的规定；掌握建筑施工图、结构施工图、设备施工图的图示内容及其识读方法。

[重点]

建筑施工图、结构施工图、设备施工图的图示内容及识读方法。

[难点]

建筑施工图、结构施工图、设备施工图的识读。

第一节　概　　述

将一幢房屋的内外形状和大小，以及各部分的结构、构造、装修、设备等内容，按照国家标准的规定，用正投影的方法详细准确地表达出来的图，称为房屋建筑图。它是用以指导工程施工的图纸，所以又称房屋施工图。房屋施工图是表达建筑设计构思和意图的"工程技术语言"，利用房屋施工图，人们可以相互沟通设计思想，把一项建筑设计叙述或理解得正确无误，并付诸实施。

一　房屋的组成

虽然各种房屋的使用要求、空间组合、外形处理、结构形式和规模大小等各有不同，但基本上是由基础、墙、柱、楼面、屋面、门窗、楼梯以及台阶、散水、阳台、走廊、天沟、雨水管、勒脚、踢脚板等组成，图 8-1 是一学生宿舍楼的轴测图，房屋各个组成部分的功用如下。

1. 基础

基础是房屋最下部埋在土中的扩大构件，它承受着房屋的全部荷载，并把它传给地基（基础下面的土层）。

2. 墙与柱

墙与柱是房屋的垂直承重构件，它承受楼地面和屋顶传来的荷载，并把这些荷载传给基础。墙体还是分隔、围护构件。外墙阻隔雨水、风雪、寒暑对室内的影响，内墙起着分隔房间的作用。

3. 楼面与地面

楼面与地面是房屋的水平承重和分隔构件。楼面是指二层或二层以上的楼板或屋面。地面又称为底层地坪，是指第一层使用的水平部分。它们承受着房间的家具、设备和人员的重量。

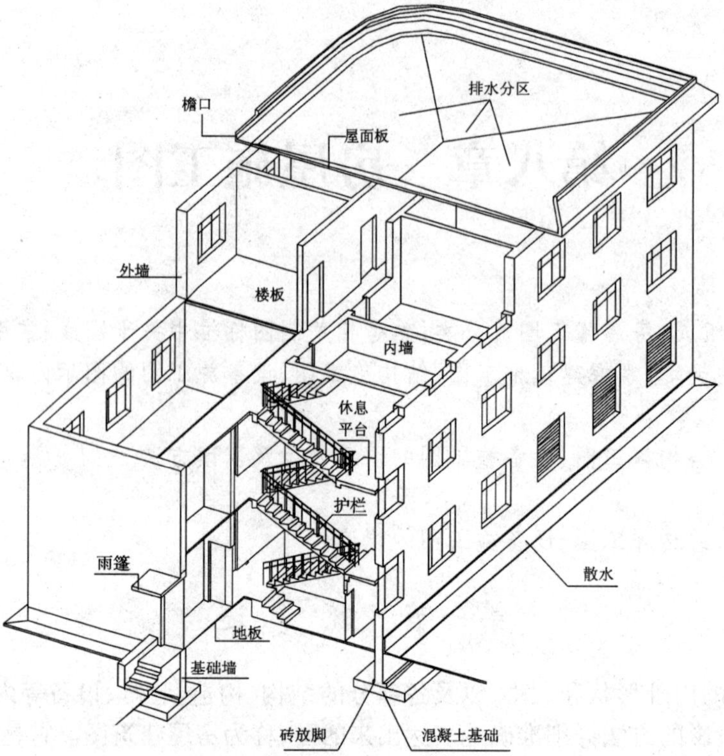

图 8-1　房屋的组成

4. 楼梯

楼梯是楼房建筑中的垂直交通设施，供人们上下楼层和紧急疏散之用。

5. 屋顶

屋顶也称屋盖，是房屋顶部的围护和承重构件。它一般由承重层、防水层和保温（隔热）层三大部分组成，主要承受着风、霜、雨、雪的侵蚀和外部荷载以及自身重量。

6. 门和窗

门和窗是房屋的围护构件。门主要供人们出入通行。窗主要供室内采光、通风、眺望之用。同时，门窗还具有分隔和围护作用。

二 房屋施工图的分类

房屋施工图按专业不同可分为建筑施工图、结构施工图、设备施工图三部分。

1. 建筑施工图（简称建施）

建筑施工图主要表示房屋的建筑设计内容，如房屋的总体布局、内外形状、细部构造等，包括总平面图、建筑平面图、建筑立面图、建筑剖面图、建筑详图等内容。

2. 结构施工图（简称结施）

结构施工图主要表示房屋的结构设计内容，如房屋承重结构构件的布置、构件的形状和大小、所用材料及构造等，包括结构平面图、构件详图等。

3. 设备施工图（简称设施）

设备施工图主要表示建筑物内各专用管线和设备布置及构造情况，包括给水排水、采暖通风、电气照明等设备的平面布置图、系统图和施工详图等。

房屋的建造一般需经过设计和施工两个过程，而设计工作一般又分为两个阶段，即初步设计阶段和施工图设计阶段。

第二节　建筑施工图

一　建筑施工图的有关规定

为确保制图质量，提高制图和识图效率，做到表达简明统一，我国制定了国家标准《建筑制图标准》（GB/T 50104—2001），在绘制施工图时，应严格遵守国家标准中的相关规定。

（一）图线

在建筑施工图中，为了表达工程图样的不同内容并分清主次增加图面效果，必须选用不同的线宽和线型来绘制。图线的线宽和线型见表8-1。

图线的线宽和线型　　表8-1

名称	线　形	线宽	用　途
粗实线	━━━━━━	b	（1）平、剖面图中被剖切的主要建筑构造（包括构配件）的轮廓线； （2）建筑立面图或室内立面图的外轮廓线； （3）建筑构造详图中被剖切的主要部分的轮廓线； （4）建筑构配件详图中的外轮廓线； （5）平、立、剖面图的剖切符号
中实线	──────	$0.5b$	（1）平、剖面图中被剖切的次要建筑构造（包括构配件）的轮廓线； （2）建筑平、立、剖面图中建筑构配件的轮廓线； （3）建筑构造详图及建筑构配件详图中的一般轮廓线
细实线	──────	$0.25b$	小于$0.5b$的图形线、尺寸线、尺寸界线、图例线、索引符号、标高符号、详图材料做法引出线
中虚线	- - - - - -	$0.5b$	（1）建筑构造详图及建筑构配件不可见的轮廓线； （2）平面图中的起重机（吊车）轮廓线； （3）拟扩建的建筑物轮廓线
细虚线	-------------	$0.25b$	图例线、小于$0.5b$的不可见轮廓线
粗点画线	—·—·—·—	b	起重机（吊车）轨道线
细点画线	—·—·—·—·	$0.25b$	中心线、对称线、定位轴线
折断线	—√——√—	$0.25b$	不需画全的断开界线

注：地坪线的线宽可用$1.4b$。

(二)比例

由于建筑物的形体大而复杂,因此绘图时应根据建筑物的形体尺寸,选择不同的比例进行绘制。建筑施工图常用比例见表 8-2。

建筑施工图常用比例 表 8-2

图　名	比　例
建筑物或构筑物的平面图、立面图、剖面图	1:50、1:100、1:150、1:120、1:300
建筑物或构筑物的局部放大图	1:10、1:20、1:25、1:30、1:50
配件及构造详图	1:1、1:2、1:5、1:10、1:15、1:20、1:25、1:30、1:50

(三)定位轴线及其编号

建筑施工图中的定位轴线是建筑物承重构件系统的定位、放线的重要依据,凡是承重墙、柱等主要承重构件应标注轴线并构成纵、横轴线来确定其位置。对于非承重的隔墙及次要局部承重构件,可用附加定位轴线确定其位置。

定位轴线应用细点画线表示并加以编号,编号应注写在轴线端部的圆内,圆应用细实线绘制,直径为 8~10mm。定位轴线圆的圆心,应在定位轴线的延长线上或延长线的折线上。水平方向编号应用阿拉伯数字,从左至右顺序编写,称为横向轴线;垂直方向编号应用大写拉丁字母,从下至上顺序编写,称为纵向轴线,如图 8-2 所示。

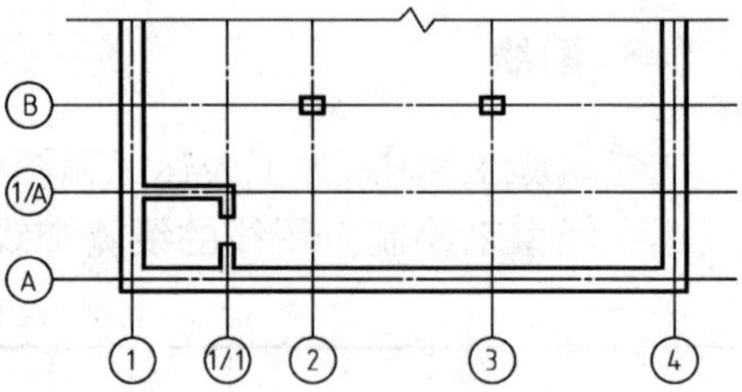

图 8-2　轴线的编号顺序

拉丁字母的 I、O、Z 不得用做轴线编号,以免与数字 1、0、2 混淆。

在两轴线之间,有时需要用附加轴线表示,附加轴线用分数编号,如图 8-2 中的 1/1、1/A。分母表示前一轴线的编号,分子表示附加轴线编号,编号宜用阿拉伯数字顺序编写。例:1/1 表示 1 号轴线之后附加的第一根轴线,而 1/A 则表示 A 号轴线之后附加的第一根轴线。

对于详图上的轴线编号,若该详图同时适用多根定位轴线,则应同时注明各有关轴线的编号,如图 8-3 所示。

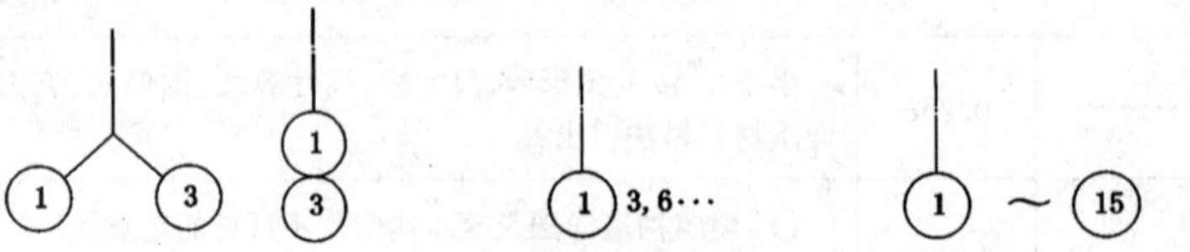

a) 用于两根轴线　b) 用于三根或三根以上轴线　c) 用于三根以上连续编号的轴线

图 8-3　详图上的轴线编号

(四)标高

1. 标高的分类

标高是标注建筑物高度的一种尺寸形式,分为相对标高与绝对标高两类。

(1)相对标高

凡标高的基准面是根据工程需要,自行选定而引出的,称为相对标高。

(2)绝对标高

根据我国的规定,凡是以青岛的黄海平均海平面作为标高基准面而引出的标高,称为绝对标高。

2. 标高符号及数字

标高符号应以等腰直角三角形表示,用细实线绘制,其具体画法如图 8-4a)所示。

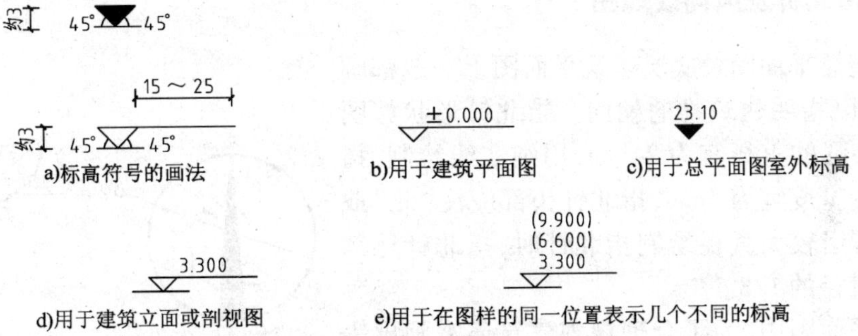

图 8-4　标高符号及标高数字的注写

标高数字应以米(m)为单位,注写到小数点后第三位。在总平面图中,可注写到小数点后第二位。零点标高应注写成 ±0.000,正数标高不注"+";负数标高应注"-",标高数字不到 1m 时小数点前应加写"0"。其符号及注写应用如图 8-4b)～图 8-4e)所示。

(五)索引和详图符号

图样中的某一局部或构件如需另见详图,应以索引符号索引。索引符号是由直径为 10mm 的圆和水平直径组成,圆及水平直径均应以细实线绘制。详图符号圆的直径为 14mm,用粗实线绘制。索引符号和详图符号的编写规定见表 8-3。

索引符号和详图符号　　表 8-3

名　称	符　号	说　明
索引符号	(5/–) 详图的编号；详图在本张图样上 –(5/–) 局部剖视详图的编号；剖视详图在本张图样上	详图在同一张图纸内
	(5/4) 详图的编号；详图所在的图样编号 –(5/4) 局部剖视详图的编号；剖视详图所在的图样编号	详图不在同一张图纸内
	J103(5/4) 标准图册编号；标准详图编号；详图所在的图样编号	采用标准图集

续上表

名　　称	符　　号	说　　明
详图符号	 —— 详图的编号	被索引的图样在同一张图纸内
	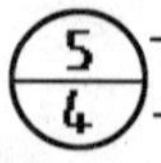 —— 详图的编号 —— 被索引的图样编号	被索引的图样不在同一张图纸内

(六)指北针及风向玫瑰图

在房屋总平面图及底层建筑平面图上一般都画有指北针,以指明建筑物的朝向。指北针形状如图8-5a)所示,圆的直径宜为24mm,用细实线绘制,指北针尾部的宽度宜为3mm,指北针头部应注“北”或“N”字。需用较大直径绘制指北针时,指北针尾部宽度宜为直径的1/8。

在总平面图中,为了合理规划建筑还需画出表示风向和风向频率的风向频率玫瑰图,简称“风玫瑰图”。它是根据一地区多年统计资料平均的各个方向吹风次数的百分数值,按一定比例绘制的。如图8-5b)所示,风玫瑰图同样指示正北方向,图上所表示的风的吹向是指从外吹向地区中心,实线表示常年风向频率,虚线表示夏季6、7、8三个月的风向频率。

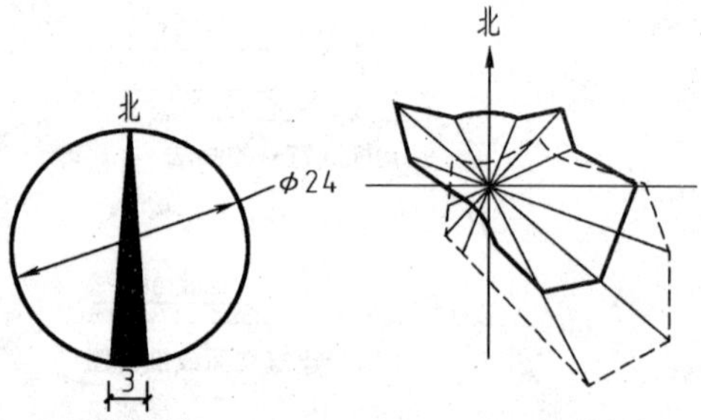

a) 指北针　　b) 风向频率玫瑰图

图8-5　指北针和风向频率玫瑰图

(七)常用图例

由于房屋建筑图需要将建筑物或构筑物按比例缩小绘制在图纸上,因此许多构配件不能按原状画出。为了便于制图和识图,制图标准中规定了各种各样的图样图例。表8-4、表8-5分别列出了总平面图图例和建筑施工图图例。

总 平 面 图 图 例　　表8-4

名　　称	图　　例	说　　明
新建建筑物	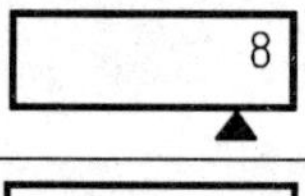	(1)用粗实线表示,需要时,用▲表示出入口; (2)需要时可在图形内右上角用点数或数字表示层数
原有建筑物	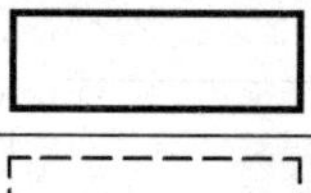	用细实线表示
计划扩建的预留地或建筑物	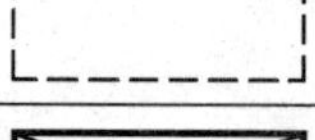	用中粗虚线表示
其他材料露天堆场或露天作业场	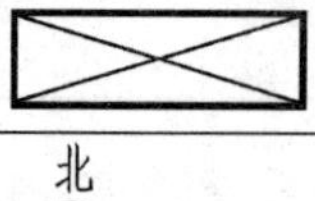	—
指北针		圆圈直径为24mm,指北针尾部宽度为直径的1/8

续上表

名　称	图　例	说　明
围墙及大门	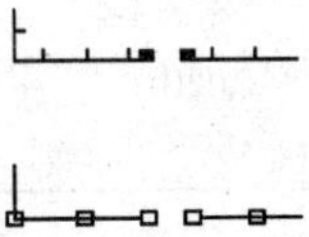	上图为实体性质的围墙 下图为通透性质的围墙 （若仅表示围墙时不画大门）
坐标	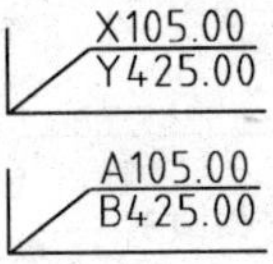	上图表示测量坐标 下图表示建筑坐标
拆除的建筑物		用细实线表示
建筑物下面的通道	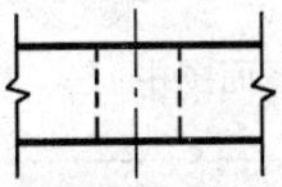	—
散状材料露天堆场	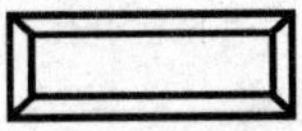	需要时可注明材料名称
室内标高	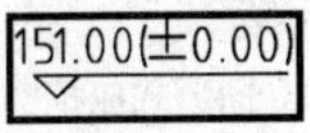	—
室外标高	●143.00 ▼143.00	室外标高也可用等高线来表示
原有道路		用细实线表示
计划扩建道路		用细虚线表示
护坡		边坡较长时，可在一端或两端局部表示

建筑施工图图例　　表 8-5

名　称	图　例	说　明
楼梯	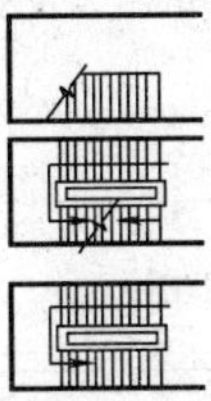	（1）上图为底层楼梯平面，中图为中间层楼梯平面，下图为顶层楼梯平面； （2）楼梯的形式及步数应按实际情况绘制
坡道	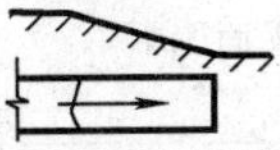	—
空门洞	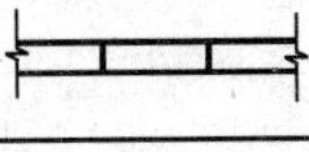	用于平面图中

续上表

名　称	图　例	说　明
单扇门(平开或单面弹簧)	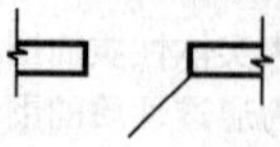	用于平面图中
单扇双面弹簧门	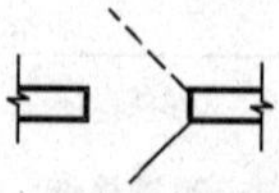	用于平面图中
双扇门(包括平开或单面弹簧)	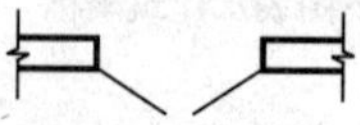	用于平面图中
对开折叠门	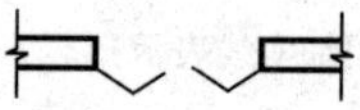	用于平面图中
双扇双面弹簧门		用于平面图中
检查孔	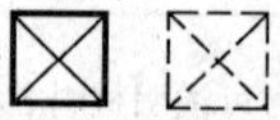	左图为可见检查孔,右图为不可见检查孔
单层固定窗	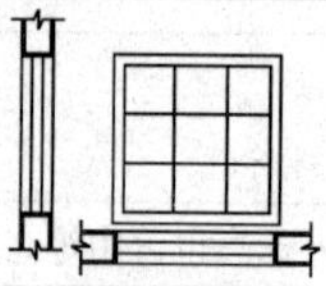	窗的立面形式应按实际情况绘制
单层外开上悬窗	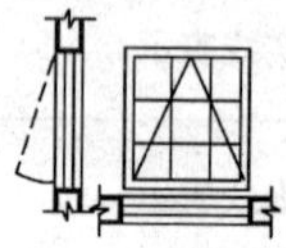	立面图中的斜线表示窗的开关方向,实线为外开,虚线为内开
中悬窗	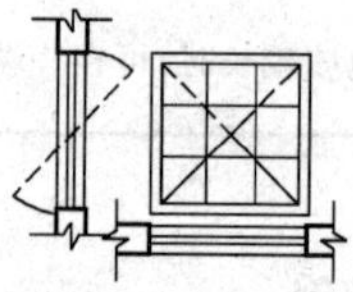	立面图中的斜线表示窗的开关方向,实线为外开,虚线为内开
单层外开平开窗	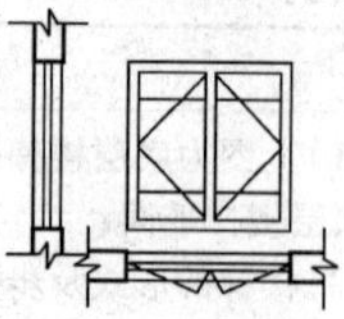	立面图中的斜线表示窗的开关方向,实线为外开,虚线为内开
高窗	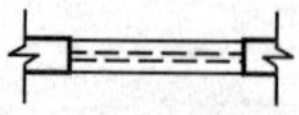	用于平面图中
墙上预留孔	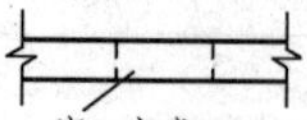	用于平面图中
墙上预留槽	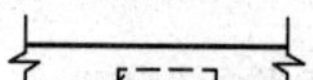	用于平面图中

二 施工图首页与建筑总平面图

(一)施工图首页

首页图是建筑施工图的第一页,一般包括如下内容。

1. 图纸目录

图纸目录是为了便于阅图者对整套图样有一个概略了解和方便查找图样而列的表格。内容包括:图样的名称、张数和编号等。

2. 设计总说明

设计总说明是工程的概貌和总设计要求的说明。内容包括:工程概况、工程设计依据、工程设计标准、主要的施工要求和技术经济指标、建筑用料说明等。

3. 建筑做法说明

建筑做法说明是对工程的细部构造及要求加以说明。内容包括:楼地面、内外墙、散水、台阶等处的构造做法和装修做法等。

4. 门窗表

为了便于装修和加工,应列有门窗表。内容包括:编号、尺寸、数量及说明等。

(二)建筑总平面图

建筑总平面图是假设在建设区的上空向下投影所得的水平投影图,它主要表达拟建房屋的位置和朝向与原有建筑物的关系,周围道路、绿化布置及地形地貌等内容。建筑总平面图可作为拟建房屋定位、施工放线、土方施工以及施工总平面布置的依据。

1. 总平面图的图示内容

(1)表明新建区的总体布局。如拨地范围,各建筑物及构筑物的位置,道路、管网的布置等。

(2)确定新建、改建或扩建工程的具体位置。一般根据原有房屋或道路定位。修建成片住宅、较大的公共建筑物、工厂或地形复杂时,用坐标确定房屋及道路转折点的位置。

(3)注明建筑物首层地面的绝对标高,室外地坪、道路的绝对标高和建筑物层数。

(4)用指北针或风向频率玫瑰图表示建筑物朝向和该地区的常年风向频率。

(5)根据工程的需要,有时还有水、暖、电等管线总平面图,各种管线综合布置图,道路纵横剖面图及绿化布置等。

2. 总平面图的图示要求

(1)比例

总平面图绘制时常用比例为1:500、1:1000、1:2000等,布置方向一般按上北下南方向。

(2)图例

总平面图上应用图例(表8-4)来表明新建区、扩建区或改建区的总体布置。对于标准中缺乏规定而需要自定的图例，必须在总平面图中绘制清楚，并注明其名称。

(3)标高的单位

总平面图应以含有 ±0.000 标高的平面作为总图平面，图中标注的标高应为绝对标高。总平面图中坐标、标高、距离宜以米(m)为单位，并应至少取至小数点后两位，不足时以“0”补齐。

3. 总平面图的识图要点

(1)了解工程性质、图纸比例，阅读文字说明，熟悉图例。

(2)熟悉建设地段的地形、范围、建筑物的布置、周围环境道路布置。

(3)了解拟建建筑物的室内外高差、道路标高、坡度及排水情况、填挖的情况。

(4)掌握拟建房屋的定位方式。

4. 总平面图识图举例

现以如图 8-6 所示为例，介绍识读建筑总平面图的方法。

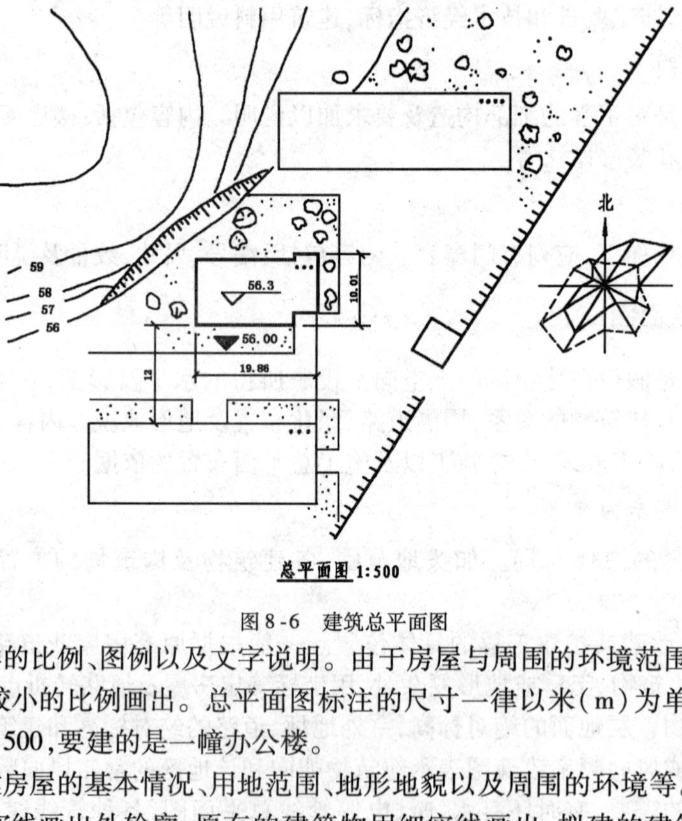

图 8-6　建筑总平面图

(1)先看图样的比例、图例以及文字说明。由于房屋与周围的环境范围都比较大，所以总平面图大都采取较小的比例画出。总平面图标注的尺寸一律以米(m)为单位。从图中可知，该图的比例为 1∶500，要建的是一幢办公楼。

(2)了解新建房屋的基本情况、用地范围、地形地貌以及周围的环境等。建筑总平面图中新建的房屋用粗实线画出外轮廓，原有的建筑物用细实线画出，拟建的建筑物用中粗虚线画出，另外房屋的层数用小圆点标注在建筑物的轮廓线内。从图 8-6 所示可知，要建办公楼的层数为三层，占地面积为 198.79m^2，室内地坪的标高 ±0.000 相当于绝对标高 56.30m，建筑位置根据原有房屋定位，与南楼相距 12m，东端与南楼平齐。

(3)从建筑总平面图上我们还可以知道，新建办公楼周围的地形为北高南低。从风向玫瑰图上可以看出该地区刮东北风的频率较高。

总之，在看建筑总平面图时，必须抓住三个关键问题：

第一是要掌握标高，即原有地面标高和设计标高的标高大小；第二是要掌握位置关系，即新建房屋与原有建筑、道路间的位置关系；第三是要掌握需要处理的问题，如枯井、人防通道以及对已有的地下管线的处理。

三 建筑平面图

假想用一个水平的剖切平面沿房屋窗台以上的部位剖开，移去上部后向下投影所得的水平投影图，称为建筑平面图，简称平面图。

建筑平面图主要反映房屋的平面形状、大小和房间布置，墙或柱的位置、厚度和材料，门窗的位置、开启方向等。建筑平面图可作为施工放线，砌筑墙、柱，门窗安装和室内装修及编制预算的重要依据。

(一) 平面图的图示内容

多层建筑平面图一般有底层平面图、标准层平面图、顶层平面图、屋顶平面图，其中标准层平面图是指中间各层如果房间数量、大小和布置都一样时，可用同一个平面图表示。

1. 底层平面图(又称首层平面图)

底层平面图主要表示建筑物的底层形状、大小，房间平面的布置情况及名称，入口、走道、门窗、楼梯等的平面位置、数量，以及墙或柱的平面形状及材料等情况，如图 8-7 所示。除此之外，还应反映房屋的朝向(用指北针表示)、室外台阶、明沟、散水、花坛等的布置，并应注明建筑剖面图的剖切符号，如图 8-7 所示。

2. 标准层平面图

标准层平面图表示房屋中间几层的布置情况，其表示内容与底层平面图基本相同。标准层平面图除要表达中间几层的室内情况外，还需画出下层室外的雨篷、遮阳板等，如图 8-8 所示。

3. 顶层平面图

顶层平面图表示房屋最高层的平面布置图。有的房屋顶层平面图与标准层平面图相同，在这种情况下，顶层平面图可以省略。

4. 屋顶平面图

屋顶平面图是由屋顶的上方向下作屋顶外形的水平投影而得到的平面图，用它来表示屋顶的情况，如屋面排水的方向、坡度、雨水管的位置及屋顶的构造等，如图 8-9 所示。

建筑平面图主要反映以下内容：

(1) 建筑物平面的形状及总长、总宽等尺寸，这样可计算建筑物的规模和占地面积。

(2) 建筑物内部各房间的名称、尺寸、大小、承重墙和柱的定位轴线、墙的厚度、门窗的宽度等，以及走廊、楼梯(电梯)、出入口的位置。

(3) 楼地面的标高。一层地面标高为 ±0.000，并注明室外地坪的相对标高。其余各层均标注相对标高。

(4) 门、窗的编号、位置、数量及尺寸。一般在首页图或在与平面图同页图纸上配有门窗表。

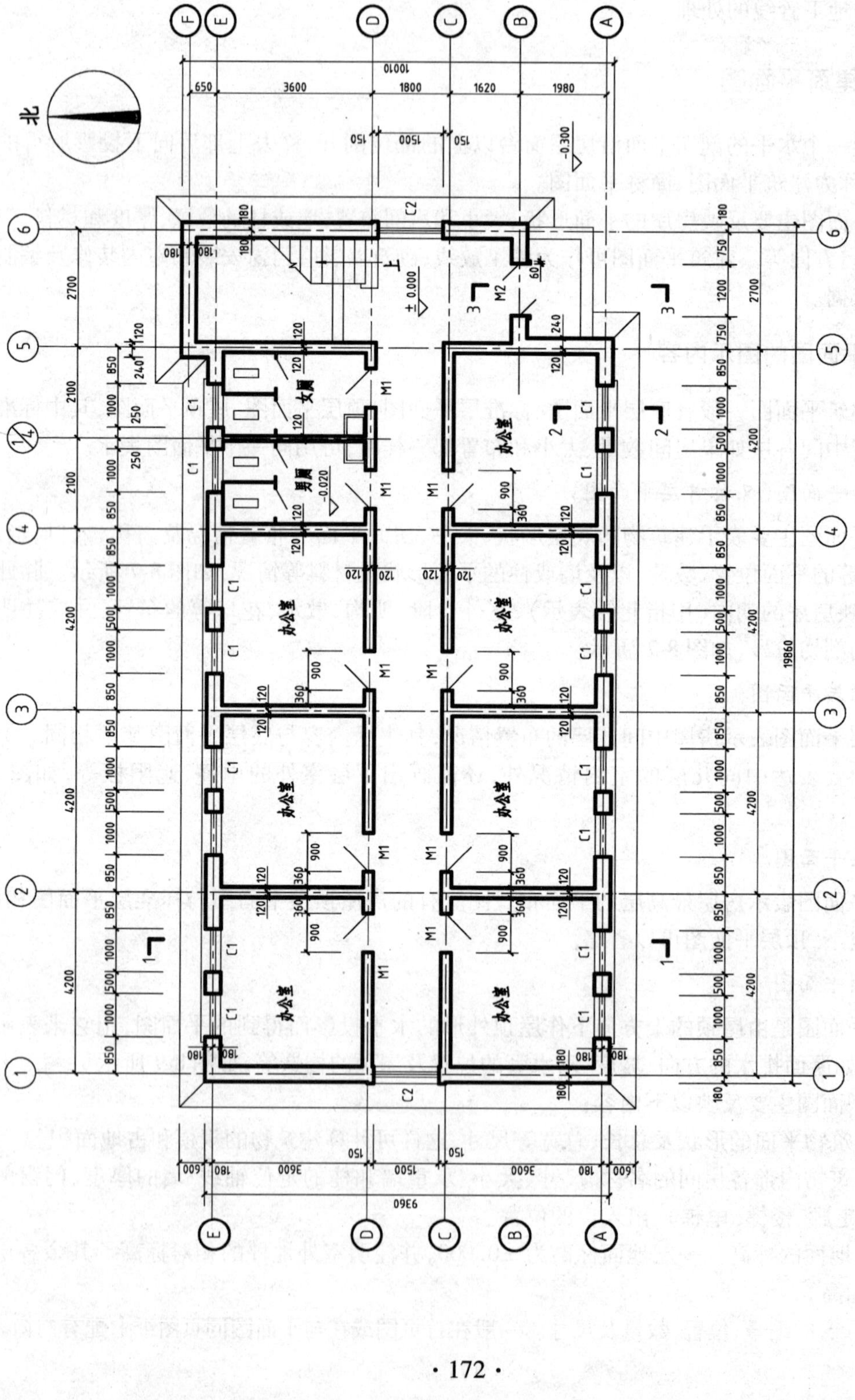

底层平面图 1:100

图 8-7 底层平面图

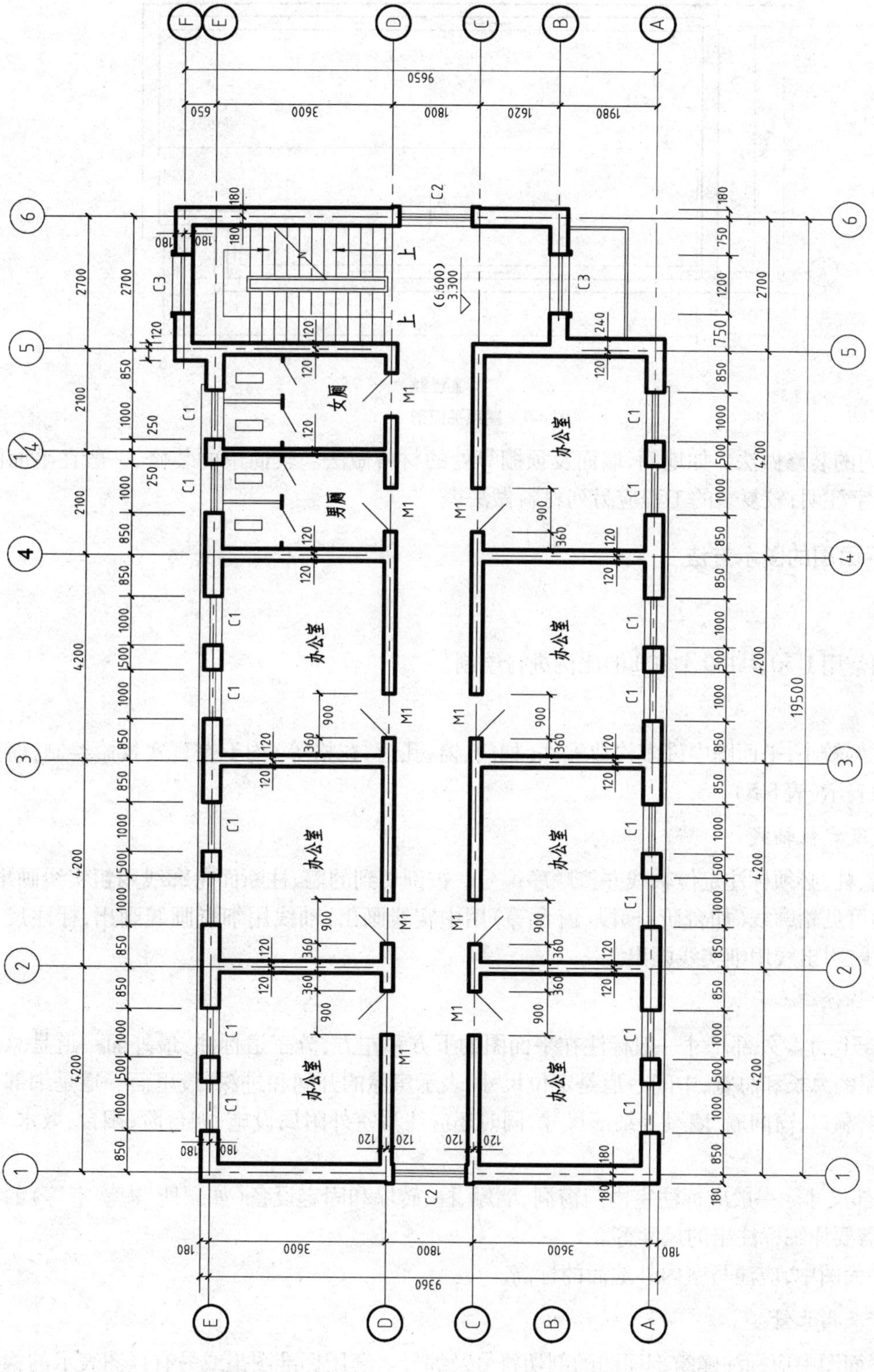

标准层平面图 1:100

图 8-8 标准层平面图

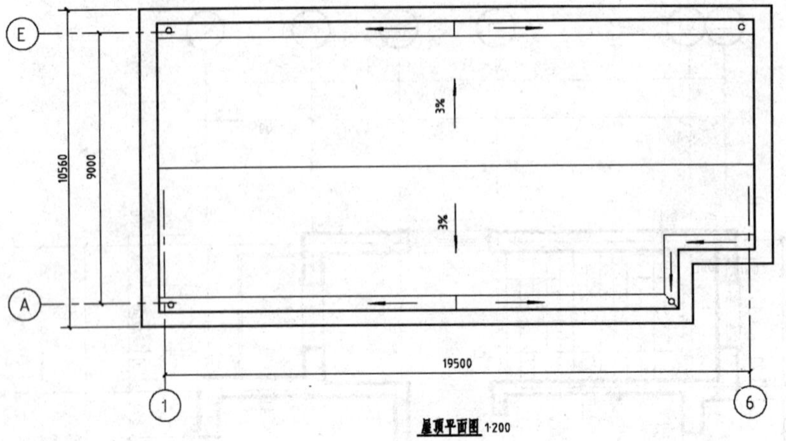

图 8-9 屋顶平面图

(5)室内的装修做法。如地面、墙面及顶棚等处的材料做法。较简单的装修,一般在平面图内直接用文字注明;较复杂的工程应另列材料做法表。

(二)平面图的图示方法

1. 比例

平面图常用 1:50、1:100、1:200 的比例进行绘制。

2. 图例

由于比例较小,平面图中许多构造配件(如门、窗、孔道、花格等)均不按真实投影绘制,而按规定的图例表示(表 8-5)。

3. 图线及定位轴线

承重墙、柱,必须标注定位轴线并按顺序编号。被剖切到的墙、柱断面轮廓线用粗实线画出;未被剖到的可见轮廓线(如台阶、梯段、窗台等)用中实线画出;轴线用细点画线画出,标注尺寸线、尺寸界线、引出线用细实线画出。

4. 尺寸标注

(1)外部尺寸。外部尺寸一般标注在平面图的下方和左方,分三道标注:最外面一道是总尺寸,表示房屋的总长和总宽;中间一道是定位尺寸,表示房屋的开间和进深;最里面一道是细部尺寸,表示门窗洞口、窗间墙、墙厚等细部尺寸,同时还应注写室外附属设施,如台阶、阳台、散水、雨篷等尺寸。

(2)内部尺寸。一般应标注室内门窗洞、墙厚、柱、砖垛和固定设备(如厕所、盥洗室等)的大小位置,及需要详细标注出的尺寸等。

底层平面图中,应注写室内外地面的标高。

5. 符号及指北针

底层平面图中应标注建筑剖面图的剖切符号及编号。套用标准图集或另有详图表示的构配件、节点，均需标注出详图索引符号。

底层平面图中一般要画出指北针符号，以表明房屋的朝向。

（三）平面图的识读要点

（1）熟悉图例，了解图名、比例。

（2）注意定位轴线与墙、柱的关系。

（3）核实各道尺寸及标高。

（4）核实图中门窗与门窗表中的门窗的尺寸、数量，并注意所选的标准图集的编号。

（5）注意楼梯的形状、走向和级数。

（6）熟悉其他构件（台阶、雨篷、阳台等）的位置、尺寸及厨房、卫生间等设施的布置。

（7）弄清楚各部分的高低情况。

（四）平面图识图举例

以如图8-7所示的底层平面图为例，阅读建筑平面图的方法如下。

（1）先看图名可知该工程为新建办公楼的底层平面图，比例为1∶100。

（2）根据图中的指北针可知该办公楼坐北朝南。

（3）该办公楼的总长为19.86m，总宽为10.01m，横向有六道轴线，纵向主要有四道轴线。

（4）主要出入口设置在办公楼东边的南侧，由入口进入门厅后，再由中间的走廊进入各个房间。垂直方向的交通由设置在东边的楼梯承担，楼梯的走向由箭头指明，被剖切的楼梯段用45°折线表示。

（5）各个房间的布置。底层共有7间办公室，其中四间朝南，三间朝北。七间办公室的尺寸均相同。走廊位于房屋的中间，东北角是厕所。

（6）门窗的数量、类型及门的开启方向。图中门的代号用M表示，窗的代号用C表示，其编号均用阿拉伯数字表示，如M1、M2、…，C1、C2、…。编号不同说明门窗的类型不同。阅读这部分内容时，应与门窗明细表相对照，核实两者是否一致。如底层所有门的数量为10樘，类型不同；窗的数量为18樘，类型均不同。所有内门的开启方向均为内开。

（7）房间内有关设备的布置。如男女厕所内有大便池、洗涤池等。

（8）建筑物的部分平面尺寸。如办公室的开间和进深尺寸分别为4.2m和3.6m；楼梯间的开间和进深尺寸分别为2.7m和4.25m。

（9）底层内各房间以及门厅、走廊等地面的标高为±0.000，室外地坪标高比室内低0.300m，正好作两步室外台阶，将室内外联系起来。

（10）在底层平面图上有三处标注剖切符号，表示用三个剖面图来反映该建筑物的竖向内部构造和分层情况。

四 建筑立面图

对建筑物各个立面所作的正投影图，称为建筑立面图，简称立面图。

建筑立面图可按房屋立面的主次来命名，如正立面图、侧立面图、背立面图；也可按房屋的朝向来命名,如东立面图、南立面图等;也可按立面左、右轴线的编号来命名,如⑨~①立面图、*A* ~ *B*立面图。

(一)立面图的图示内容

(1)表明建筑物外形,门窗、台阶、雨篷、阳台、雨水管、水箱等位置。

(2)应用标高表示出建筑物的总高度(屋檐或屋顶)、各楼层高度、室内外地坪标高以及烟囱高度等。

(3)表明建筑物外墙所用材料及饰面的分格。

(4)标明内部详图的索引符号。

(二)立面图的图示方法

(1)比例。建筑立面图常用1:50,1:100,1:200等比例绘制。

(2)图线。立面图中地坪线用特粗线表示;房屋的外轮廓线用粗实线表示;房屋构配件如窗台、窗套、阳台、雨篷、遮阳板的轮廓线用中实线表示;门窗扇、勒脚、雨水管、栏杆、墙面分隔线,及有关说明的引出线、尺寸线、尺寸界线和标高均用细实线表示。

(3)尺寸标注。立面图不标注水平方向的尺寸,只画出最左、最右两端的轴线。立面图上应标出室外地坪、室内地面、勒脚、窗台、门窗顶及檐口处的标高,一般不标注高度方向的尺寸;各部分的装饰做法可用文字加以说明。

(三)立面图的识读要点

(1)了解图名和比例。

(2)对照平面图核对立面图上的有关内容。

(3)了解房屋的外貌特征。

(4)核实房屋的竖向标高及尺寸。

(5)了解房屋外墙面的装修做法。

(四)立面图识图举例

如图8-10所示为一办公楼的南立面图,如图8-11所示为北立面图,如图8-12所示为西立面图。下面以南立面图为例,说明阅读建筑立面图的方法。

从南立面图中我们可以看出:

(1)该建筑物朝南的立面为主要立面,出入口位于该立面的东端。

(2)在立面图上通常只画出两端的轴线及其编号,即南立面图上两端的轴线为①~⑥,其编号与建筑平面图上的编号相一致,以便与平面图对照起来阅读。

(3)立面图的外形轮廓线用粗实线表示;室外地坪线用特粗实线表示;门窗、阳台、雨篷等主要部分的轮廓线用中实线画出;其他如门窗扇、墙面分格线等都用细实线表示。

(4)立面图上用标高表示主要部位的高度。从图8-11中我们可知房屋的总高为10.2m,层高为3.3m,窗台距地面1m,室外地坪低于室内0.3m。

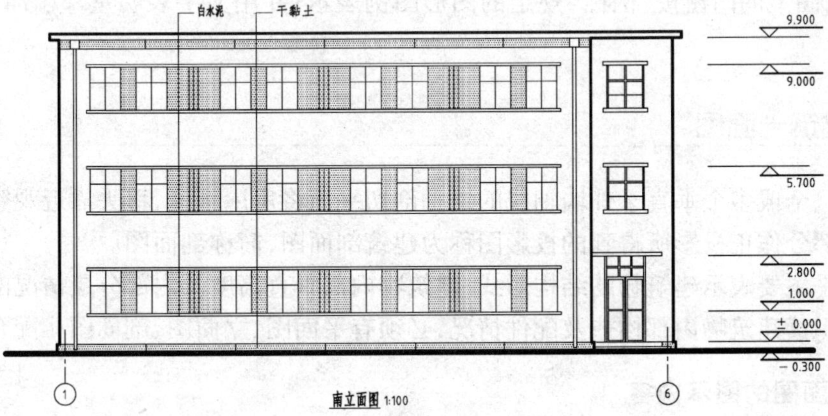

图 8-10 南立面图

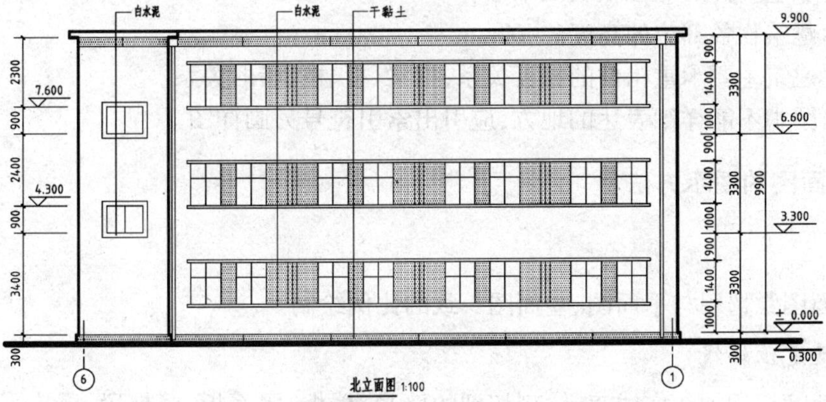

图 8-11　北立面图

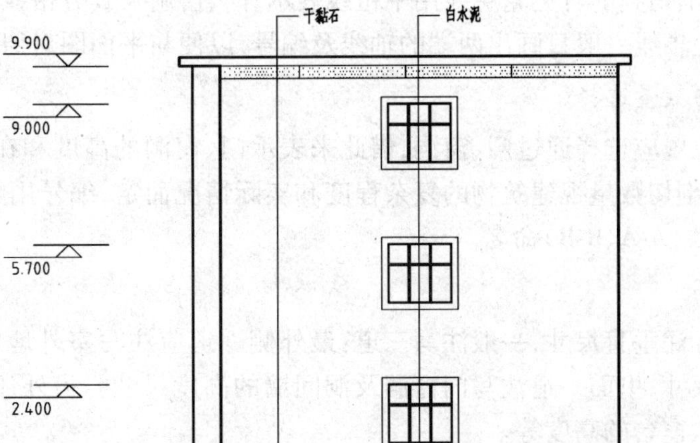

图 8-12　西立面图

(5)立面图上的门窗按“国标”规定的图形图例表示;并用文字表明室外墙面的装饰情况等。

五 建筑剖面图

假想用一个或多个垂直于外墙轴线的铅垂剖切平面将房屋剖开,移去靠近观察者的部分,对立面留下部分作正投影所得到的投影图称为建筑剖面图,简称剖面图。

剖面图是主要表示建筑物的结构形式、建筑物内部垂直高度及内部分层情况的重要图样。要更清楚地识读建筑物内部构造及配件情况,必须有平面图、立面图、剖面图相配合。

(一)剖面图的图示内容

(1)重要承重构件的定位轴线及编号。

(2)表示建筑物各部位的高度。

(3)表明建筑主要承重构件的相互关系,指梁、板、柱、墙的关系。

(4)剖面图中不能详细表达的地方,应引出索引符号另画详图。

(二)剖面图的图示方法

1. 比例

建筑剖面图常选用与平面图、立面图一致的比例绘制。

2. 图线及定位轴线

室内外地坪线用加粗实线表示;剖切到的墙身、楼板、屋面板、楼梯段、楼梯平台等轮廓线用粗实线表示;未剖切到的可见轮廓线用中粗线表示;门、窗扇及其分格线,水斗及雨水管等用细实线表示。定位轴线一般只画出两端的轴线及编号,以便与平面图对照。

3. 剖切位置与数量选择

剖切平面的位置应选择通过门、窗洞,借此来表示门、窗洞的高度和在竖直方向的位置和构造,以便施工。剖切数量视建筑物的复杂程度和实际情况而定,编号用阿拉伯数字(如 1-1、2-2)或英文字母(如 A-A、B-B)命名。

4. 尺寸和标高

剖面图上应标注垂直尺寸,一般注写三道:最外侧一道应注写室外地面以上的总尺寸;中间一道注写层高尺寸;里面一道注写门窗洞及洞间墙的高度尺寸。另外还应标注某些局部尺寸,如室内门窗洞、窗台的高度等。

剖面图上应注写的标高包括:室内外地面、各层楼面、楼梯平台面、檐口或女儿墙顶面、高出屋面的水箱顶面、烟囱顶面、楼梯间顶面等处。

5. 楼地面构造

剖面图中一般用引出线指向所说明的部分,按其构造层次顺序,逐层加以文字说明,以表示各层的构造做法。

6. 详图索引符号

剖面图中应表示画详图处的索引符号。

(三)剖面图的识读要点

(1)了解图名、比例。

(2)熟悉外墙(或柱)的定位轴线及其间距尺寸。

(3)结合平面图明确剖切位置及投影方向,注意被剖切的各部分结构构件的位置、尺寸、形状及图例。

(4)注意未剖切到的可见部分构件的位置、形状。

(5)核对竖直方向的尺寸和标高。

(6)了解详图索引符号,及某些装修做法和用料注释。

(四)剖面图识图举例

如图 8-13 所示就是 1-1 剖面图,现以此图为例,说明剖面图的识读方法。

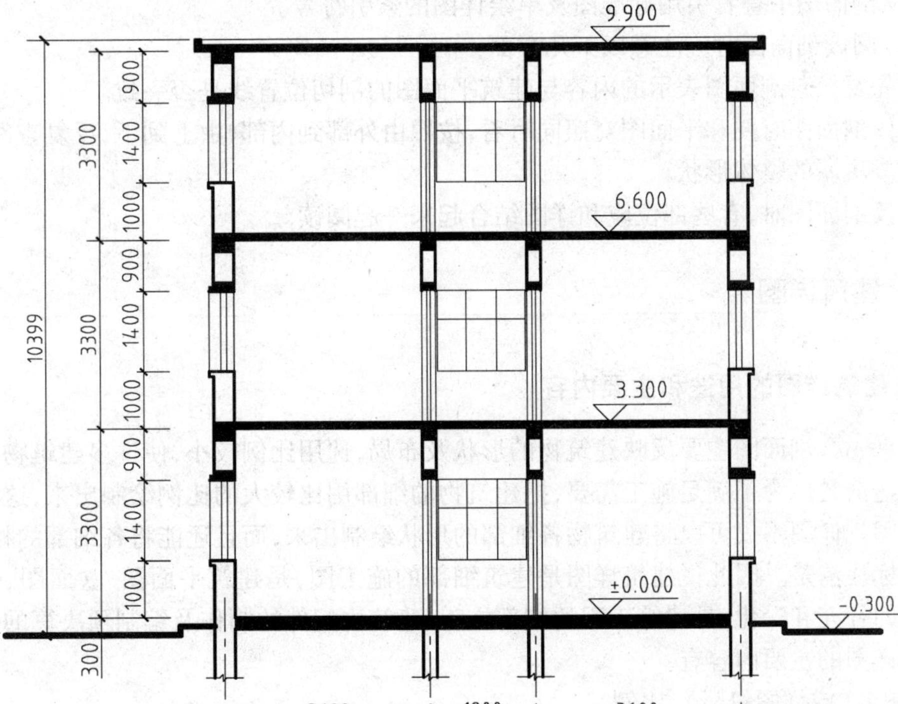

图 8-13　1-1 剖面图

（1）根据剖面图上剖切平面位置代号 1-1，在底层平面图上找到相应的剖切位置。

从图 8-13 和图 8-7 所示中我们可以看出，1-1 剖面图是在该办公楼西边的两间办公室的窗口位置进行剖切，然后向西投影得到的剖面图。

（2）房屋的垂直方向有三层，中间是走廊，两边为办公室。

（3）底层地面的标高为 ±0.000，室外地坪标高 -0.300，说明室内外高差为 300mm。从各层楼面的建筑标高可知各层的层高均为 3.3m。剖面图中的标高有两种，即建筑标高和结构标高。建筑标高是指装修后的标高，而结构标高是指结构层的标高，两者之间的区别如图 8-14 所示。一般楼面、地面标注建筑标高，其余各部位标注结构标高。

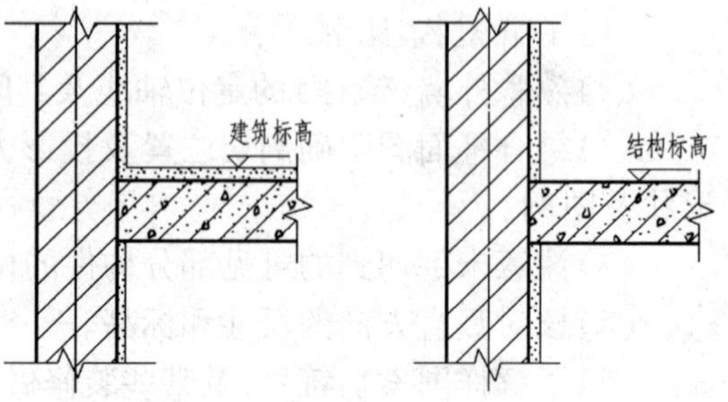

图 8-14　建筑标高与结构标高

（4）各主要构件的关系。从剖面图中可以看出，各层的钢筋混凝土楼板搁置在两端的砖墙上，并在板下设置支架，窗、窗顶设置过梁等。详细结构由结构施工图表达。

（5）从剖面图中查看引用标准图及单绘详图的索引符号。

（6）在阅读剖面图时应注意以下几方面：

①首先要核对剖面图表示的内容与建筑平面图的剖切位置线是否一致。

②阅读剖面图时要和平面图对照同时看，按照由外部到内部、由上到下，反复查阅，最后在头脑中形成房屋的整体形状。

③阅读剖面图时，有些部位应和详图结合起来一起阅读。

六 建筑详图

（一）建筑详图的用途和主要内容

由于平、立、剖面图主要反映建筑物的形状及布局，选用比例较小，使许多建筑物的细部构造无法表达清楚。为了满足施工需要，把建筑物的细部用比较大的比例绘制出来，这样的图样就称为详图。详图不仅可以将建筑物各细部的形状绘制出来，而且还能将各细部的材料做法、尺寸大小标注清楚。因此说建筑详图是建筑细部的施工图，是建筑平面图、立面图、剖面图等基本图纸的补充和深化，是建筑工程的细部施工、建筑构配件的制作及编制预决算的依据。

建筑详图的主要内容有：

（1）图名（或详图符号）、比例。

（2）表达出构配件各部分的构造连接方法及相对位置关系。

（3）表达出各部位、各细部的详细尺寸。

（4）详细表达构配件或节点所用的各种材料及其规格。

（5）有关施工要求及制作方法说明等。

根据房屋构造的复杂程度，一幢房屋的施工图一般需绘制以下几种详图：外墙节点详图、楼梯详图、厨房详图、厕所详图、雨篷详图、阳台详图和台阶详图等，这里只介绍外墙节点、楼梯、阳台的详图。

(二)外墙节点详图

1. 图示内容

外墙节点详图是房屋墙身在竖直方向的节点剖面图,主要表示房屋的屋面、楼面、地面、檐口、门、窗、勒脚、散水等节点的尺寸、材料、做法等构造情况,以及楼板、屋面板与墙身的构造连接情况。外墙节点详图一般包括檐口、门窗、勒脚等详图,为识读方便,有时将外墙各节点详图按其实际位置自上而下顺次排列,所得图样又称墙身大样图或墙身剖面图。

2. 图示方法

外墙节点详图一般用较大的比例绘出,常用比例为 1∶20。绘图线型选择与建筑剖面图相同,被剖到的结构、构件断面轮廓线用粗实线表示;粉刷线用细实线表示。断面轮廓线内应画上材料图例。

3. 识读要点

(1)了解详图的图名、比例。

(2)熟悉详图与被索引图样的对应关系。

(3)了解屋面、楼面、地面的构造层次和做法。

(4)注意檐口构造及排水方式。

(5)弄清各层梁(过梁或圈梁)、板、窗台的位置及其与墙身的关系。

(6)了解外墙的勒脚、散水及防潮层做法。

(7)熟悉内、外墙面装修做法。

(8)了解各部位的标高、高度方向的尺寸和墙身细部尺寸。

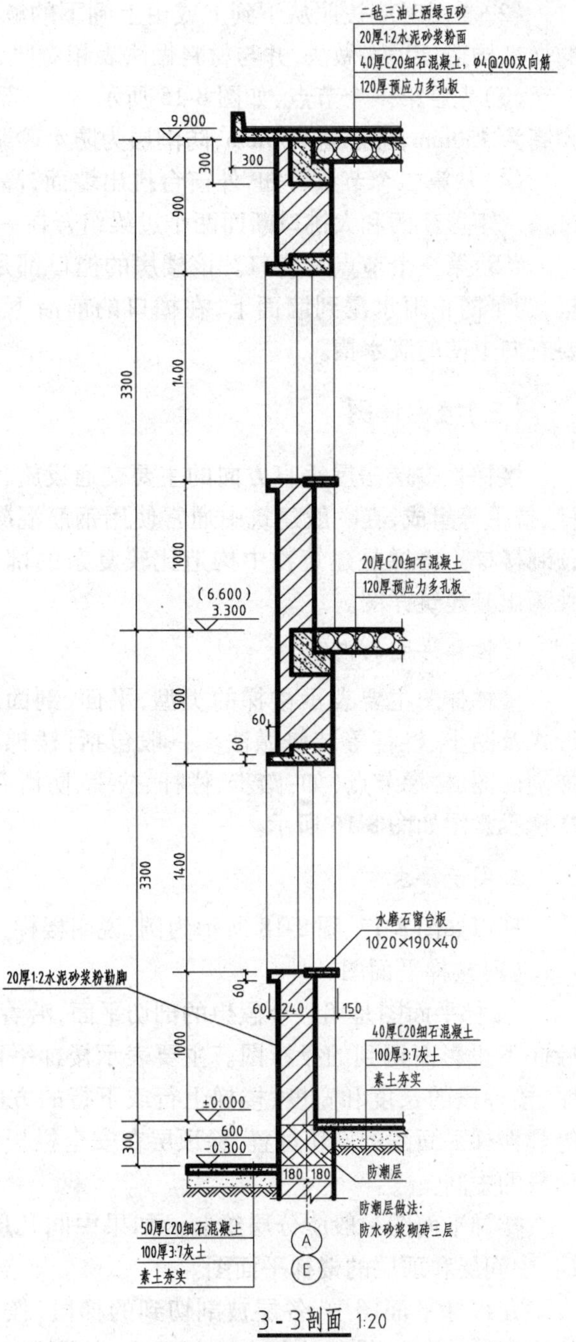

图 8-15 外墙节点详图

4. 识图举例

下面以如图 8-15 所示的外墙节点详图为例来说明阅读外墙详图的方法。

(1)根据外墙详图剖切平面的编号,在平面图、剖面图或立面图上查找出相应的剖切平面的位置,以了解外墙在建筑物的具体部位。

(2)看图时应按照从下到上或由上到下的顺序,一个节点、一个节点地阅读,了解各部位的详细构造、尺寸、做法,并与材料做法表相对照,检查是否一致。

(3)先看第一个节点,如图 8-15 所示,这一部分位于外墙的最底部。从图中可以看出,勒脚高为 450mm,散水宽 600mm,防潮层为防水砂浆砌砖三层。

(4)从第二个节点可知,外窗台挑出墙面,高度为 60mm,内窗台是水磨石窗台板,窗上的过梁由矩形断面和大挑口断面两个过梁组合在一起,楼板搭置在横墙上。

(5)第三个节点是檐口。该楼房的檐口都是用的挑檐板,为了防止雨水浸到墙面上,在檐口的前沿下倒,抹灰时要有向上凹的滴水槽。

(三)楼梯详图

楼梯是多层房屋垂直方向的主要交通设施,由平台、栏杆、扶手等组成,在一般建筑中通常使用钢筋混凝土现浇或预制楼梯。楼梯是建筑物中构造比较复杂的部分,通常单独画出其建筑详图。

1. 楼梯详图的内容

楼梯详图主要表示楼梯的类型,平面、剖面尺寸,结构形式及踏步、栏杆等装修做法。一般包括:楼梯平面图、楼梯剖面图、楼梯节点(如:踏步、栏杆、扶手、防滑条等)详图。楼梯示意图如图 8-16 所示。

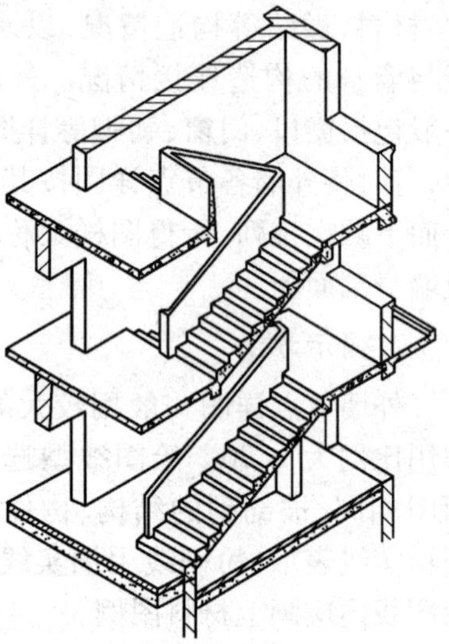
图 8-16　楼梯示意图

2. 图示要求

现以如图 8-17、图 8-18 所示为例,说明楼梯详图的内容及图示要求。

(1)楼梯平面图

楼梯平面图是用一个假想的剖切平面,沿着水平方向剖开(尽量剖到楼梯间的门窗),然后向下投影而得到的投影图。主要表示楼梯平面的详细布置情况,如楼梯间的尺寸大小、墙厚、楼梯段的长度和宽度、楼梯上行或下行的方向、踏面数和踏面宽度、楼梯平台和楼梯位置等。楼梯平面图的剖切位置,除顶层在安全栏板(或栏杆)之上外,其余各层均在上行第一跑梯段的中间。

楼梯平面图一般应分层绘制。如果中间几层的楼梯结构、尺寸均相同的话,可以只画底层、中间层和顶层的楼梯平面图。

在楼梯平面图中,各层被剖切到的梯段,按国标规定,均在平面图中以一根 45°的折断线表示。在每一梯段处画有一长箭头,并注写"上"或"下"字和步级数,表明从该层楼(地)面往上或往下走多少步级可到达上或下一层的楼(地)面。在底层平面图中还应注明楼梯剖面图的剖切位置和投影方向,如图 8-17 所示为各层楼梯的平面图。

阅读楼梯平面图时,要掌握各层平面图的图示特点。

①在底层平面图中,只有一个被剖切的梯段及栏板,并注有"上"字的长箭头。

②在中间层平面图中,既要画出被剖切的往上走的梯段(即画有"上"字的长箭头),还要

画出该层往下走的完整的梯段（画有“下”字的长箭头）、楼梯平台以及平台往下的梯段。这部分梯段与被剖切的梯段的投影重合，以45°折断线为分界。

③在顶层平面图中，由于剖切平面在安全栏板之上，所以顶层平面图的踏面是完整的，在图中画有两段完整的梯段和楼梯平台。因只有下行，故梯段上没有折断线，在梯口处只需注有“下”字的长箭头。

(2)楼梯剖面图

假想用一个铅垂平面，通过各层的一个梯段和门窗洞将楼梯剖开，向另一未剖到的梯段方向投影作的剖面图，即为楼梯剖面图，如图8-18所示。楼梯剖面图主要表示楼梯段的长度，踏步级数、楼梯结构形式及所用材料、房屋地面、楼面、休息平台、栏杆和墙体的构造做法，以及楼梯各部分的标高和详图索引符号。

阅读楼梯剖面图时，应与楼梯平面图对照起来一起看。看图时要注意剖切平面的位置和投影方向。如图8-18所示的剖面图中，每层有两个梯段，称为双跑式楼梯，该楼梯是一个现浇钢筋混凝土楼梯，楼梯段的步级数从图中可以直接看出，如第一梯段的尺寸165×11=1815，表示该梯段为11级。

另外在多层建筑中，如果中间各层的楼梯构造相同时，则剖面图可以只画出底层、中间层和顶层的剖面，中间用折断线断开。

(3)楼梯节点（踏步、栏杆、扶手、防滑条等）详图

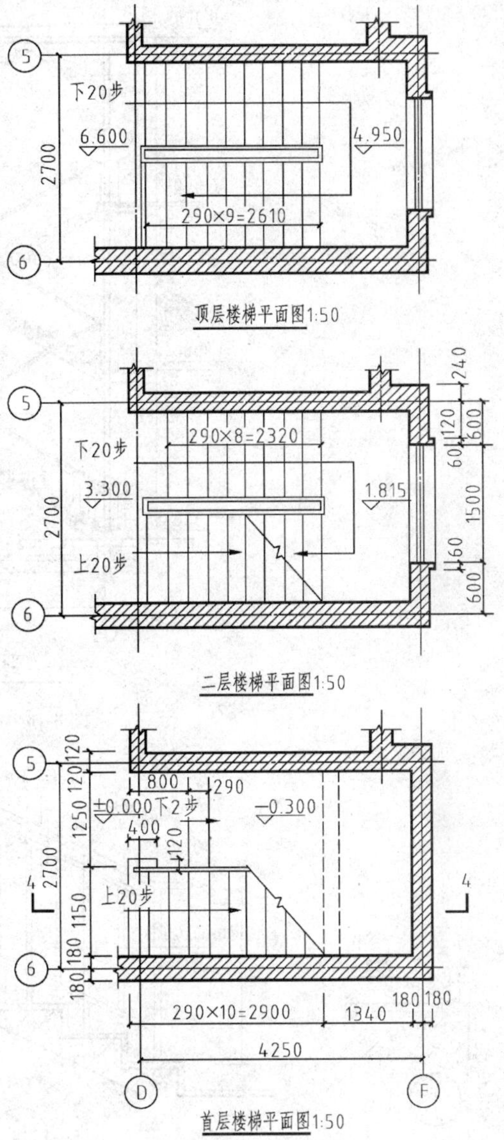

图8-17 楼梯平面图

楼梯节点详图一般用较大的比例更清晰地表明其尺寸、材料和构造做法。因此，在楼梯剖面详图中的相应位置需要标注详图索引符号。

楼梯踏步由水平踏步和垂直踢面组成。踏步详图表明踏步截面形状及大小、材料与面层做法。踏面边沿磨损较大，易滑跌，常在踏步平面边沿部位设置一条或两条防滑条，如图8-19a）所示。

楼梯栏杆与扶手是为上下行人安全所设，靠梯段和平台悬空一侧设置栏杆或栏板，上面做扶手，扶手形式与大小所用材料要满足一般手握适度弯曲情况，如图8-19b）、图8-19c）所示。

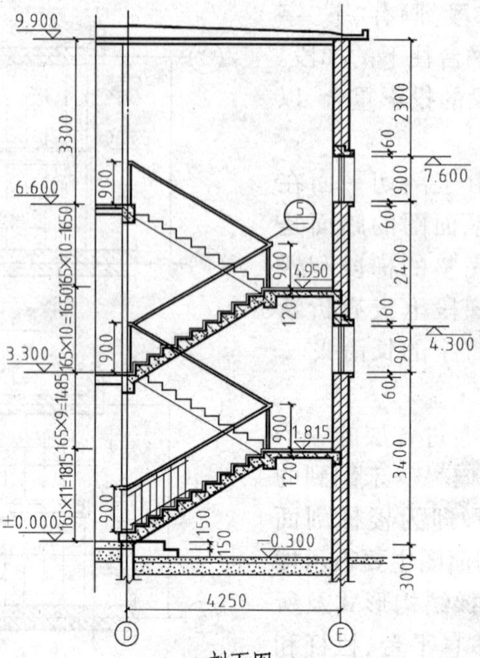

4-4剖面图 1:50

图 8-18　楼梯剖面图

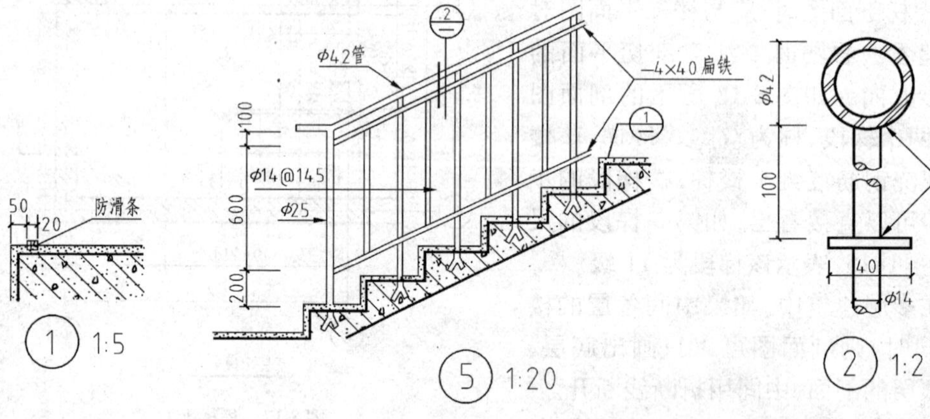

a) 踏步　　b) 栏杆　　c) 扶手

图 8-19　楼梯踏步、栏杆与扶手详图

第三节　结构施工图

结构施工图是指用来表达房屋承重构件的布置、形状、大小、材料以及连接情况的图样，简称“结施”。“结施”图是施工放线、挖基坑、支模板、绑扎钢筋、设置预埋件、浇捣混凝土、安装预制构件、编制预算和施工组织计划的重要依据。

一 结构施工图概述

(一)结构施工图的内容

结构施工图通常由结构设计说明、结构平面布置图和构件详图组成。

1. 结构设计说明

结构设计说明是对图纸带全局性的文字说明,它包括:选用材料的类型、规格、强度等级,地基情况,施工注意事项,选用标准图集等。

2. 结构平面布置图

结构平面布置图是表示房屋中各承重构件总体平面布置的图样。它包括:

(1)基础平面图。

(2)楼层结构布置平面图。

(3)屋盖结构平面图。

3. 构件详图

构件详图主要表示单个构件形状、尺寸、材料、构造及工艺,它包括:

(1)梁、柱、板及基础结构详图。

(2)楼梯结构详图。

(3)屋架结构详图。

(4)其他详图,如天窗、雨篷、过梁及工业建筑中的支撑详图等。

结构施工图按房屋结构所用的材料还可分为:钢筋混凝土结构图、钢结构图、木结构图、砖石结构(也称混合结构)图等。

(二)结构施工图的有关规定

绘制结构施工图,除应遵守《房屋建筑制图统一标准》(GB/T 50001—2001)的规定,还应遵守《建筑结构制图标准》(GB/T 50105—2001)的规定。

1. 图线

结构施工图中各种图线用法见表 8-6。

结构施工图的图线用法　　表 8-6

名　称	线　形	线　宽	用　途
粗实线	————————	b	螺栓、主钢筋线、结构平面图中的单线结构构件线、钢木支撑及系杆线,图名下横线、剖切线
中实线	————————	$0.5b$	结构平面图及详图中剖到或可见的墙身轮廓线、基础轮廓线、钢、木结构轮廓线、箍筋线、板钢筋线
细实线	————————	$0.25b$	可见的钢筋混凝土构件的轮廓线、尺寸线、标注引出线,标高符号,索引符号
粗虚线	━ ━ ━ ━ ━ ━ ━	b	不可见的钢筋、螺栓线,结构平面图中的不可见的单线结构构件线及钢、木支撑线

续上表

名　称	线　形	线　宽	用　途
中虚线		0.5b	结构平面图中的不可见构件、墙身轮廓线及钢、木结构轮廓线
细虚线		0.25b	基础平面图中的管沟轮廓线、不可见的钢筋混凝土构件轮廓线
粗点画线		b	柱间支撑、垂直支撑、设备基础轴线图中的中心线
细点画线		0.25b	中心线、对称线、定位轴线
折断线		0.25b	断开界线

2. 比例

绘制结构施工图时应根据图样用途、被绘制物体的复杂程度，选用适当比例绘制，结构施工图的常用比例见表8-7。当构件的纵、横向断面尺寸相差悬殊时，可在同一详图中的纵、横向选用不同的比例绘制。

结构施工图的常用比例　　表8-7

图　名	比　例	可用比例
结构平面图、基础平面图	1:50、1:100、1:150、1:200	1:60
圈梁平面图、总图中管沟、地下设施等	1:200、1:500	1:300
详图	1:10、1:20	1:4、1:5、1:25

3. 构件代号

结构施工图中，构件的名称应用代号来表示，代号后应用阿拉伯数字标注该构件的型号或编号，也可为构件顺序号。构件的顺序号采用不带角标的阿拉伯数字连续编排。常用的构件代号见表8-8。

常用构件代号　　表8-8

序号	名称	代号	序号	名称	代号	序号	名称	代号
1	板	B	19	圈梁	QL	37	承台	CT
2	屋面板	WB	20	过梁	GL	38	设备基础	SJ
3	空心板	KB	21	连系梁	LL	39	桩	ZH
4	槽形板	CB	22	基础梁	JL	40	挡土墙	DQ
5	折板	ZB	23	楼梯梁	TL	41	地沟	DG
6	密肋板	MB	24	框架梁	KL	42	柱间支撑	ZC
7	楼梯板	TB	25	框支梁	KZL	43	垂直支撑	CC
8	盖板或沟盖板	GB	26	屋面框架梁	WKL	44	水平支撑	SC
9	挡雨板或檐口板	YB	27	檩条	LT	45	梯	T
10	吊车安全走道板	DB	28	屋架	WJ	46	雨篷	YP
11	墙板	QB	29	托架	TJ	47	阳台	YT
12	天沟板	TGB	30	天窗架	CJ	48	梁垫	LD
13	梁	L	31	框架	KL	49	预埋件	M
14	屋面梁	WL	32	刚架	GJ	50	天窗端壁	TD
15	吊车梁	DL	33	支架	ZJ	51	钢筋网	W
16	单轨吊车梁	DDL	34	柱	Z	52	钢筋骨架	G
17	道轨连接	DGL	35	框架柱	KZ	53	基础	J
18	车挡	CD	36	构造柱	GZ	54	暗柱	AZ

4. 定位轴线

结构施工图中的定位轴线及编号应与建筑平面图或总平面图一致。

5. 尺寸标注

结构施工图上的尺寸应与建筑施工图相符。应注意的是结构施工图中所注尺寸应是结构构件的结构尺寸(即实际尺寸),不包括结构表面装修层厚度。桁架式结构的单线图,其杆件的轴线长度尺寸应标注在构件的上方;在杆件布置和受力均对称的桁架单线图中,可在左半边标注杆件几何轴线尺寸,右半边标注杆件的内力值和反力值。

(三)结构施工图的图示方法和特点

由于现代建筑大量应用钢筋混凝土结构,因此结构施工图的主要内容之一是钢筋布置图(配筋图)。

钢筋混凝土结构图的表示方法有三种:

1. 详图法

详图法是通过平、立、剖面图将各构件(梁、柱、墙等)的结构尺寸、配筋规格等"逼真"地表示出来。用详图法绘图的工作量非常大。

2. 梁柱表法

梁柱表法采用表格填写方法将结构构件的结构尺寸和配筋规格用数字符号表达。此法比"详图法"要简单方便得多,手工绘图时,深受设计人员的欢迎。其不足之处是:同类构件的许多数据需多次填写,容易出现错漏,图纸数量多。

3. 结构施工图平面整体设计方法(以下简称"平法")

"平法"把结构构件的截面形式、尺寸及所配钢筋规格在构件的平面位置用数字和符号直接表示,再与相应的"结构设计总说明"和梁、柱、墙等构件的"构造通用图及说明"配合使用。平法的优点是图面简洁、清楚、直观性强,图纸数量少,设计和施工人员都很欢迎。

为了保证按平法设计的结构施工图实现全国统一,建设部已将"平法"的制图规则纳入国家建筑标准设计图集,详见《混凝土结构施工图平面整体表示方法制图规则和构造详图》(GJBT—518 00G101)(以下简称《平法规则》)。

二 基础图

基础是建筑物在室内地面以下的部分,它承受上部荷载并将其传递给地基。

基础的形式取决于上部承重结构的形式和地基情况。在民用建筑中,常见的形式有条形基础(即墙基础)和独立基础(即柱基础),如图 8-20 所示。

条形基础埋入地下的墙称为基础墙。当采用砖墙和砖基础时,在基础墙和垫层之间做成阶梯形的砌体,称为大放脚。基础底下天然的或经过加固的土壤叫地基,基坑(基槽)是为基础施工而在地面上开挖的土坑,坑底就是基础的底面,基坑边线就是放线的灰线,防潮层是防止地下水对墙体侵蚀而铺设的一层防潮材料,如图 8-21 所示。

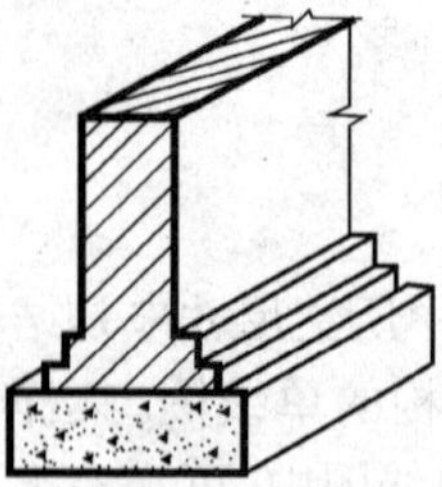

a)条形基础

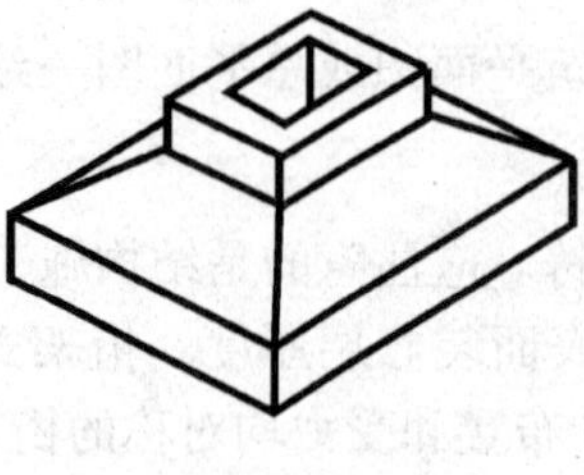

b)独立基础

图 8-20　房屋结构的基础形式

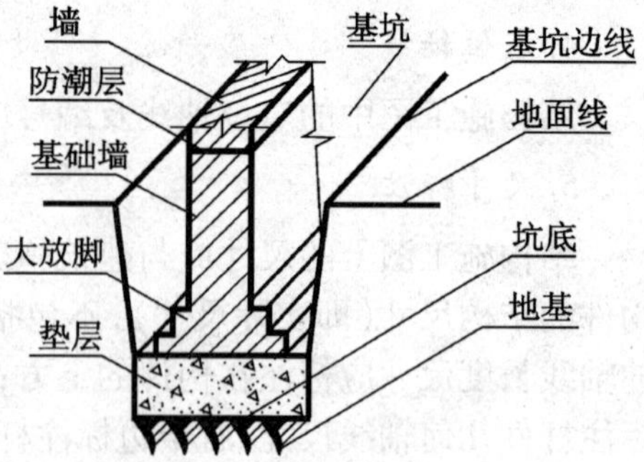

图 8-21　大放脚基础的构造

基础图是指基础及管沟图，是相对标高 ±0.000 以下的结构图。基础图一般包括基础平面图和基础详图，是施工时放灰线、开挖基坑、砌筑基础及管沟的重要依据。

(一)基础平面图

基础平面图是假想用一水平面沿相对标高 ±0.000 以下与基础之间剖开，移去上部结构和周边土层，向下投影所得的剖面图，如图 8-22 所示为基础平面图。基础平面图主要表达基础墙、垫层、留洞及柱、梁等构件布置的平面关系。

1. 图示方法

(1)比例：常用 1∶100、1∶150、1∶200 的比例进行绘制。

(2)图线：被剖切到的墙、柱轮廓线，用中粗实线表示；基础底部可见轮廓线用细实线表示；基础梁用粗点画线表示，对其他的细部如砖砌大放脚的轮廓线均省略不画。

(3)定位轴线：定位轴线(轴线编号、轴线间尺寸)必须与建筑施工图中首层平面图保持一致。

(4)图例：由于基础平面图常采用 1∶100 等比例绘制，被剖切到的基础墙身可不画材料图例，钢筋混凝土柱涂成黑色表示。

(5)剖切符号：凡基础的宽度、墙厚、大放脚形式、基底标高及管沟做法不同时，均以不同的断面详图予以表达。

(6)尺寸标注：根据结构复杂程度一般分两道标注，外面一道表示基础总长和总宽，里面一道表示基础墙间的轴线间尺寸，管沟部分应注写其细部尺寸。基础平面图中应标注基础剖切断面符号并注出编号。

2. 图示内容

(1)图名、比例，基础平面图比例选用与建筑平面图相同。

(2)纵横向定位轴线及编号、轴线尺寸，与建筑平面图相同。

(3)基础墙、柱的平面布置，基础底面形状、大小及其与轴线的关系。

(4)基础梁的位置、代号。

(5)基础编号、基础断面图的剖切位置线及其编号。

(6)施工说明，即所用材料的强度等级、防潮层做法、设计依据以及施工注意事项等。

注：1. 除注明外所有构造柱均为GZ2。
2. 除注明外所有基础断面均为2-2。

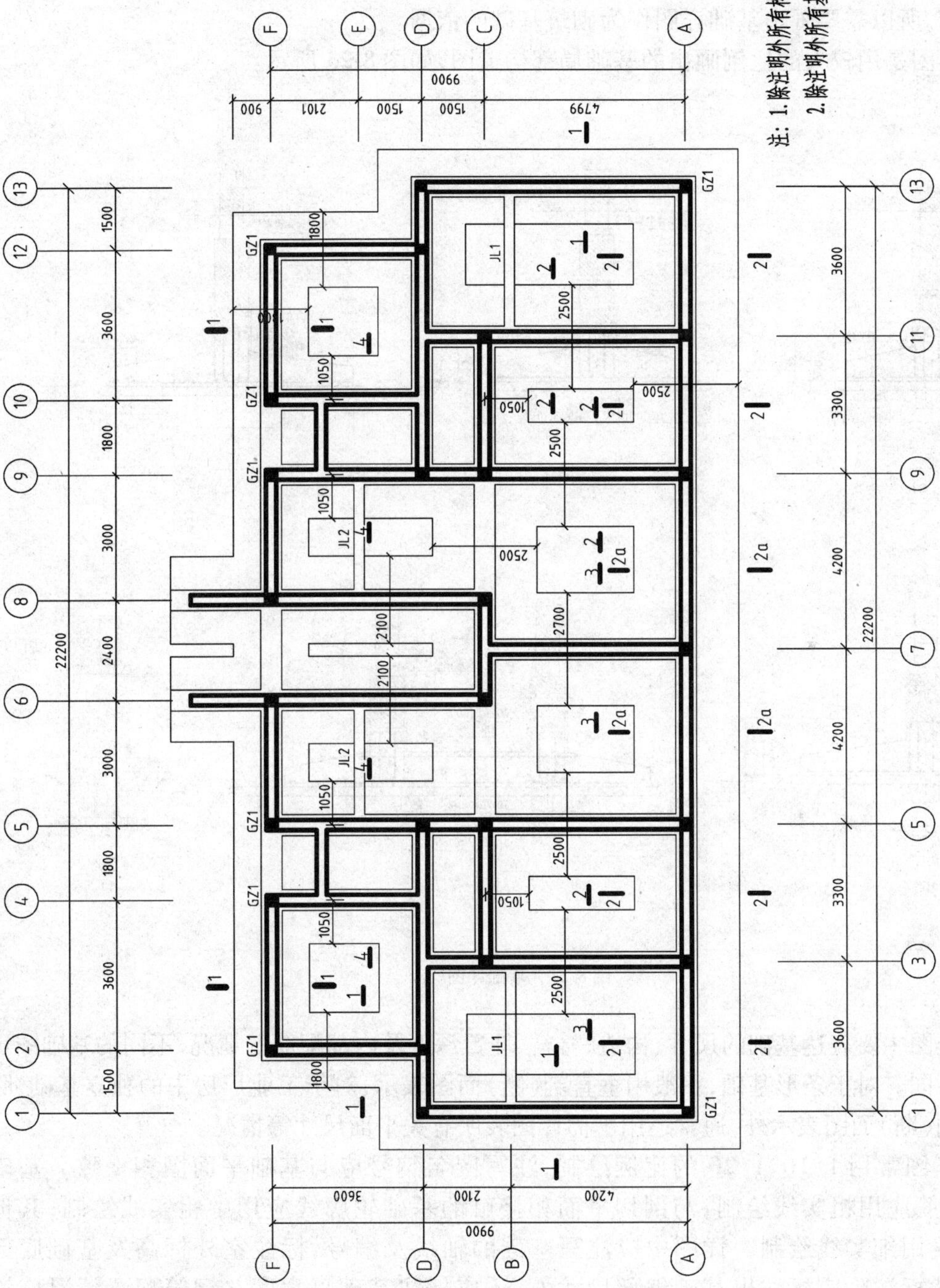

基础平面图 1:100

图 8-22 基础平面图

(二)基础详图

在基础平面图中仅表示了基础的平面布置,而基础的形状、大小、构造、材料及埋置深度等均没有表示,所以需要画出基础详图作为砌筑基础的依据。

基础详图是用较大的比例画出的基础局部构造图,如图 8-23 所示。

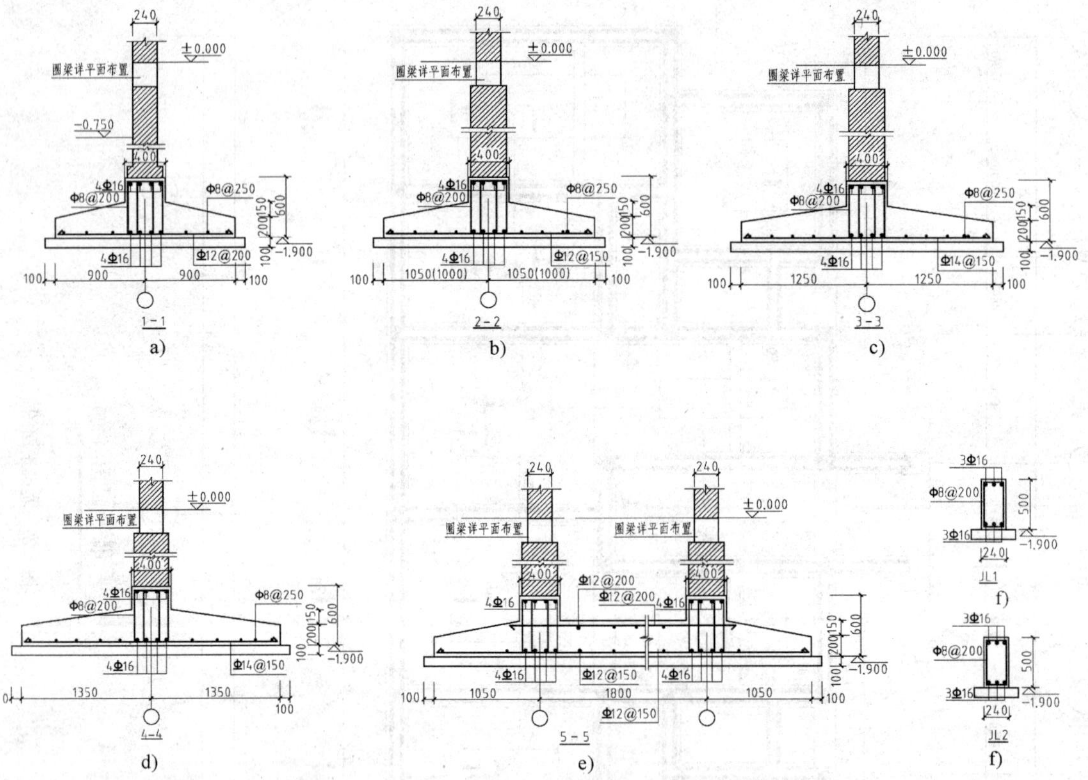

图 8-23　基础详图

基础详图主要表达基础的尺寸、构造、材料、埋置深度及内部配筋的情况,不同的基础图示方法有所不同。对于条形基础,一般用垂直剖(断)面图表示;对于工业厂房中的独立基础,除了用垂直剖(断)面图表示外,通常还用平面详图表明有关平面尺寸等情况。

基础详图常用 1∶10、1∶20 的比例绘制,注写图名编号应与基础平面图相一致。基础详图中,钢筋应用粗实线绘制,与剖切平面相接触的基础轮廓线应用中粗实线绘制;其他可见轮廓线用细实线绘制。详图中应注写基础的轴线及编号,标注室外标高及基础底部标高。尺寸标注除应标注出基础细部尺寸外,还应标注基础总宽度。钢筋配置情况应详细标注,应用文字说明基础防潮层的做法及管沟的做法。基础墙及垫层应选择适当图例填充。

(三)识图举例

1. 基础平面图

如图 8-22 所示是某住宅楼的基础平面图,绘图比例 1∶100,横向轴线①~②,纵向轴线Ⓐ~Ⓕ。被剖切到的墙体和柱均用中粗实线进行绘制,墙身外侧的中粗线为基础墙身宽度,最外侧的细实线为基础外轮廓线,基础断面剖切符号标注为 1-1、2-2 等,图上还标注了基础梁的布置及编号。

2. 基础详图

如图 8-23 所示是某住宅楼的基础详图。由 1-1~4-4 断面图可知,该基础为墙下条形基础,由基础圈梁和基础墙两部分组成。基础 ±0.000 以上为墙体,±0.000 以下布置有基础圈梁,基底标高为 -1.900m,各基础外形尺寸及配筋情况如图中所示;JL1、JL2 分别为基础梁 1-2 的断面图,由图可知基础梁的底面标高亦为-1.900mm 和基础同深,基础梁截面尺寸及配筋情况如图中所示。

三 结构平面图

结构平面图是表示建筑物室外地面以上各层平面承重构件(如梁、板、柱、墙、门窗过梁、圈梁等)布置的图样,一般包括楼层结构平面图和屋顶结构平面图。

(一)楼层结构布置平面图

楼层结构布置平面图是用一假想水平面,在所要表明的结构层面上部剖开,移去上部结构向下投影而得到的水平投影图,主要表示建筑物楼层结构的梁、板等构件的位置、数量及连接方法。

多层建筑如果有各自不同的楼面结构布置时,可合用一个结构平面图;若为不同的结构布置,则应有各自不同的结构平面图。

1. 图示方法

(1)比例:楼层结构布置图常用 1∶50、1∶100 的比例绘制。

(2)图线:在楼层结构布置平面图中,被剖切到的墙、柱等轮廓用粗实线绘制;被楼板挡住的墙、柱轮廓用中虚线表示;用细实线绘制楼板平面布置情况。

(3)定位轴线:楼层结构布置平面图中的定位轴线应与建筑施工图中的平面图相一致。

(4)柱、梁、板:被剖切到的钢筋混凝土柱断面涂黑表示,并注写其代号和编号;楼板下不可见的梁可画虚线并注写其代号,也可画粗点画线;板的布置通常是用对角线(细实线)来表示其位置的,并注写其代号及编号。

(5)尺寸标注:楼层结构布置平面图的尺寸应标注两道,外面一道标注楼板结构总长,内部一道标注轴线间尺寸。预制楼板应注写出分布区域及编号,现浇楼板应详细注写出钢筋配置情况,同时该布置图还应注写楼层标高。

2. 图示内容

(1)图名、比例:规定与建筑平面相同。

(2)定位轴线及编号:定位轴线及编号应与建筑平面图保持一致。

(3)墙、柱、梁、板等构件的位置及代号和编号。

(4)预制板的跨度方向、数量、型号或编号和预留洞的大小及位置。

(5)轴线尺寸及构件的定位尺寸。

(6)详图索引符号及剖切符号。

(7)文字说明。

3. 识图举例

如图 8-24 所示为底层结构布置平面图,绘图比例为 1∶100,图上被剖切到的钢筋混凝土柱断面涂黑表示,并注写其代号,如 GZ1;楼板下不可见梁用虚线表示,如 QL4;预制空心板标注可简化,如③~⑤和Ⓐ~Ⓒ之间的楼板沿对角线注写成 $5YKB_{R6}339\text{-}2$ 并编号为④,表明该区域的布置情况。5YKB339-2 表示五块预应力空心板,板跨为 3300mm,板宽为 900mm,荷载等级为 2 级。局部现浇板可直接在布板位置画详图,如阳台部位;也可注写其代号另画详图,如 BD1。

如图 8-25 所示为二层结构布置平面图。与底层结构布置平面图不同的是,二层以上的每层楼板均为现浇钢筋混凝土板,因此其布置图上注出了板的厚度、配筋及板的布置方式。

(二)屋顶结构平面图

屋顶结构布置平面图是表示屋面承重构件平面布置的图样,其图示内容和表达方法与楼层结构平面图基本相同。由于屋面排水的需要,屋面承重构件可根据需要按一定坡度布置。

识读屋顶结构布置平面图时,应注意屋顶上人孔及烟道的布置。

如图 8-26 所示为某住宅楼的屋面结构布置平面图,绘图比例为 1∶100。该屋面结构为现浇混凝土屋面板找坡的坡屋顶,屋顶天窗开设周围钢筋布置如图所示,其屋面板构造另见详图。该图还注明了屋面各部分的标高。

四 平面整体表示法简介

平法的表达形式是把结构构件的尺寸和配筋等,按照平面整体表示方法制图规则,整体直接表达在各类构件的结构平面布置图上,再与标准构造详图相配合,即构成一套新型完整的结构设计图。

(一)平法设计的注写方式

在平面布置图上表示各构件尺寸和配筋的方式,分平面注写方式、列表注写方式和截面注写方式三种。

按平法设计绘制结构施工图时,应将所有柱、墙、梁构件进行编号,并用表格或其他方式注明各结构层楼(地)面标高、结构层高及相应的结构层号,如图 8-27 所示。

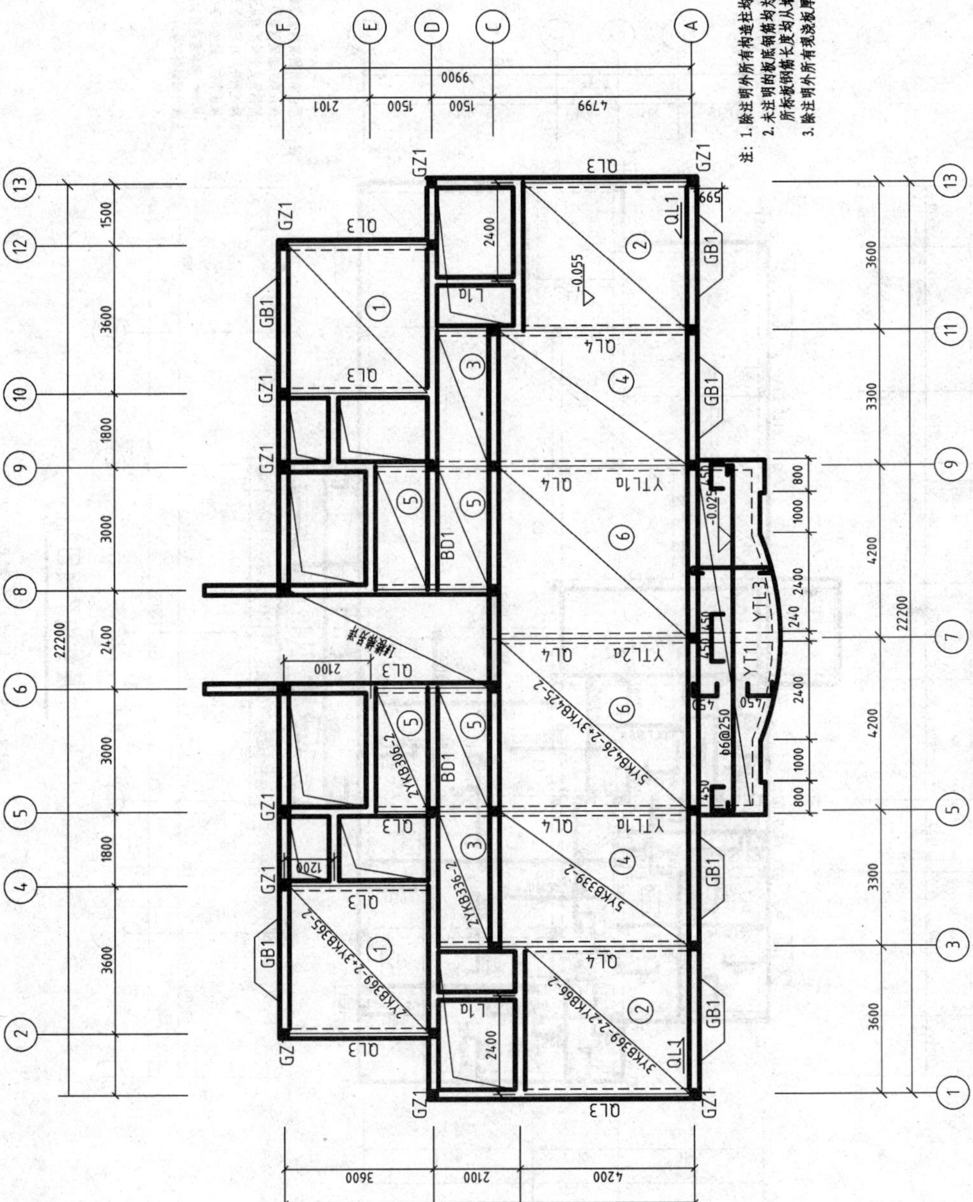

注：1. 除注明外所有构造柱均为GZ2，所有砖墙均设QL2。
2. 未注明的板底钢筋均为Φ6@200，板面负筋均为Φ8@200，所标板钢筋长度均从墙（梁）边算起。
3. 除注明外所有现浇板厚均为80mm。

底层结构平面图 1:100

图 8-24 底层结构布置平面图

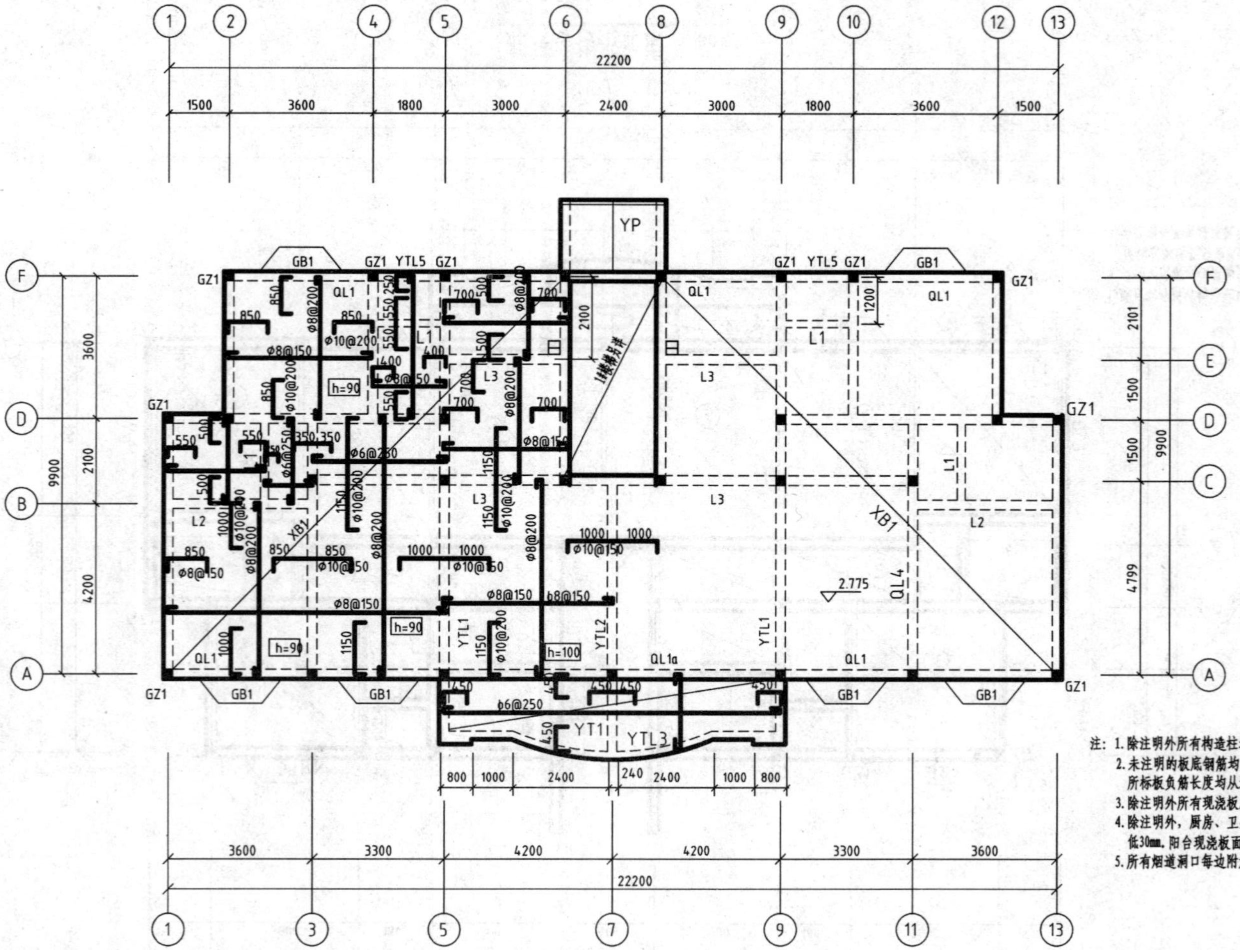

二层结构平面图 1:100

图 8－25 二层结构布置平面图

注：1. 除注明外所有构造柱均为GZ2，所有砖墙均设QL2。
2. 未注明的板底钢筋均为φ6@200，板面负筋均为φ8@200，所标板负筋长度均从墙（梁）边算起。
3. 除注明外所有现浇板厚均为80mm。
4. 除注明外，厨房、卫生间现浇板面标高比所注楼面标高低30mm，阳台现浇板面标高比所注楼面标高低50mm。
5. 所有烟道洞口每边附加2φ8钢筋。

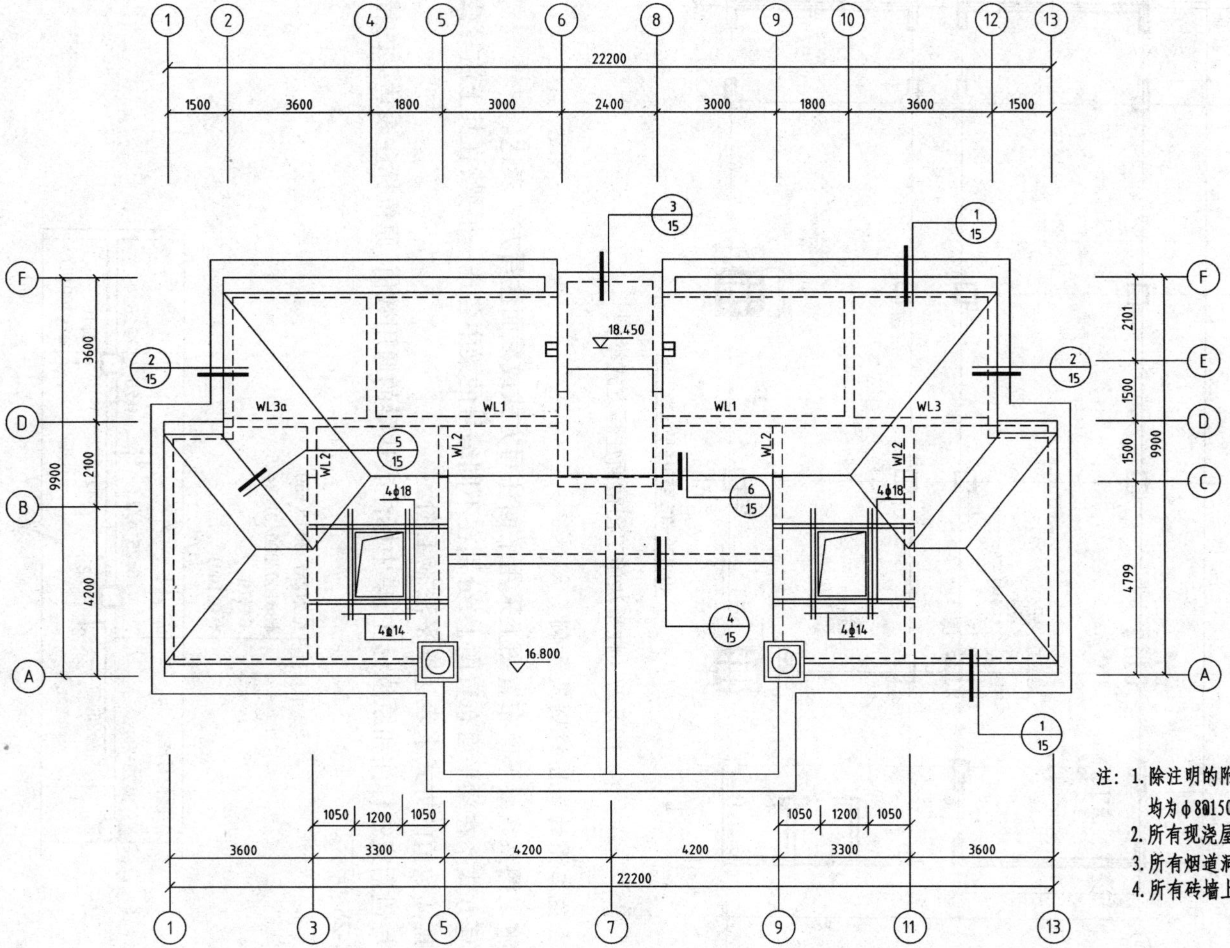

注：1. 除注明的附加钢筋外，所有屋面板配筋均为φ8@150双层双向。
2. 所有现浇屋面板厚均为90mm。
3. 所有烟道洞口每边附加2φ8钢筋。
4. 所有砖墙上均设WQL。

屋面结构平面图 1:100

图 8-26　屋面结构布置平面图

1. 柱平法施工图的制图规则及示例

柱平法施工图系在柱平面布置图上采用列表方式或截面注写方式表达。

截面注写方式系在分标准层绘制的柱平面布置图上，分别在同一编号的柱中选择一个截面，并将此截面在原位放大，以直接注写截面尺寸和配筋具体数值。如图 8-27 中的 KZ1、KZ2、KZ3。

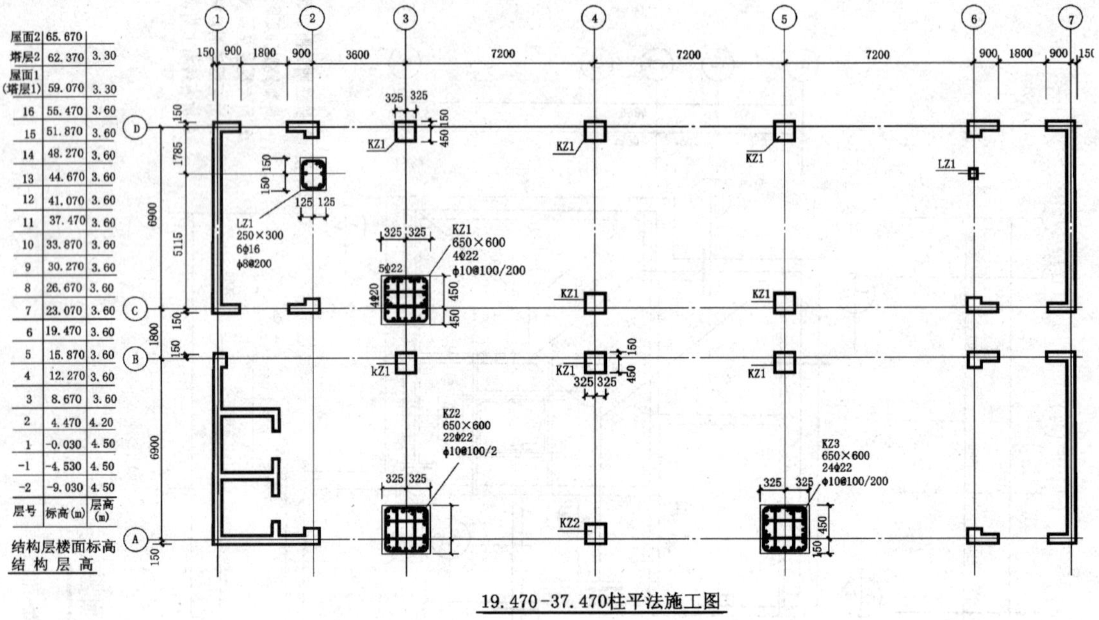

图 8-27　柱平法施工图截面注写方式举例

2. 梁平法施工图的制图规则及示例

梁平法施工图系在梁平面布置图上采用平面注写方式或截面注写方式表达。

平面注写方式系在梁平面布置图上，分别在不同编号的梁中各选一根梁，在其上注写截面尺寸和配筋具体数值的方式来表达梁平法施工图。

平面注写包括集中标注和原位标注，集中标注表达梁的通用数值，原位标注表达梁的特殊数值，如图 8-28 所示。

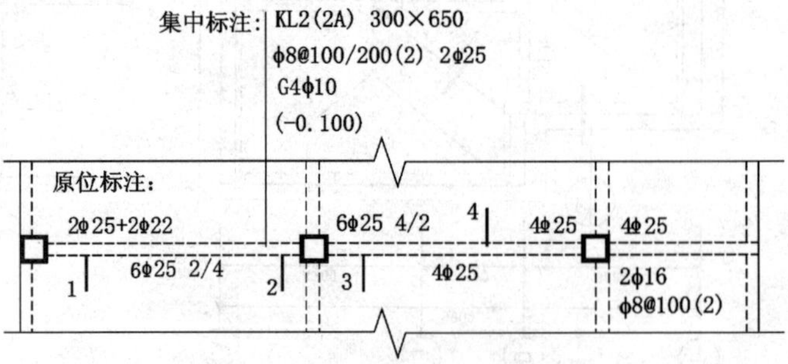

图 8-28　梁平法集中标注与原位标注示例

如图 8-29 所示，是采用传统表示方法绘制的四个梁截面。

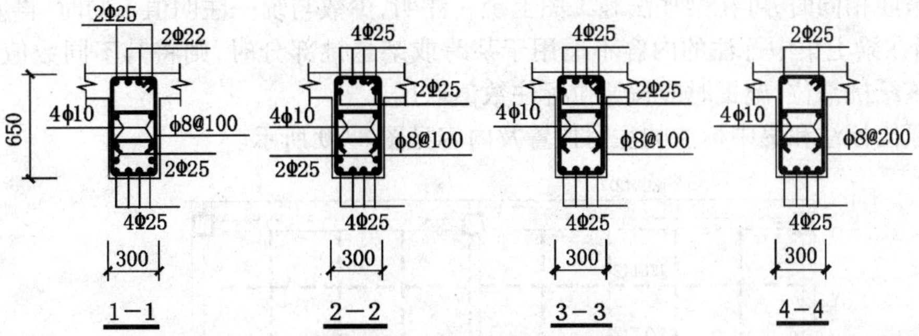

图 8-29　传统方法绘制的梁截面图

梁编号由梁类型代号、序号、跨数及有无悬挑代号几项组成，应符合表 8-9 中的规定。

梁 的 编 号　　表 8-9

梁　类　型	代　　号	序　　号	跨数及是否带有悬挑
楼层框架梁	KL	XX	(XX)、(XXA)或(XXB)
屋面框架梁	WKL	XX	(XX)、(XXA)或(XXB)
框支架	KZL	XX	(XX)、(XXA)或(XXB)
非框架梁	L	XX	(XX)、(XXA)或(XXB)
悬挑梁	XL	XX	—
井字梁	JZL	XX	(X X)、(XXA)或(XXB)

(二)梁平法的标注规则

(1)梁集中标注规则

梁集中标注的内容，有五项必注值及一项选注值，规定如下：

第一项：梁编号[如图 8-28 中的 KL2(2A)，2 号框架梁，两跨一端有悬挑]

第二项：梁截面尺寸 $b \times h$(宽×高)(如图 8-28 中的 300×650)

第三项：梁箍筋，包括钢筋级别、直径、加密区与非加密区间距及肢数[如图 8-28 中的 φ8@100/200(2)]，一级钢筋两肢箍，加密区间距 100mm，非加密区间距 200mm。

第四项：梁上部通长筋或架立筋(如图 8-28 中的 2Φ25，两根直径Φ25 的一级构造钢筋)。

第五项：梁侧面纵向构造钢筋或受扭钢筋(如图 8-28 中的 G4φ10，4 根 φ10 侧面构造筋)。

第六项：梁顶面标高高差(如图 8-28 中的 -0.100 表示梁顶面的高差为负 0.1m)。

(2)梁原位标注方法规则

①梁支座上部纵筋

a. 当上部纵筋多于一排时，用斜线“/”将各排纵筋自上而下分开(如图 8-28 中 6Φ25 4/2)。

b. 当同排纵筋有两种直径时，用加号“+”将两种直径相连，注写时将角部纵筋写在前面。(如图 8-28 中 2Φ25+2Φ22)。

c. 当梁中间支座两边的上部纵筋不同时，须在支座两边分别标注。

②附加箍筋或吊筋

附加箍筋和吊筋可直接画在平面图中的主梁上，用线引注总配筋值(图 8-28)。当多数附加箍筋或吊筋相同时,可在梁平法施工图上统一注明,少数与统一注明值不同时,再原位引注。

(3)当在梁上集中标注的内容不适用于某跨或某悬挑部分时,则将其不同数值原位标注在该跨或该悬挑部位,施工时应按原位标注数值取用。

梁的原位标注和集中标注的注写位置及内容见图 8-30 所示。

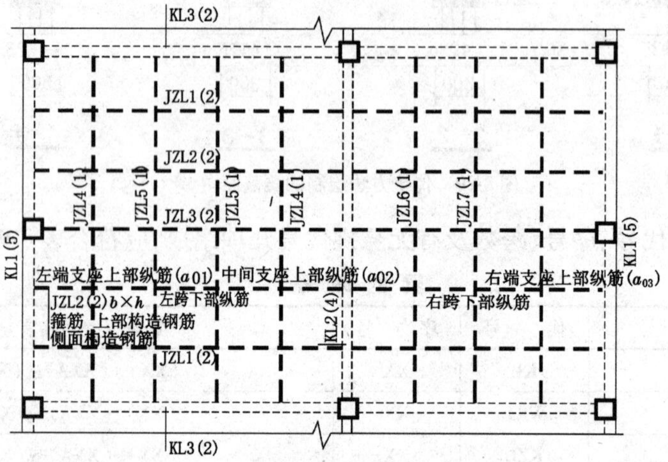

图 8-30 梁平法集中标注和原位标注位置

图 8-31 为梁平法施工图平面注写实例。

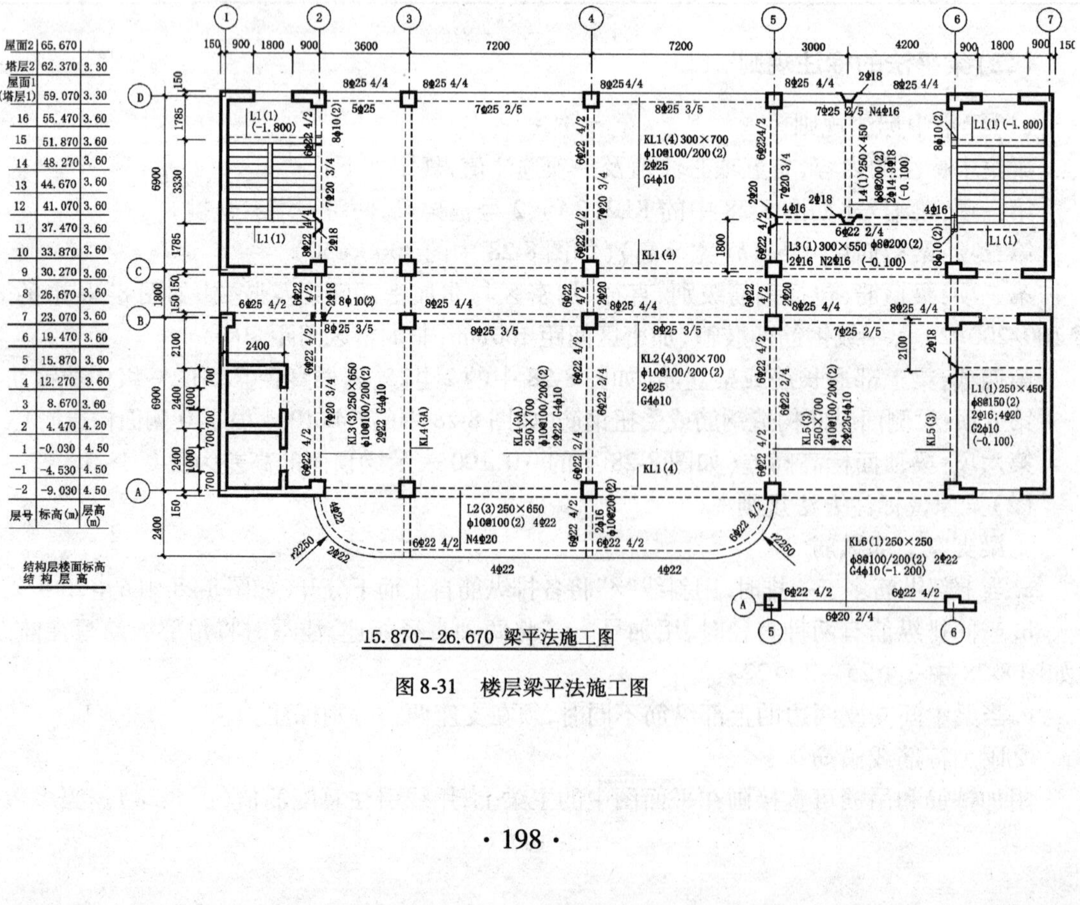

图 8-31 楼层梁平法施工图

第四节　给水排水施工图

在房屋建筑中，一般都设置给水、排水、供暖、电气等设备，表达这些设备布置及要求的施工图称为设备施工图。本节只介绍其中的室内给水排水施工图的相关内容。

一 给水排水施工图的一般规定

(一)图线

(1)给水排水施工图中一般新建给水管道采用粗实线，排水管道采用粗虚线，雨水管道采用粗点画线。

(2)给排水设备、原有给水排水管线采用中实线(可见)、中虚线(不可见)。

(3)建筑物、构筑物的轮廓线，被剖切的建筑构造轮廓线采用细实线(可见)、细虚线(不可见)。

(4)尺寸、图例、标高、设计地面线等采用细实线。

(5)细点画线、折断线、波浪线的使用与建筑图相同。

(二)比例

给水排水工程图的比例应根据管道和卫生器具布置的复杂程度和画图需要进行选择。常见的比例见表8-10。

给水排水施工图常用的比例　　表8-10

名　　称	比　　例
厂区(小区)总平面图	1:2000　1:1000　1:500　1:200
管道纵剖面图	横向1:1000　1:500；纵向1:200　1:100　1:　50
室内管道平、剖面图	1:300　1:200　1:100　1:50
管道系统轴测图	1:200　1:100　1:50或不按比例
流程图或原理图	无比例
设备加工图	1:100　1:50　1:40　1:30　1:20　1:10　1:2　1:1
详图	1:50　1:40　1:30　1:20　1:10　1:5　1:3　1:2　1:1　2:1

(三)标高

(1)单位：m。一般标注至小数点后第三位。在总图中可标注至小数点后两位。

(2)标注位置：应在管道的起始点、转角点、连接点、变坡点、交叉点等处标注标高。压力管道宜标注管中心标高，室内外重力管道宜标注管内底标高；必要时，室内架空重力管道可标注管中心标高，例如室内排水管道可标注管中心标高，但图中应加以说明。

(3)高程种类：室内管道应标注相对标高；室外管道宜标注绝对标高，无资料时可标注相对标高，但应与总建筑图一致。

（4）标注方法：平面图、剖面图、系统图分别按如图 8-32、图 8-33、图 8-34 所示的方式标注。

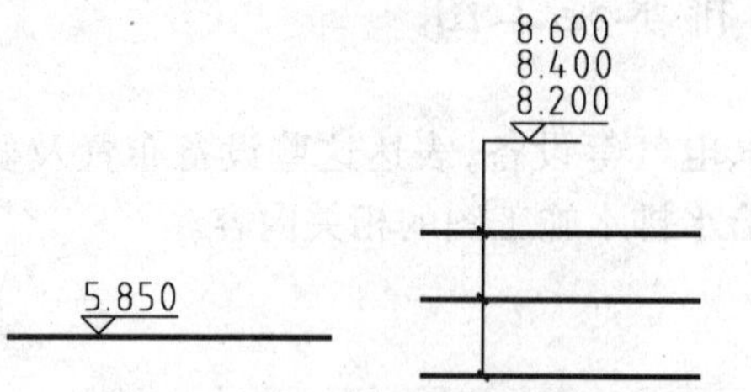

图 8-32　平面图中管道高程标注法图

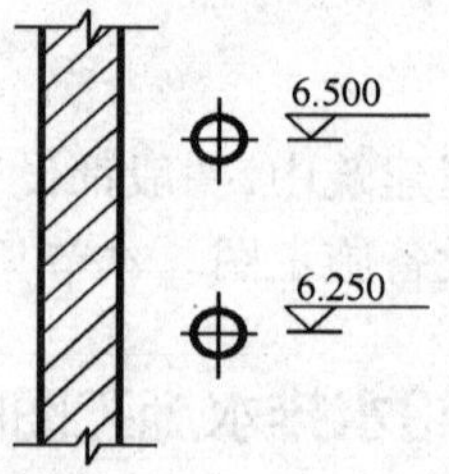

图 8-33　剖面图中管道标高标注法

（四）管径

（1）单位：mm。

（2）表示方法：

①水煤气输送钢管（镀锌、非镀锌）、铸铁管等管材，管径宜以公称直径 DN 表示（如 DN15、DN50 等）；耐陶瓷管、混凝土管、钢筋混凝土管、陶土管等，管径应以内径 *d* 表示（如 *d*230、*d*380 等）。

②焊接钢管、无缝钢管等，管径应以外径 × 壁厚表示（如 D108 ×4、D159 ×4.5 等）。

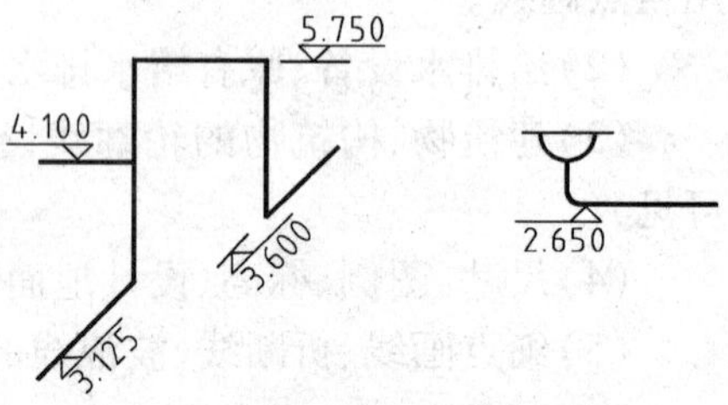

图 8-34　系统图中管道标注法

（3）标注位置：管径在图纸上一般标注在以下位置：

①管径变径处。

②水平管道标注在管道的上方；斜管道标注在管道的斜上方；立管道标注在管道的左侧，如图 8-35 所示。当管径无法按上述位置标注时，可另找适当位置标注。多根管线的管径可用引出线进行标注，如图 8-36 所示。

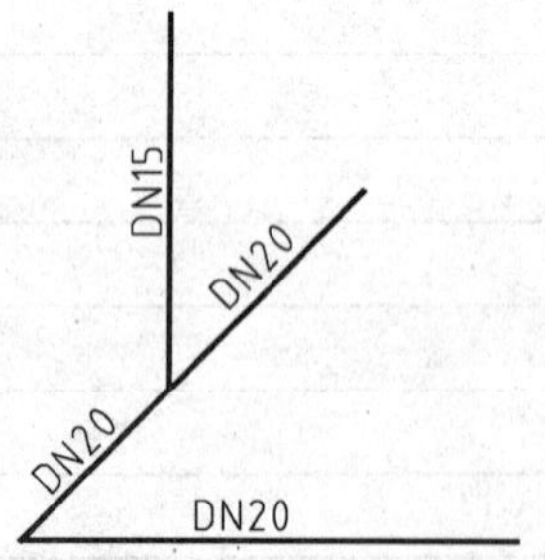

图 8-35　管径标注位置图

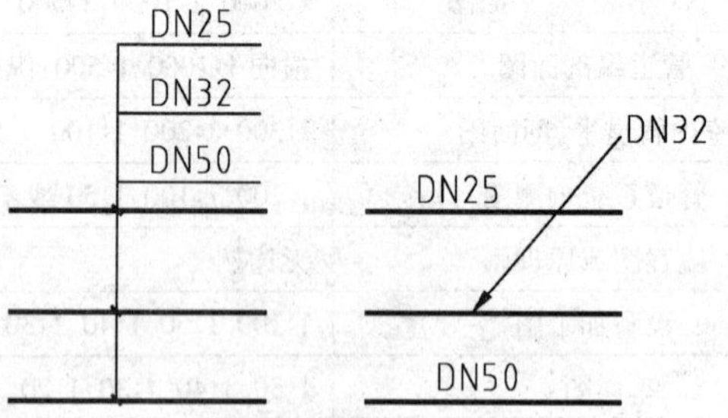

图 8-36　多根管线管径标注位置

（五）管道坡度及坡向的表示方法

管道的坡度及坡向表示管道的倾斜程度和坡度方向。标注坡度时，在坡度数字下，应加注坡度的符号。坡度符号的箭头一般指向下坡方向，坡度及坡向表示方法如图 8-37 所示。

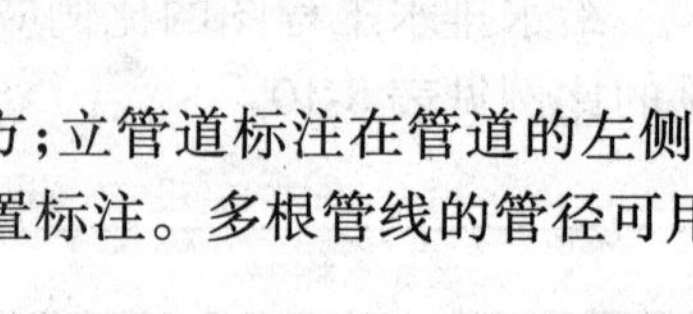

图 8-37　坡度及坡向表示方法

（六）管道编号

（1）一般给水管道用字母“J”表示；污水管及排水管道用字

母“W”、“P”表示;雨水管道用字母“Y”表示。

(2)在底层的给水排水平面图中,当建筑物的给水引入管和污水排出管的数量多于一个时,应对每一个给水引入管和污水排出管进行编号。管道系统的划分,一般给水系统以每一个引入管为一个给水系统,排水系统以每一个排出管为一个排水系统。给水系统和排水系统的编号方法如图8-38所示,在直径约为12mm的圆圈内,过圆心画一水平线,线上面标注管道种类,如给水系统写“给”或汉语拼音字母“J”,线下面标注编号,用阿拉伯数字书写。

(3)建筑物内垂直楼层的立管,其数量多于一个时,也用拼音字母和阿拉伯数字为管道进出口编号,立管的编号方法如图8-39所示。“WL-1”为1号污水立管。

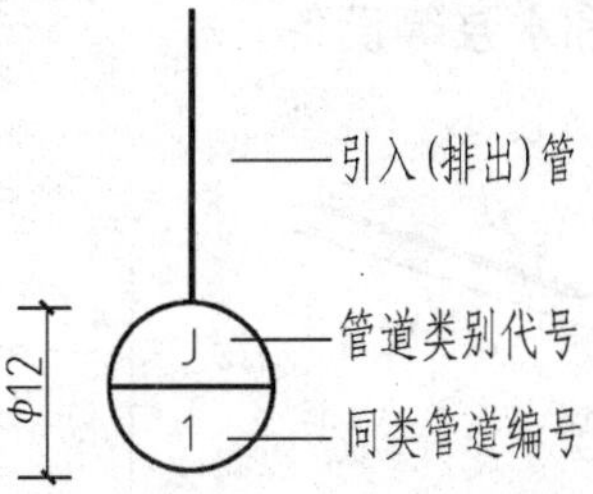

图8-38　给水引入管(污水排出管)编号表示法

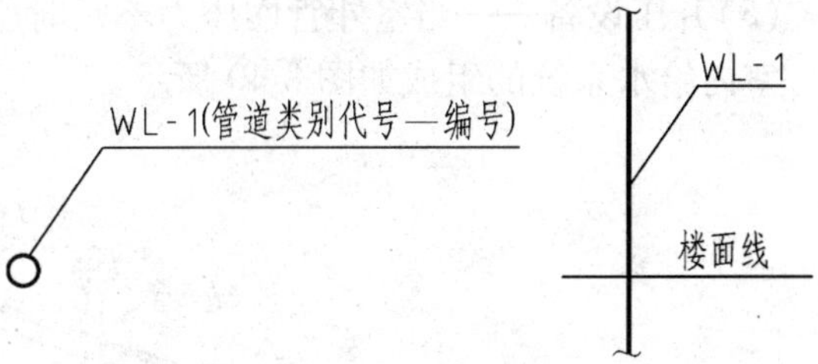

图8-39　立管编号表示法

(4)给水排水附属构筑物(阀门井、检查井、水表井、化粪池等)多于一个时也应编号。给水阀门井的编号顺序应从水源到用户,从干管到支管再到用户。排水检查井的编号顺序应从上游到下游,先支管后干管。

(七)管道连接方式

常用的管道连接方式有法兰连接、承插连接、螺纹连接和焊接等方式,其连接符号见表8-11。

管道连接　　　　表8-11

序号	名称	图例	说明
1	法兰连接	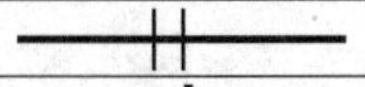	管道画成连线,接头处不断开,画两条平行细线
2	承插连接	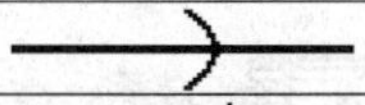	管道画成连线,接头处画半圆弧细线
3	螺纹连接	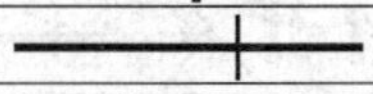	接头处画一条细线
4	焊接		接头处画一个点

二 室内给水排水施工图

室内给水排水施工图是表示一幢建筑物内部的卫生器具、给水排水管道及其附件的类型、大小与房屋的相对位置和安装方式的施工图。包括:室内给水排水平面图、给水排水系统图、安装详图和施工说明等。

(一)室内给水施工图

1.室内给水系统的组成与分类

室内给水系统根据供水对象的不同,可分为生产、生活和消防三种给水系统。在一幢建筑物内并不一定单独设置三个独立的给水系统,往往设置生产与生活、生产与消防、生活与消防或三者并用的给水系统。

室内给水系统由以下几个基本组成部分构成：

(1)引入管——穿过建筑物外墙或基础，自室外给水管将水引入室内给水管道的水平管。引入管应有不小于0.003的坡度，坡向室外管网。

(2)水表节点——需要单独计算用水量的建筑物，应在引入管上装设水表，有时根据需要在配水管上装设水表。水表一般设置在易于观察的室内或室外水表井内，水表井内设有闸阀、水表及泄水阀门等。

(3)配水管网——由水平干管、立管、支管等组成的管道系统。

(4)配水器具与附件——卫生器具配水龙头、用水设备、阀门、止回阀等。

(5)升压设备——当室外管网压力不足时所设置的水箱和水泵等设备。

室内给水系统的组成如图8-40所示。

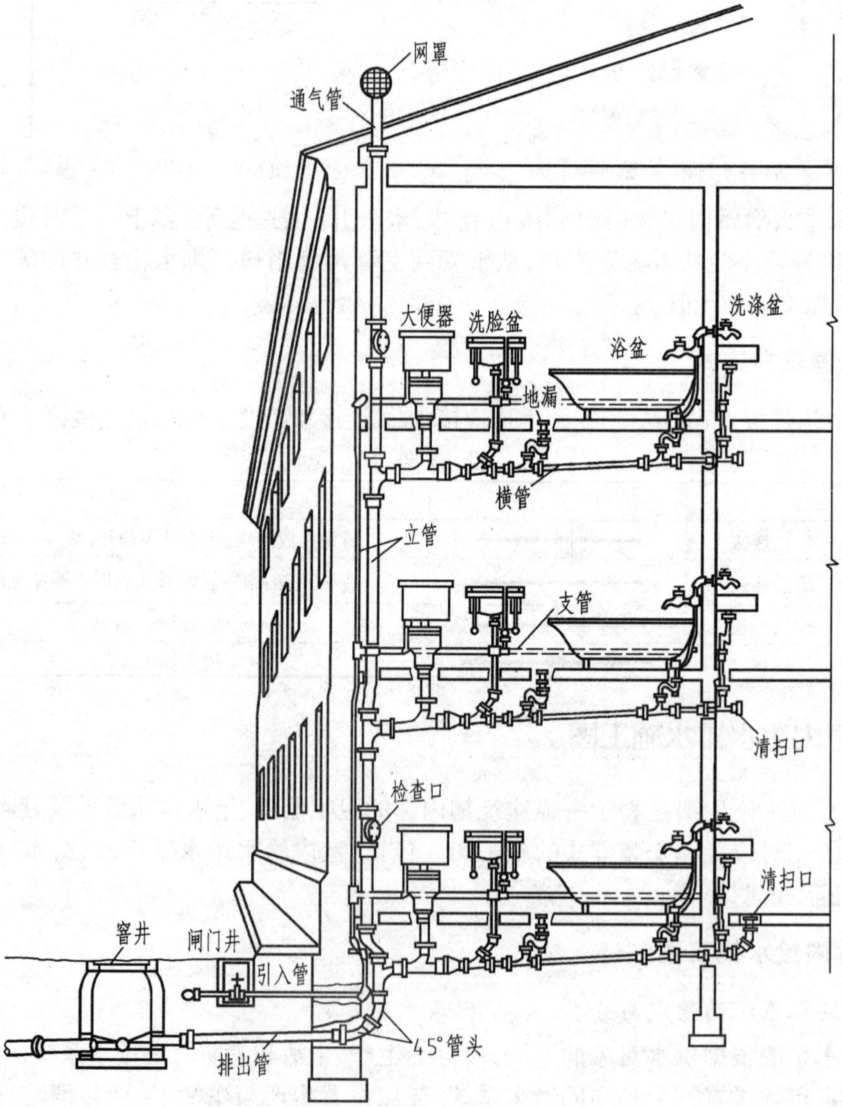

图8-40 室内给水(排水)系统的组成

2. 室内给水系统平面图

(1)图示内容

室内给水系统平面图主要表明建筑物内给水管道及用水设备的平面布置情况，主要包括：

①室内用水设备的类型、数量及平面位置。

②室内给水系统中各个干管、立管、支管的平面位置、走向、立管编号和管道的安装方式（明装或暗装）。

③管道器材设备如阀门、消火栓等的平面位置。

④给水引入管、水表节点的平面位置、走向及与室外给水管网的连接（底层平面图）。

⑤管道及设备安装预留洞的位置、预埋件、管沟等方面对土建的要求。

(2)图示方法

①给水系统平面图的比例。给水管道平面图的比例一般采用与建筑平面图相同的比例，常用1:100，必要时也可采用1:50、1:200、1:150等。

②给水系统平面图的数量。多层建筑物的给水系统平面图，原则上应分层绘制。对于管道系统和用水设备布置相同的楼层平面可以绘制一个平面图——标准层给水系统平面图，但底层给水系统平面图必须单独画出。当屋顶设有水箱及管道时，应画出屋顶平面图，如果管道布置不复杂时，可在标准层平面图中用双点画线画出水箱的位置。

底层给水系统平面布置图应画出整幢房屋的建筑平面图，其余各层可仅画出布置有管道的局部平面图。

③给水系统平面图中的房屋平面图。在管道平面图中所画的房屋平面图，仅作为管道系统及用水设备各组成部分平面布置和定位的基准，因此表示房屋的墙、柱、门窗、楼梯等均用细实线(0.35b)绘制。

④给水系统平面图中的用水设备如洗脸盆、大便器等都是工业产品，不必详细表示，可按规定图例画出；而现场浇筑的用水设备，其详图由建筑专业绘制，在给水系统平面图中仅画出其主要轮廓即可。用水设备、卫生器具的图线采用中实线(0.5b)绘制。常用的室内给水排水图例见表8-12、表8-13和表8-14。

室内给水排水系统中的管道与附件图例 表8-12

序号	名称	图例	说明
1	单一管道	————	一张图内只有一种管道
2	代号管道	—— J —— —— P —— —— Y ——	用汉语拼音字头表示管道类别
3	图例管道	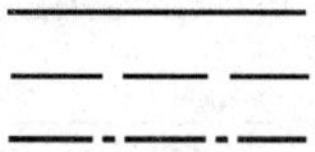	用各种不同线型表示管道类别
4	管道立管	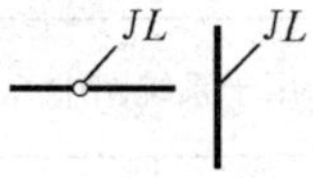	X为管道类别代号 L为立管代号 左为平面图，右为系统图

续上表

序　号	名　称	图　　例	说　　明
5	弯折管	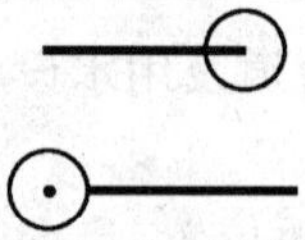	管道向后弯 90 管道向前弯 90
6	存水弯		左为 *S* 弯,右为 *P* 弯
7	检查口	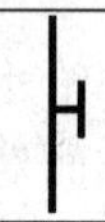	一般用于立管
8	清扫口	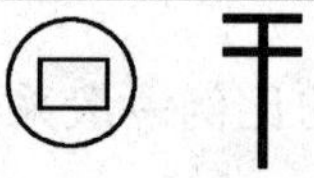	左图常用于平面图,右图可用于平面图或系统图
9	通气帽	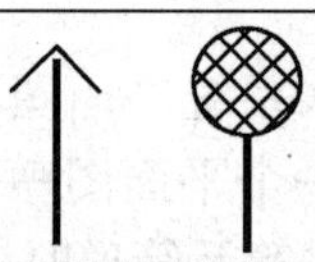	左为伞形帽 右为球网罩
10	图形地漏		左为平面图 右为系统图
11	自动冲洗水箱	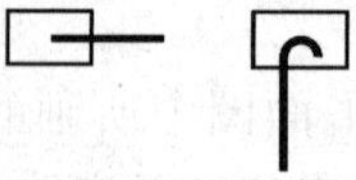	左为平面图 右为系统图

阀 门 图 例

表 8-13

序　号	名　　称	图　　例	说　　明
1	闸门		用于一张图内只有一种阀门
2	闸阀		—
3	截止阀	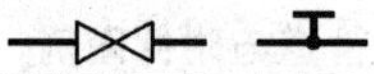	右图在系统图中用得较多
4	旋塞阀	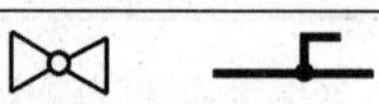	右图在系统图中用得较多
5	球阀		—
6	止回阀		箭头表示水流方向
7	蝶阀	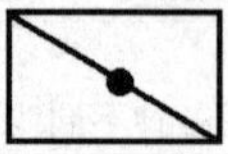	—
8	浮球阀		—
9	放水龙头	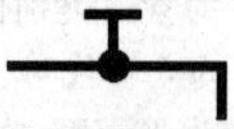	用于系统图中
10	室外消火栓		左下向右上画 45°斜线

卫生器具及用水设备图例 表 8-14

序号	名称	图例	说明
1	水盆水池		用于一张图纸内只有一种水盆或水池
2	洗脸盆	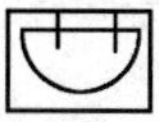	—
3	浴盆	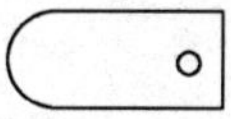	—
4	盥洗盆	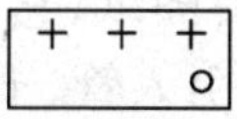	—
5	污水池		—
6	大便器	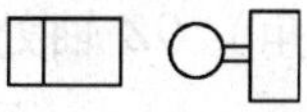	左图蹲式,右图坐式
7	小便槽	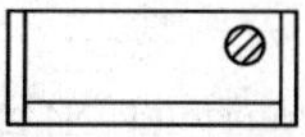	—
8	淋浴喷头	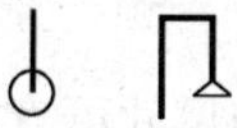	左为平面图,右为立体图或系统图
9	矩形化粪池	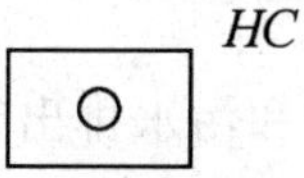	*HC* 为化粪池代号
10	雨水口	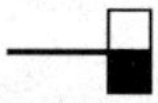	—
11	阀门井、检查井		阀门井圆形、检查井方形

注:上表中除较小器具,如淋浴喷头等外,其他较大形体的水池、盆、槽,在平面布置图中一般均须以其外形尺寸按比例画出。

⑤给水系统平面图中的管道:

a. 给水系统平面图是水平剖切建筑平面后的水平投影图。各种管道不论在楼面(地面)之上或之下,都不考虑其可见性。即每层平面图中的管道均以连接该层用水设备的管路为准,而不是以楼层地面为分界。如属本层使用、但安装在下层空间的排水管道,均绘于本层平面图上。

b. 一般将给水系统和排水系统绘制于同一平面图上,这对于设计和施工以及对于识读都比较方便。

c. 由于管道连接一般均采用连接配件,往往另有安装详图,平面图中的管道连接均为简略表示,具有示意性。

⑥尺寸标注:

a. 在给水排水管道平面图中应标注墙或柱的轴线尺寸,以及室内外地面和各层楼面的标高。

b. 卫生器具和管道一般都是沿墙或靠柱设置的，不必标注定位尺寸（一般在施工说明中写出），必要时，以墙面或柱面为基准标注尺寸。卫生器具的规格可标注在引出线上，或在施工说明中说明。

c. 管道的管径、坡度和标高均标注在管道的系统图中，在管道的平面图中不必标出。

d. 管道长度尺寸用比例尺从图中量出近似尺寸，在安装时则以实测尺寸为准，所以在管道平面图中也不标注管道的长度尺寸。

3. 室内给水管道系统图

（1）图示内容

室内给水系统图是给水排水工程施工图中的主要图纸，它表示给水管道系统在室内的具体走向，干管的敷设形式，各管段的管径及变化情况，引入管、干管、各支管的标高，以及各种附件在管道上的位置。

（2）图示方法

①轴向选择。管道系统轴测图一般采用正面斜等轴测图绘制。*OX* 轴处于水平方向，*OY* 轴一般与水平线呈45°夹角（也可以呈30°或60°夹角），*OZ* 轴处于铅垂方向。三个轴向伸缩系数均为1。

②比例

a. 管道系统图比例一般采用与管道平面图相同的比例，当管道系统比较复杂时也可以放大比例。

b. 当采用与平面图相同的比例时，*OX*、*OY* 轴向的尺寸可直接从平面图上量取，*OZ* 轴向的尺寸可依层高和设备安装高度量取。

③系统图的数量。系统图的数量按给水引入管和污水排出管的数量而定，每一管道系统图的编号都应与管道平面图中的系统编号相一致。

④系统图中的管道

a. 管道的画法与平面图一样，给水管道用粗实线表示，给水管道上的附件（如闸阀、水龙头等）用图例表示。用水设备不画。

b. 当空间交叉管道在图中相交时，在相交处将被挡在后面或下面的管线断开。

c. 当各层管道布置相同时，不必层层重复画出，只需在管道省略折断处标注"同某层"即可。各管道连接的画法具有示意性。

d. 当管道过于集中，无法表达清楚时，可将某些管段断开，移至别处画出，在断开处给以明确标记。

⑤在系统图中墙和楼、地面的画法。在系统图中还应画出被管道穿过的墙、柱、地面、楼面和屋面的位置，它们一般用细实线画出即可，其表示方法如图8-39中所示。

⑥尺寸标注：

a. 管径：系统图中所有管段均需标注管径，当连续几段管段的管径相同时，可仅标注管段两端的管径，中间管段管径可省略不用标注。直径用公称直径"DN"表示。

b. 标高：室内管道系统图中标注的标高是相对标高。给水管道系统图中标注的标高是管中心标高，一般要注出横管、阀门、水龙头和水箱各部位的标高。此外，还要标注室内地面、室外地面、各层楼面和屋面的标高。

c. 凡有坡度的横管都要标注出其坡度。一般室内给水横管没有坡度,室内排水横管有坡度。

⑦图例。平面图和系统图应列出统一的图例,其大小要与平面图中的图例大小相同。

(二)室内排水施工图

1. 室内排水系统的组成与分类

室内排水系统,根据排水性质的不同可分为生活污水系统、工业废水系统和雨水管道系统。室内排水体制分为分流制和合流制:分流制是分别单独设置生活污水、工业废水和雨水管道系统;合流制是将其中任意两种或三种管道系统组合在一起。

室内排水系统一般由以下几种基本部分组成。

(1)污(废)水收集器——各种卫生器具、排放生产废水的设备,如雨水斗及地漏等。

(2)器具排水管——卫生器具和排水横管之间的短管,除坐式大便器外,一般都有 P 式或 S 式存水弯。

(3)排水横支管——连接器具排水管和立管之间的水平管段。横支管应有一定的坡度,坡向排水立管。

(4)排水立管——接受各横支管排放的污水,然后送往排出管。排水立管通常在墙角明装,一般靠近杂质最多、最脏及排水量最大的排水点处。有特殊要求时,也可以在管槽或管井中暗装。

(5)排出管——是室内排水立管与室外检查井之间的连接管段。通常为埋地敷设,有一定的坡度,坡向室外检查井。

(6)通气管——是排水立管上端延伸出屋面的一段立管。当排水横管上连接的卫生设备较多、卫生条件要求较高的建筑及高层建筑应设辅助通气管。

(7)清扫设备——为疏通排水管道而设置的检查口和清扫口。检查口在立管上应每隔两层设置,设置高度距地面 1.0m;清扫口设置在具有两个及两个以上大便器或三个及三个以上卫生器具的排水横管上。

2. 室内排水管道平面图

(1)图示内容

同室内给水平面图相同,室内排水管道平面图也是主要表明建筑物内排水管道及卫生器具的平面布置情况。包括的主要内容如下。

①室内卫生设备的类型、数量及平面位置。

②室内排水系统中各个干管、立管、支管的平面位置、走向、立管编号和管道的安装方式(明装或暗装)。

③管道器材设备如地漏、清扫口等的平面位置。

④污水排出管、化粪池的平面位置、走向及与室外排水管网的连接(底层平面图)。

⑤管道及设备安装预留洞的位置、预埋件、管沟等方面对土建的要求等。

(2)图示方法

排水管道平面图的图示方法与给水管道平面图的图示方法相同,区别只是在绘制排水管道时用粗虚线表示,这里不再详述。

3. 室内排水管道系统图

(1)图示内容

室内排水系统图也是给水排水工程施工图中的主要图纸,它表示排水管道系统在室内的具体走向,管路的分支情况、管径尺寸与横管坡度、管道各部标高、存水弯形式、清扫设备设置情况等。

(2)图示方法

排水管道系统图的图示方法与给水管道系统图的图示方法相同,这里不再详述。只是在标注标高时,排水管道系统图中,横管的标高一般由卫生器具的安装高度和管件尺寸所决定,因此不必标注。必要时,室内架空排水管道可标注管中心标高,但图中应加以说明。对于检查口和排出管起点(管内底)的标高,则均须标出。

(三)室内给水排水详图

以上所介绍的室内给水排水管道平面图、系统图中,都只是显示了管道系统的布置情况,至于卫生器具的安装、管道连接等,需要绘制能提供施工的安装详图。

详图要求详尽、具体、明确、视图完整、尺寸齐全、材料规格注写清楚,并附必要说明。

一般常用的卫生器具及设备安装详图,可直接套用给水排水国家标准图集或有关详图图集,无需自行绘制。选用标准图时只需在图例或说明中注明所采用图集编号即可。现对大便器作简单的介绍,其余卫生器具的安装详图可查阅《给水排水标准图集》S342。

如图 8-41 所示是低水箱坐式大便器的安装详图,图中标明了安装尺寸的要求,如水箱的高度是 910mm,坐便器与地面的高度是 390mm 等。

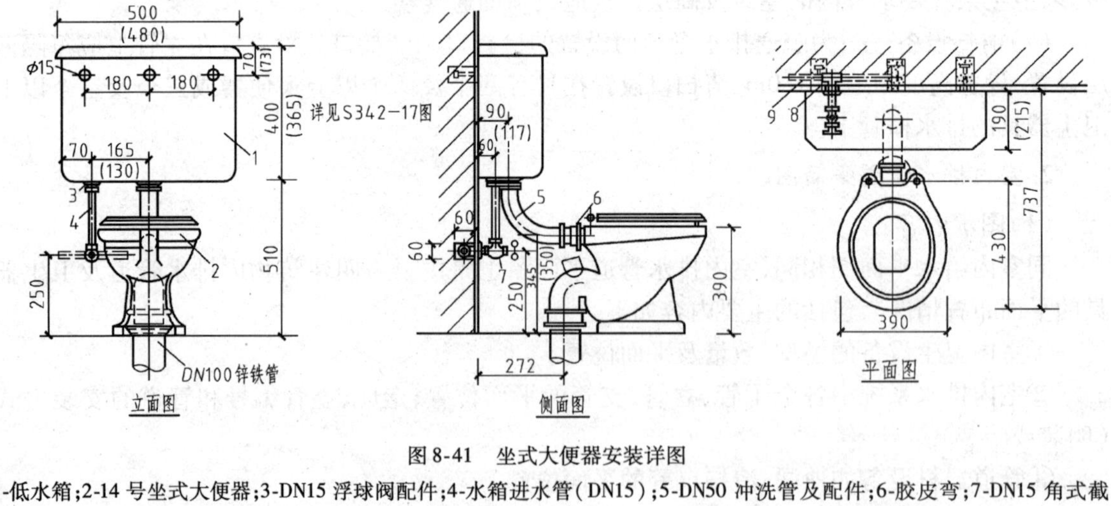

图 8-41 坐式大便器安装详图

1-低水箱;2-14 号坐式大便器;3-DN15 浮球阀配件;4-水箱进水管(DN15);5-DN50 冲洗管及配件;6-胶皮弯;7-DN15 角式截止阀;8-三通;9-给水管

(四)室内给水排水施工图的识读要点

(1)熟悉图纸目录,了解设计说明,在此基础上将平面图与系统图联系起来对照阅读。

(2)应按给水系统和排水系统分别识读;在同系统中应按编号依次识读。

①给水系统：识读室内给水系统时根据给水管道系统的编号，从给水引入管开始按照水的流向，顺序进行。即从给水引入管经水表节点、水平干管、立管、横支管直至用水设备。

②排水系统：识读室内排水系统时是根据排水管道系统的编号，从卫生器具开始按照水的流向，顺序进行。即从卫生器具开始经存水弯、水平横支管、立管、排出管直至检查井。

(3)在施工图中，对于某些常见的管道器材、设备等细部的位置、尺寸和构造要求，往往是不加说明的，而是遵循专业设计规范、施工操作规程等标准进行施工，读图时欲了解其详细做法，需参照有关标准图和安装详图。

(五)室内给水排水施工图识图举例

室内给水排水施工图中的管道平面图和管道系统图相辅相成，互相补充，共同表达屋内各种卫生器具和各种管道以及管道上各种附件的空间位置。在读图时要按照给水和排水的各个系统把这两种图纸联系起来互相对照，反复阅读，才能看懂图纸所表达的内容。

如图8-42和图8-43所示分别是某住宅底层给水排水管道平面图和楼层给水排水管道平面图，如图8-44所示是给水管道系统图，如图8-45所示是排水管道系统图。下面介绍识读室内给水排水施工图的一般方法。

1. 识读各层平面图

(1)搞清各层平面图中哪些房间布置有卫生器具，布置的具体位置，地面和各层楼面的标高。

各种卫生设备通常是用图例画出来的，它只能说明设备的类型，而不能具体表示各部分尺寸及构造。因此识读时必须结合详图或技术资料，搞清楚这些设备的构造、接管方式和尺寸。

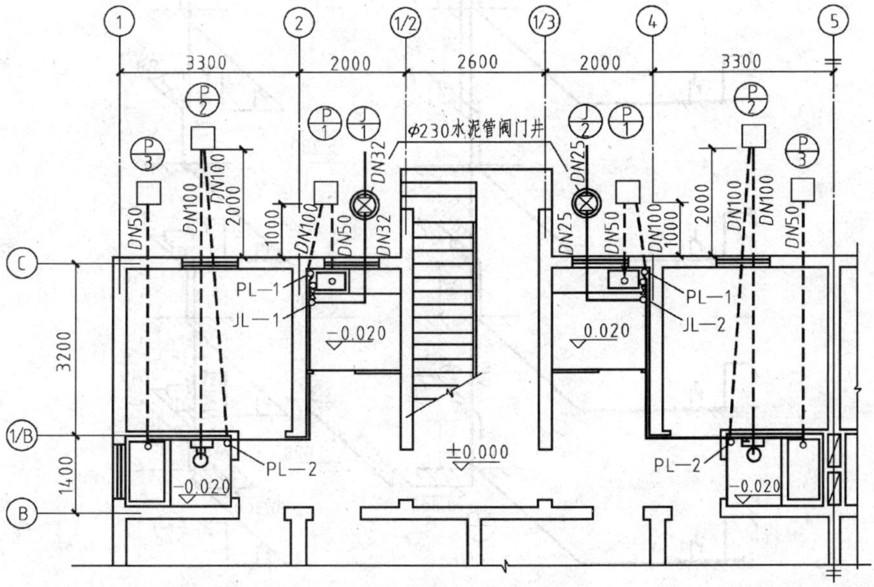

图8-42　底层给水排水管道平面图

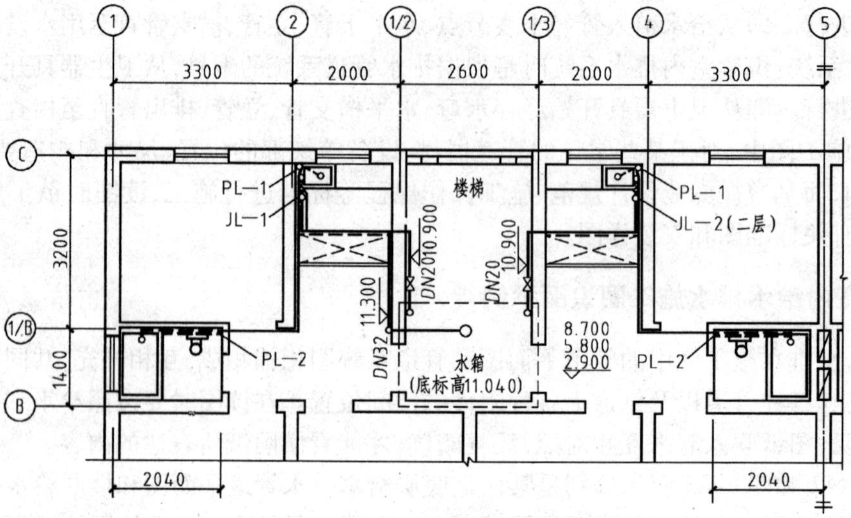

图 8-43　楼层给水排水管道平面图

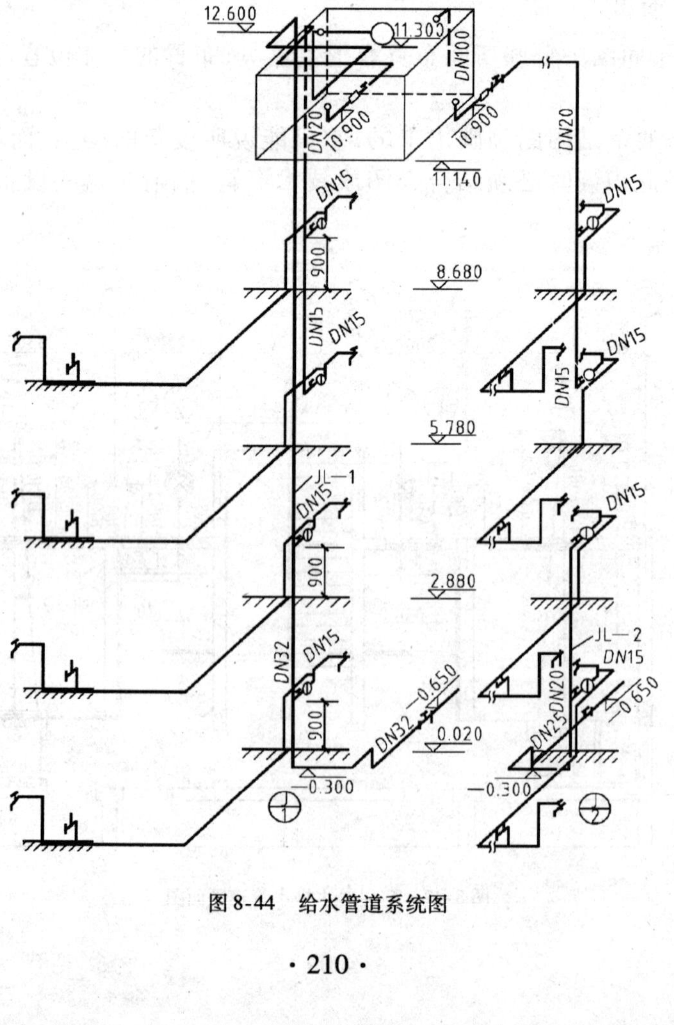

图 8-44　给水管道系统图

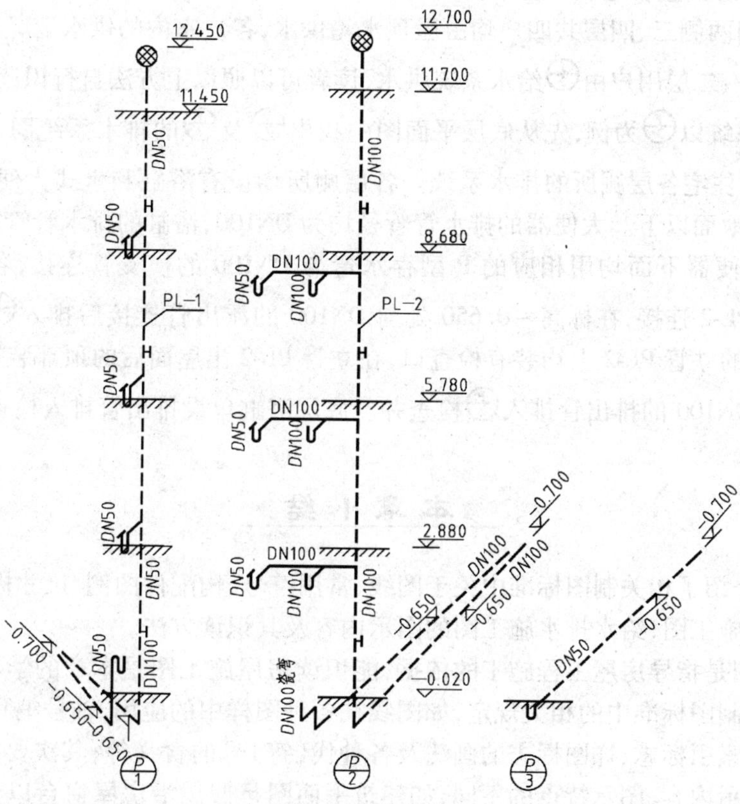

图 8-45 排水系统图

如图 8-42 所示的底层给水排水管道平面图中，各户厨房内有水池设在墙的转角处，厕所内有浴缸和坐式大便池。所有卫生器具均有给水管道和排水管道与之相连。各层厨房和厕所地面的标高均比同层楼地面的标高低 0.020m。

(2)弄清有几个给水系统和几个排水系统。

从如图 8-42 所示的底层平面图中的管道系统编号，对照图 8-44，发现给水系统有：$\frac{J}{1}$、$\frac{J}{2}$；对照图 8-45，发现排水系统有：$\frac{P}{1}$、$\frac{P}{2}$、$\frac{P}{3}$。

2. 识读管道系统图

识读管道系统图时，首先在底层管道平面图中，按所标注的管道系统编号找到相应的管道系统图，再对照各层管道平面图找到该系统的立管和与之相连的横管和卫生器具，以及管道上的附件，再进一步识读各管段的公称直径和标高等。

现以给水系统$\frac{J}{1}$为例，介绍识读给水系统图的一般方法。先从底层平面图（图 8-42）中找到$\frac{J}{1}$，再以$\frac{J}{1}$管道系统图（图 8-44），对照两图可知：给水引入管 DN32，管中心的标高为 -0.650，其上装有阀门，穿过 *C* 轴线墙进入室内后，在水池前升高至标高 -0.300 处用 90°弯头接横管至②轴线墙，沿墙穿出地面向上直通屋顶水箱的立管即 JL-1，其管径为 DN32。再对照图 8-44，在底层和二层厨房地面以上 900 处先用三通接横直管 DN15，再接分户球阀和水表。后用 DN15 的横直管连接厨房水池的放水龙头，以及厕所浴缸的放水龙头和坐式大便器的水箱。楼梯间两侧三、四层共四户均由屋顶水箱供水，各户室内的供水情况与一、二层相同。楼梯间另一侧一、二层用户由$\frac{J}{2}$给水系统供水，读者可以照以上方法自行识读。

对于排水系统以$\frac{P}{2}$为例，先从底层平面图中找出$\frac{P}{2}$及$\frac{P}{2}$的排水系统图，再与图 8-43 相对照，可见$\frac{P}{2}$为住宅各层厕所的排水系统。各层厕所均设有浴缸和坐式大便器，其排水管道均在各层的楼、地面以下。大便器的排水管管径均为 DN100，浴缸的排水管管径为 DN50。二、三、四层浴缸大便器下面均用相应的 P 型存水弯与 DN100 的横支管连接，各层的横支管与 DN100 的立管 PL-2 连接，在标高 -0.650 处与 DN100 的派出管连接后排入$\frac{P}{2}$检查井。在底层、三层和四层的立管 PL-2 上均装有检查口，在立管 PL-2 出屋面后的顶部装有通气帽。在底层大便器单设 DN100 的排出管排入$\frac{P}{2}$检查井。底层浴缸单设排出管排入检查井。

◀本章小结▶

本章主要介绍了相关制图标准中关于图线、常用符号、构配件图例、尺寸标注等的规定；建筑施工图、结构施工图、给水排水施工图的图示内容及其识读方法。

房屋施工图是指导房屋工程施工的依据，能识读房屋施工图是本章的学习重点。在读图时，首先要熟悉制图标准中的相关规定，如图线在各种图样中的应用，轴号编写的规定，标注尺寸的规律，详图索引标志、详图标志的画法及各种代（符）号的含义等；其次要注意各种图样的形成、作用及图示内容、图示特点的不同，如建筑平面图是假想沿房屋窗台以上的部位将房屋水平剖开，主要反映房屋的平面形状、房间布置等情况；而楼层结构布置平面图是假想沿楼面（或屋面）将房屋水平剖开，主要表示房屋楼层结构的梁、板等构件的位置、数量及连接方法。楼梯平面图的剖切位置，除顶层在安区栏板（或栏杆）之上外，其余各层均在上行第一跑中间，所以只有顶层平面图的踏面是完整的。

参 考 文 献

[1] 刘秀岑. 工程制图. 2 版. 北京：中国铁道出版社，1995.
[2] 吴润华. 建筑制图与识图. 武汉：武汉工业大学出版社，1997.
[3] 张明正. 建筑结构施工识图与放样. 北京：中国建筑工业出版社，1998.
[4] 郑国权. 工程制图. 修订版. 北京：人民交通出版社，1998.
[5] 许永年，等. 工程制图. 北京：中央广播电视大学出版社，1999.
[6] 钱可强. 建筑制图. 北京：化学工业出版社，2002.
[7] 何斌. 建筑制图. 北京：高等教育出版社，2002.
[8] 宋兆全. 土木工程制图. 北京：中央广播电视大学，2002.
[9] 丁宇明. 土建工程制图. 北京：高等教育出版社，2004.
[10] 何铭新，等. 建筑工程制图. 修订版. 北京：高等教育出版社，2004.
[11] 焦鹏寿. 建筑制图. 北京：中国电力出版社，2004.
[12] 谢步瀛. 土木工程制图. 上海：同济大学出版社，2005.
[13] 武晓丽. 工程制图. 北京：中国铁道出版社，2007.
[14] GB/T 14689—2008.
[15] GB/T 14690—1993.
[16] GB/T 14691—1993.
[17] GB/T 17450—1998.
[18] GB/T 17451—1998.
[19] GB/T 17452—1998.
[20] GB/T 50001—2010.
[21] GB/T 50103—2010.
[22] GB/T 50104—2010.
[23] GB/T 50105—2010.
[24] GB/T 50106—2010.